网络安全与大数据系列丛书

大数据技术原理与实践

主编　辛　阳　刘　治　朱洪亮　孔令爽

北京邮电大学出版社
www.buptpress.com

内 容 简 介

本书较为全面地介绍了大数据相关技术和应用的现状。全书共 7 章;第 1 章主要介绍大数据的基础概念;第 2 章和第 3 章对主流大数据框架从不同侧面进行了分析对比;第 4 章主要介绍了信息挖掘中的经典算法(C4.5、k-means、支持向量机、Apriori、EM、PageRank、AdaBoost、Naive Bayes、CART);第 5 章内容为数据的可视化;第 6 章涉及大数据与人工智能的联系;第 7 章介绍大数据在现实生活中的实际用例。

本书既可作为学生教材,也可供大数据技术爱好者阅读参考。

图书在版编目 (CIP) 数据

大数据技术原理与实践 / 辛阳等主编. -- 北京 : 北京邮电大学出版社,2018.1 (2021.1 重印)
ISBN 978-7-5635-5372-3

Ⅰ. ①大… Ⅱ. ①辛… Ⅲ. ①数据处理 Ⅳ. ①TP274

中国版本图书馆 CIP 数据核字 (2018) 第 020270 号

书　　　名:大数据技术原理与实践
著作责任者:辛　阳　刘　治　朱洪亮　孔令爽　主编
责 任 编 辑:刘　颖
出 版 发 行:北京邮电大学出版社
社　　　址:北京市海淀区西土城路 10 号(邮编:100876)
发 　行 　部:电话:010-62282185　传真:010-62283578
E-mail:publish@bupt.edu.cn
经　　　销:各地新华书店
印　　　刷:保定市中画美凯印刷有限公司
开　　　本:787 mm×1 092 mm　1/16
印　　　张:12
字　　　数:295 千字
版　　　次:2018 年 1 月第 1 版　2021 年 1 月第 2 次印刷

ISBN 978-7-5635-5372-3　　　　　　　　　　　　　　　　定　价:30.00 元

前　言

随着云时代的来临,大数据(Big Data)也吸引了越来越多的关注。大数据目前已成为 IT 领域最为流行的词汇,其实它并不是一个全新的概念。早在 1980 年,著名未来学家阿尔文·托夫勒便在《第三次浪潮》一书中,明确提出"数据就是财富"这一观点,并将大数据热情地赞颂为"第三次浪潮的华彩乐章"。直到现在,大数据在政府决策部门、行业企业、研究机构等地方得到了广泛的应用,并实际创造了价值。

本书较为全面地介绍了大数据相关技术和应用的现状。主要的编写思路是首先介绍概念,然后理解方法,最后结合实际。全书共 7 章:

第 1 章主要介绍了大数据的基础概念,包括大数据的定义、由来以及特点,使读者对大数据有一个感性上的认识,为之后的章节打好基础。

第 2 章主要介绍了面向大数据的分布式存储框架,包括 Google 的 Bigtable 和 Amazon 的 Dynamo。从架构、实现和性能等角度进行了分析和比较,使读者了解现有的大数据存储方法与策略。

第 3 章在第 2 章的基础上介绍了面向大数据的分布式处理框架,包括 Hadoop 和 Spark。从概况、实现和应用三个方面对两个框架进行了介绍,力求使读者对现有大数据处理框架有较为直观的认识,便于理解大数据分析的原理。

有了前 3 章的概念介绍,第 4 章开始进入实践性更强的内容。

第 4 章主要介绍了信息挖掘的经典算法,包括 C4.5、k-means、支持向量机、Apriori、EM、PageRank 等算法,结合一些生动的例子,深入浅出地介绍这些算法的工作原理,使读者在遇到实际问题时能够灵活应用。

第 5 章内容为数据的可视化,将数据或结果通过可视化方法呈现出来,使读者能够更加直观地传达与沟通信息。

第 6 章涉及大数据与人工智能的联系,主要包括深度学习中的 CNN 和 RNN 框架,以及它们在大数据下的工作方式,帮助读者了解人工智能和大数据的关系以及算法实现。

第 7 章主要介绍了大数据在现实生活中的实际用例,通过具体案例,向读者展示大数据在公安领域的具体应用和作用。

　　在本书的编写过程中,我们参考了大量相关文献资料,并且借鉴了同行专家的研究成果,听取了同行专家的宝贵意见,在此向他们表示真挚的谢意。

　　本书的编写和出版得到了北京邮电大学出版社的大力支持,在此表示衷心的感谢。

　　由于编者水平有限,加上时间仓促,书中疏漏与不妥之处在所难免,敬请有关专家和读者批评指正。

编　者

目　　录

第1章 绪　　论

当下人类正置身于数据的海洋当中,金融、工业、医疗、IT 等数据与各行各业的发展都息息相关,密不可分。数据和太空资源、自然资源等战略资源的地位同样重要,我们每天网上购物、聊天,使用手机通话,在商场消费,上下班打卡,机场过安检……我们的一举一动都在产生着数据,而我们的日常工作和生活甚至整个社会的向前发展都无时无刻不在受着大量数据的影响。数据潜在的巨大价值,得到了社会各界广泛关注。

这里有国际数据资讯(IDC)公司的一组监测数据:全球的数据量大致每两年翻一倍,估计在 2020 年将达到 35 ZB 的数据量,且以半结构化或非结构化的形式存在的数据将占 85% 以上。数据处理带来的巨大挑战摆在了 IT 专业人员面前。实际上,"大数据"并不是一个新鲜的名词,美国人在 20 世纪 80 年代就提了出来。"大数据"这个词在 2008 年 9 月,"*Big Data:Science in the PetaByte Era*"一文在美国《科学》杂志发表之后,开始了广泛地传播。

1.1　什么是大数据

研究机构 Gartner 给出的定义:大数据指的是只有运用新的处理模式才能具有更强的洞察发现力、决策力和流程优化能力的海量、多样化和高增长率的信息资产。

麦肯锡给出的定义:大数据是指用传统的数据库软件工具无法在一定时间内对其内容进行收集、储存、管理和分析的数据集合。

维基百科给出的定义:大数据指的是所涉的资料量规模十分庞大,以至于无法通过当前主流的软件工具,在适当时间内达到选取、管理、处理并且整理成为有助于企业经营决策的信息。

看得出来,不管在哪种定义下,大数据既不是一种新的技术也不是一种新的产品,大数据只是一种出现在数字化时代的现象,就像 21 世纪初提出的"海量数据"概念一样。但是大数据和海量数据却有着本质上的区别。从字面上讲,"大数据"和"海量数据"都来自英文的翻译,"big data"译为"大数据",而"vast data"或者"large-scale data"则译为"海量数据"。而从组成的角度来看,大数据不仅包括海量数据所包括的半结构化和结构化的交易数据,还包括交互数据和非结构化数据。Informatica 大中国区首席产品顾问但彬更深入地指出,交易和交互数据集在内的所有数据集都包括在大数据内,它的规模和复杂程度远远超出了用常规技术按照合理的期限和成本捕获、管理并处理这些数据集的能力范围。由此可见,海量数据处理、海量交互数据、海量交易数据将会是大数据的主要技术趋势。

20 世纪 60 年代,数据基本在文件中储存,应用程序直接对其进行管理;70 年代,人们构建了关系数据模型,数据库技术为数据存储提供了一种新的手段;80 年代中期,由于具有面向主题、集成性、时变性和非易失性特点,数据仓库成为数据分析和联机分析的主要平台,非关系型数据库和基于 Web 的数据库等技术随着网络的普及和 Web 2.0 网站的兴起应运而生。目前,各种类型的数据伴随着社交网络和智能手机的广泛使用呈现指数增长的态势,逐渐超出了传统关系型数据库的处理能力的范围,数据中潜在的规则和关系难以被发现,这个难题通过运用大数据技术却能够得到很好的解决,大数据技术可以在能够承受的成本范围内,在较短的时间中,将从数据仓库中采集到的数据,运用分布式技术框架对非关系型数据进行异质性处理,经过数据挖掘和分析,从海量、类别繁多的数据中提取价值,大数据技术将会成为 IT 业内新一代的技术和架构。

大数据是存储介质的不断扩容以及信息获取技术不断发展的必然产物。有一句名言说道:人类之前延续的是文明,现在传承的是信息。从中能够看出,数据对我们现在的生活产生了多么深刻的影响。

1.2　大数据的特征

业界将大数据的特征归纳为 4 个"V":Volume(大量)、Variety(多样)、Velocity(快速)、Value(价值)。

1. 数据体量巨大(Volume)

大数据一般指 10 TB(1 TB＝1 024 GB)规模以上的数据量。产生如此庞大的数据量,一是因为各种仪器的使用,让我们可以感知到更多的事物,这些事物部分乃至所有的数据都被存储起来;二是因为通信工具的使用,让人们能够全天候沟通联系,交流的数据量也因为机器-机器(M2M)方式的出现而成倍增长;三是因为集成电路的成本不断降低,大量事物拥有了智能的成分。

2. 数据种类繁多(Variety)

如今,传感器的种类不断增多,智能设备、社交网络等逐渐盛行,数据的类型也变得越发复杂,不但包括传统的关系数据类型,还包括以文档、电子邮件、网页、音频、视频等形式存在的、未加工的、非结构化的和半结构化的数据。

3. 价值密度低(Value)

虽然数据量呈现指数增长的趋势,但隐藏在海量数据中有价值的信息没有对应增长,海量数据反而加大了我们获得有用信息的难度。以视频监控为例,长达数十小时的监控过程,有价值的数据可能只有几秒钟而已。

4. 流动速度快(Velocity)

一般来讲,我们所理解的速度是指数据的获取、存储以及挖掘有效信息的速度。但我们目前处理的数据已经从 TB 级上升到了 PB 级,因为"海量数据"以及"超大规模数据"同样具有规模大的特点,所以强调数据是快速动态变化的,形成流式数据则成为大数据的重要特征,数据流动的速度之快以至于很难再用传统的系统去处理。

大数据的"4 V"特征表明其数据海量,大数据分析更复杂,更追求速度,更注重实际的效益。

1.3 大数据分析的发展情况

1989 年在美国底特律召开的第十一届国际人工智能联合会议专题讨论会上,"数据挖掘中的知识发现(KDD)"的概念首次被提出来。1995 年召开了第一届知识发现与数据挖掘国际学术会议,KDD 国际会议由于与会人员的不断增多发展为年会。1998 年在美国纽约举行了第四届知识发现与数据挖掘国际学术会议,会议期间进行了学术上的讨论,有 30 多家软件公司展示了自己的产品。例如,SPSS 股份公司展示了自己开发的基于决策树的数据挖掘软件 Clementine;IBM 公司展示了自己开发的用来提供数据挖掘解决方案的 Intelligent Miner;Oracle 公司展示了自己开发的 Darwin 数据挖掘套件;此外还有 SGI 公司的 Mine Set 和 SAS 公司的 Enterprise 等。

IBM、Microsoft、Google、Facebook 等知名跨国公司通过大数据技术的发展具备了更强的竞争力。仅 2009 年一年,通过大数据业务,谷歌公司对美国经济贡献高达 540 亿美元;2005 年以来,IBM 耗资 160 亿美元进行了 30 余次和大数据相关的收购,使得业绩稳定高速增长。

2012 年 3 月,美国政府公布"大数据研发计划",旨在改进和提高人们从复杂、海量的数据中获取知识的能力,发展收集、储存、保留、管理、分析和共享海量数据所需的核心技术,继集成电路和互联网之后,大数据成为目前信息科技所关注的重点。

在大数据方面,国内起步稍晚于国外,而且还没有形成整体力量,企业使用数据挖掘技术也尚未形成趋势。不过值得欣慰的是,近几年我国的大数据业务也出现了朝气蓬勃的发展态势。

1993 年,我国国家自然科学基金首次支持了对数据挖掘领域的研究项目。1999 年,在北京召开的第三届亚太地区知识发现与数据挖掘国际会议(PAKDD)上,收到论文 158 篇。2011 年,在深圳举办了第十五届 PAKDD,会议就数据挖掘、知识发现、机器学习、人工智能等领域进行了广泛的交流,反响十分热烈。2012 年 6 月 9 日,中国计算机学会常务理事会决定成立大数据专家委员会。2012 年 10 月,成立了中国通信学会大数据专家委员会,该委员会是首家专门研究大数据应用和发展的学术咨询组织,促进了我国大数据的科研与发展。2012 年 11 月,在以"大数据共享与开放技术"为主题的"Hadoop 与大数据技术大会"上,总结了八个热点问题:数据计算的基本模式与范式、数据科学与大数据的学科边界、大数据特性与数据状态、大数据安全和隐私问题、大数据的作用力和反作用力、大数据对 IT 技术架构的挑战、大数据的生态环境问题以及大数据的应用及产业链。大会还成立了"大数据共享联盟",旨在搜集大数据、展示大数据、推动大数据的研究与开发。

目前,国内主要开展的是数据挖掘相关算法、实际应用及有关理论方面的研究,涉及行业较广,包括零售、制造、电信、金融、医疗、制药等行业及科学领域,主要集中在公司、部分高等院校以及研究所,在 IT 等新兴领域,浪潮、华为、阿里巴巴、百度等企业也纷纷参与其中,强有力地促进了我国大数据技术的进步。

1.4 大数据的相关政策

2015 年 8 月 31 日,国务院印发了《促进大数据发展行动纲要》,首次在国家层面上提出发展大数据产业。

纲要提出,在未来 10～15 年内要逐步实现以下目标:打造精准治理、多方协作的社会治理新模式,2017 年年底前形成跨部门数据资源共享共用格局;建立运行平稳、安全高效的经济运行新机制;构建以人为本、惠及全民的民生服务新体系;开启大众创业、万众创新的创新驱动新格局;2018 年年底前建成国家政府数据统一开放平台,率先在交通、信用、金融、卫生、就业、社保、医疗、地理、教育、文化、科技、资源、农业、环境、安监、统计、质量、海洋、气象、企业登记监管等重要领域实现公共数据资源合理适度向社会开放;培育高端智能、新兴繁荣的产业发展新生态,推动大数据与物联网、云计算、移动互联网等新一代信息技术融合发展,探索大数据与传统产业协同发展的新业态、新模式,促进传统产业转型升级和新兴产业发展,培育新的经济增长点。

因此,纲要提出了加快政府数据开放共享,推动资源整合,提高治理能力;促进产业创新发展,培育新兴业态,助力经济转型;强化安全保障,提高管理水平,促进健康发展三大任务。

纲要还提出,政府数据资源共享开放工程、国家大数据资源统筹发展工程、政府治理大数据工程、公共服务大数据工程、现代农业大数据工程、工业和新兴产业大数据工程、万众创新大数据工程、大数据关键技术及产品研发与产业化工程、数据产业支撑能力提升工程 9 个专项。

其中包括建设形成国家政府数据统一开放平台、医疗、交通旅游服务大数据、工业大数据应用、服务业大数据应用、农业农村信息综合服务、构建科学大数据国家重大基础设施。

根据纲要,到 2020 年,我国将形成一批具有国际竞争力的大数据处理、分析、可视化软件和硬件支撑平台等产品;并且培育 10 家国际领先的大数据核心龙头企业,500 家大数据应用、服务和产品制造企业。

第 2 章　面向大数据的分布式存储系统

如今,信息技术迅猛发展,需要被计算机系统处理的数据量大大增加。与此同时,这些数据还需要在存储系统中有效地保存,这给数据分析和处理带来了保障与便利。分布式存储就是利用网络把数据分散在许多台单独的设备上,易扩展、高性能、高可靠性和使用方便是一个先进的分布式存储系统应具有的几个特征。本章以谷歌的 Bigtable 和亚马逊的 Dynamo 为例介绍分布式存储的最新技术。

2.1　Bigtable

谷歌设计的分布式结构化数据存储系统 Bigtable 被设计用来存储海量的数据:一般是分布在数千台服务器上的 PB(100 万 GB)级数据。适用性广泛、高性能、可扩展和高可用性是当前 Bigtable 已经达到的几个目标。谷歌的 Bigtable 技术已经使用在了 60 多个项目和产品上,其中包括 Web 索引、Google Analytics、Google Earth、Orkut、Google Finance、Personalized Search 和 Writely 等。Bigtable 基本满足了这些产品的不同需求,有的需要配置高吞吐量的批处理,有的要及时响应,及时把数据返回给用户。它们所使用的 Bigtable 集群的配置的差异也很大,有的需要上千台服务器,有的只需要几台服务器。

在许多方面,Bigtable 和数据库类似,它运用了许多数据库的实现策略。内存数据库和并行数据库已经具有高性能和可扩展性,不过 Bigtable 提供了一个与这些系统截然不同的接口。Bigtable 不支持完整的关系数据模型;与之相反,Bigtable 提供了简单的数据模型给客户,运用这个模型,客户可以对数据的分布和格式进行动态控制,并允许用户推测底层存储数据的位置相关性。数据的下标可以是任意字符串的行和列的名字。存储的数据都被 Bigtable 视为字符串,然而 Bigtable 本身并不会去解析这些字符串,客户程序一般会将各种半结构化或者结构化的数据串行化到这些字符串里。通过细心选择数据的模式,控制数据的位置,相关性可以被客户控制。最后,可以利用 Bigtable 的模式参数来决定数据是存放在硬盘上还是内存中。

2.1.1　Bigtable 构件

建立在其余的几个谷歌基础构件上的 Bigtable 使用谷歌的分布式文件系统(Google File System,2.2 节将详细介绍)存储数据文件和日志文件。Bigtable 集群一般在一个共享的机器池中运行,池中的机器还可以运行其他各种分布式应用程序,Bigtable 的进程时常要与其他应用的进程共享机器。Bigtable 依靠集群管理系统来进行任务的调度、机器上的资源管理与共享、机器的故障处理以及机器状态的监视。

Bigtable 内部是以 Google SSTable 格式存储数据文件的。SSTable 是一个排序的、持久化的、不能更改的 Map 结构,而 Map 是一个 key-value 映射的数据结构,key 和 value 的值都是随机的 Byte 串,能够对 SSTable 进行如下几个操作:查找与一个 key 值相关的 value,或遍历某个 key 值范围内全部的 key/value 对。从内部看,SSTable 是一系列的数据块(一般每个块的大小为 64KB,可以配置这个块的大小)。SSTable 利用块索引(一般存储在 SSTable 的最后)来定位数据块,在打开 SSTable 的同时索引被加载到内存。通过一次磁盘搜索可以完成一次查找:首先利用二分法在内存的索引里找到数据块的位置,接着把相应的数据块从硬盘读取出来。同样可以选择把全部 SSTable 都放在内存中,这样就不需要访问硬盘了。

为了能够实现并发控制,Bigtable 还依赖一个称为 Chubby 的高可用、序列化的分布式锁服务组件。一个 Chubby 服务包含了 5 个活动的副本,当中的一个副本被选为 Master,同时处理请求。Chubby 服务只有在大多数副本都正常运行,并且彼此之间可以互相通信的情况下才是可用的。Chubby 使用 Paxos 算法来保证当有副本失效时副本的一致性。Chubby 提供了一个包括小文件和目录的名字空间。每个目录或者文件可以当成一个锁,读写文件全部是原子性操作。Chubby 客户程序库提供对 Chubby 文件的一致性缓存。每个 Chubby 客户程序维护一个与 Chubby 服务的会话。假如客户程序无法在会话到期的时间内重新申请会话时间,那么这个会话就会过期失效。当一个会话失效时,它拥有的锁和打开的文件句柄也就失效了。Chubby 客户程序能够在文件和目录上注册回调函数,当会话过期或者文件或目录改变时,回调函数将通知客户程序。

Bigtable 利用 Chubby 完成如下几个任务:保证在任意给定的时间内最多只有一个 Master 副本在活动;存储 Bigtable 数据的自引导指令的位置;查询 Tablet 服务器,在 Tablet 服务器失效的同时进行善后;存储 Bigtable 的模式信息;存储访问控制列表。如果 Chubby 长时间不能访问,Bigtable 将会失效。

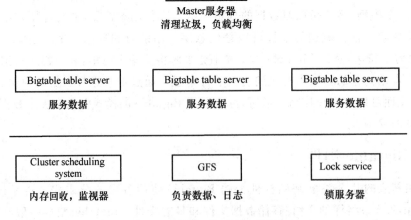

图 2.1.1　Bigtable 框架示意图

2.1.2　Bigtable 实现

如图 2.1.1 所示,Bigtable 的实现主要依赖三个组件:一个 Master 服务器、多个 Tablet 服务器和链接到客户程序中的库。在一个集群中能够动态地删除(或添加)一个 Tablet 服务器来适应工作负载的变化。

Master 主要负责如下的工作:将 Tablet 分配给 Tablet 服务器,检测刚加入的或者过期失效的 Tablet 服务器,平衡 Tablet 服务器的负载,收集 GFS(Google File System)文件中的垃圾。此外,它还可以处理模式修改操作。例如,建立表和列族。

每个 Tablet 服务器都管理一组 Tablet(一般每个 Tablet 服务器大约有数十个甚至上千个 Tablet)。Tablet 服务器对它所加载的 Tablet 的读写操作进行处理,以及对增长过大的 Tablet 进行分割。

客户程序直接与 Tablet 服务器通信来进行读写操作。每个 Bigtable 集群存储了许多表,每个表都将一组 Tablet 包括在内,而每个 Tablet 包括了某个范围内的行的所有相关数据。在初始状态下,每个表只由一个 Tablet 组成。它伴随着表中数据的增长被自动分割成多个 Tablet,在默认情况下每个 Tablet 的大小一般在 $100 \sim 200$ MB 范围内。

2.1.3　Tablet

Bigtable 使用一个三层,类似 B+树的结构来存储 Tablet 的位置信息,如图 2.1.2 所示。

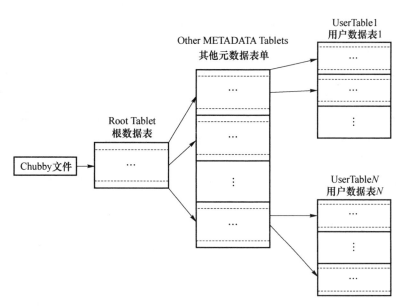

图 2.1.2　Tablet 位置层次结构

第一层是一个包含了 Root Tablet 的位置信息的存储在 Chubby 中的文件。Root Tablet 包括了一个特殊的 METADATA 表里所有的 Tablet 的位置信息。METADATA 表的每一个 Tablet 包含了一个用户 Tablet 的集合。实际上 METADATA 表的第一个 Tablet

是 Root Table,只不过对它进行了比较特殊的处理,Root Tablet 永远不可能被分割,这样就确保了 Tablet 的位置信息存储结构不可能超过三层。

在 METADATA 表里面,每一个 Tablet 的位置信息都存放在一个行关键字下面,而这个行关键字是由 Tablet 的最后一行编码和 Tablet 所在的表的标识符构成的。METADATA 的每一行都存储了将近 1KB 的内存数据。使用这种三层结构的存储模式在一个大小合适、容量限制为 128MB 的 METADATA Tablet 中,能够标识 2^{34} 个 Tablet 的地址(假设每个 Tablet 存储 128MB 数据,则总共能够存储 2^{61} 个字节数据)。

客户程序使用的库可以缓存 Tablet 的位置信息。假如客户程序没有缓存 Tablet 的地址信息,或者发现它缓存的地址信息错误,客户程序就在树状的存储结构中递归地查找 Tablet 位置信息;假如客户端缓存为空,那么寻址算法需要利用三次网络通信来寻址,其中包括一次 Chubby 读操作;假如客户端缓存的地址信息过期了,则寻址算法可能需要最多 6 次网络来回通信才可以将数据更新,因为只有在缓存中未能查到数据的时候才可以发现数据过期(假设 METADATA 的 Tablet 没有频繁的移动)。虽然 Tablet 的地址信息是存放在内存里的,不必访问 GFS 文件系统也可以对它进行操作,但是通常我们会利用预读取 Tablet 地址来进一步降低访问的开销:每次从 METADATA 表中读取一个 Tablet 的元数据的同时都会多读取几个 Tablet 的元数据,次级信息也存储在了 METADATA 表中。

任何时刻,每个 Tablet 只能分配给一个 Tablet 服务器。Master 服务器记录了当前哪些 Tablet 服务器是活跃的,哪些 Tablet 被分配给了哪些 Tablet 服务器,哪些 Tablet 仍未被分配。如果一个 Tablet 未被分配并且恰好有一个 Tablet 服务器有足够的空闲空间装载该 Tablet,那么 Tablet 服务器会收到 Master 服务器发送给它的装载请求,将 Tablet 分配给这个服务器。

BigTable 用 Chubby 将 Tablet 服务器的状态跟踪记录下来。当一个 Tablet 服务器启动时,它将一个有唯一名字的文件建立在 Chubby 的一个指定目录下,同时获得该文件的独占锁。这个目录(服务器目录)被 Master 服务器实时监控着,所以 Master 服务器可以知道有新的 Tablet 服务器加入了。如果 Chubby 上的独占锁被 Tablet 服务器弄丢了。例如,因为网络断开导致 Tablet 服务器和 Chubby 的会话丢失,Chubby 对 Tablet 提供的服务就会停止。(Chubby 提供一种高效的机制,这种机制可以使 Tablet 服务器能够在不增加网络负担的情况下知道它是否还持有锁)。如果文件还存在,那么 Tablet 服务器将会尝试重新获得对该文件的独占锁;如果文件不存在,那么 Tablet 服务器将无法继续提供服务,它将自行退出。当 Tablet 服务器终止时(例如,运行该 Tablet 服务器的主机被集群管理系统从集群中移除),它将试图释放它持有的文件锁。如此一来,Tablet 就能被 Master 服务器尽快分配到其他的 Tablet 服务器。

检查一个 Tablet 服务器是否已经不再为它的 Tablet 提供服务的任务由 Master 服务器负责,而且要尽快重新分配它加载的 Tablet。Master 服务器通过轮询 Tablet 服务器文件锁的状态的方法,来检测什么时候 Tablet 服务器不再为 Tablet 提供服务。假如一个 Tablet 服务器报告它的文件锁丢失了,或者 Master 服务器最近几次试图与它通信都没能得到响应,Master 服务器将试图获得该 Tablet 服务器文件的独占锁;如果 Master 服务器能够成功获取独占锁,就说明 Chubby 是正常运行的,而 Tablet 服务器不是宕机了,就是无法和 Chubby 通信了,所以,Master 服务器就删除该 Tablet 服务器在 Chubby 上的服务器文件来保证终止它给 Tablet 提供的服务。

一旦在 Chubby 上的 Tablet 服务器的服务器文件被删除了,Master 服务器就把之前分配给它的全部 Tablet 放入未分配的 Tablet 集合中。为了保障 Bigtable 集群在 Master 服务器和 Chubby 之间网络出现故障时依然能够使用,Master 服务器在它的 Chubby 会话过期之后主动退出。但是无论如何,就像前面所描述的,现有 Tablet 在 Tablet 服务器上的分配状态不会因为 Master 服务器的故障而改变。

在集群管理系统启动了一个 Master 服务器以后,Master 服务器要在了解当前 Tablet 的分配状态之后才能够修改分配状态。Master 服务器在启动之时执行如下步骤:①Chubby 让 Master 服务器从它身上获得一个唯一的 Master 锁,以阻止创建别的 Master 服务器实例;②Master 服务器通过扫描 Chubby 的服务器文件锁存储目录来获得当前正在运行的服务器列表;③Master 服务器和全部的正在运行的 Tablet 表服务器通信来获得每个 Tablet 服务器上 Tablet 的分配信息;④Master 服务器通过扫描 METADATA 表获取全部的 Tablet 的集合。在扫描的过程中,如果 Master 服务器找到了一个未曾分配的 Tablet,这个 Tablet 就被 Master 服务器加入未分配的 Tablet 集合等候恰当的时机分配。

也许会遇到一种复杂的状况:在 METADATA 表的 Tablet 未被分配前它无法被扫描。所以,在扫描开始之前(步骤④),假如在第 3 步的扫描过程中 Root Tablet 被发现未曾被分配,Root Tablet 就被 Master 服务器加入到未分配的 Tablet 集合。这个附加操作保证了 Root Tablet 一定被分配。所有 METADATA 的 Tablet 的名字都包括在 Root Tablet 内,所以 Root Tablet 被 Master 服务器扫描完之后,全部的 METADATA 表的 Tablet 的名字就都得到了。

保存现有 Tablet 的集合只在如下事件发生时才会发生:创建一个新表或者删除一个旧表,把两个 Tablet 合并在一起,把一个 Tablet 分割成两个小的 Tablet。所有这些事件都能够被 Master 服务器跟踪记录,因为除去最后一个事件外其余两个事件都是由它启动的。Tablet 分割事件需要被特殊处理,因为它是由 Tablet 服务器启动。分割操作完成以后,Tablet 服务器通过在 METADATA 表中记录新的 Tablet 的信息来提交这一操作;在分割操作提交以后,Master 服务器会收到 Tablet 服务器的通知。假如分割操作已经提交的信息未能通知到 Master 服务器(也许两个服务器之一宕机了),已经被分割的子表被 Master 服务器要求在 Tablet 服务器装载时会发现一个新的 Tablet。Tablet 服务器通过对比 METADATA 表中 Tablet 的信息会发现 Master 服务器要求其装载的 Tablet 并不完整,因此,Tablet 服务器将再一次向 Master 服务器发送通知信息。

GFS 上保存了 Tablet 的持久化状态信息,如图 2.1.3 所示。更新操作提交到 REDO 日志中。在这些更新操作当中,最近提交的这些被存放在一个排序的缓存中,这个缓存通常被称为 Memtable;而较早的更新被存放在一系列 SSTable 中。想要恢复一个 Tablet,Tablet 服务器先要从 METADATA 表中读出它的元数据。Tablet 的元数据包括了构成这个 Tablet 的 SSTable 的列表和一系列的 Redo Point,这 Redo Point 指向已提交的有可能包含该 Tablet

数据的日志记录。SSTable 的索引被 Tablet 服务器读进内存,然后通过重复 Redo Point 以后提交的更新来重建 Memtable。

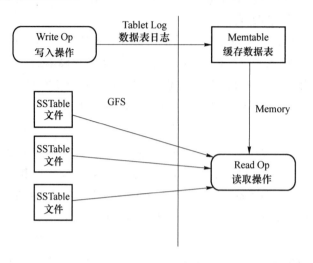

图 2.1.3　Tablet 示意图

　　Tablet 服务器首先要检查操作格式是否正确、操作发起者是否有权限来执行这个操作,才能对 Tablet 服务器进行写操作。验证权限的方法是从一个 Chubby 文件里读取出具有写权限的操作者列表来进行验证(这个文件几乎绝对会被存放在 Chubby 客户缓存里)。提交日志里记录成功的修改操作。包含很多小的修改操作的应用程序的吞吐量可以通过采取批量提交的方式来提高。当提交一个写操作后,写的内容将插入 Memtable 内。

　　在对 Tablet 服务器进行读操作时,Tablet 服务器进行类似的限权和完整性检查。一个有效的读操作会在一个由一系列 SSTable 与 Memtable 合并的视图里执行。因为 SSTable 与 Memtable 是按字典排序的数据结构,所以能够高效生成合并视图。Tablet 的合并与分割任务可以和正在进行的读写操作任务一同进行。

2.1.4　Bigtable 优化

　　前面我们讲解了 Bigtable 的实现,不过想要进行商用仍需一系列的优化工作来提高性能、可靠性以及可用性,下面介绍一些常用的优化方法。

1. 局部性群组

　　多个列族可以被客户程序组合成一个局部性群组。对 Tablet 中的每一个局部性群组都将生成一个单独的 SSTable。把一般不会一起访问的列族分割成不同的局部性群组,这样做能够提高读取操作的效率。例如,在 Webtable 表中,网页的元数据在一个局部性群组中,而网页的内容能够在另一个群组中。假如一个应用程序要求读取网页的元数据,它不需要去读取全部的页面内容。

　　除此以外,可以以局部性群组为单位设定一些有价值的调试参数。例如,一个局部性群组可以被设定为全部存储在内存中。Tablet 服务器按照惰性加载的策略把设定为放入内存的局部性群组的 SSTable 装载进内存。完成加载以后,访问属于该局部性群组列族的时候就不需要去读取硬盘。对于需要频繁访问的小块数据这个特性非常实用:在 Bigtable 内部,我们运用这个特性来提高 METADATA 表中具有位置相关性的列族的访问速度。

2. 压缩

一个局部性群组的 SSTable 是否需要被压缩可以由客户程序来控制；每个 SSTable 的块（由局部性群组的优化参数指定块的大小）都使用用户指定的压缩格式来压缩。尽管分块压缩浪费了少量空间，但是我们在只读取 SSTable 一小部分数据的时候就不需要解压整个文件了。许多客户程序采取了"两遍"的、可定制的压缩方式。第一遍采取 Bentley and McIlroy's 方式，此方式在一个很大的扫描窗口里对常见的长字符串进行压缩；第二遍采取的是快速压缩算法，即在一个 16KB 的小扫描窗口中寻找重复数据。两种压缩算法速度都很快，在现在的机器上，压缩速率高达 100～200 Mbit/s，解压速率高达 400～1 000 Mbit/s。

这种"两遍"的压缩方式在空间压缩率上的表现令人叹服。例如，在 Webtable 里，利用这种压缩方式来存储网页内容。在一个压缩的局部性群组当中可存储大量网页。这种模式的空间压缩比高达 10∶1。这比传统的 Gzip 在压缩 HTML 页面时 3∶1 或 4∶1 的空间压缩比要好很多。"两遍"的压缩模式如此高效的原因是 Webtable 的行的存放方式：从同一个主机获得的页面都被存在邻近的地方。利用这个特点，BentleyMcIlroy 算法能够从来自同一个主机的页面里找出大量重复的内容。不光是 Webtable，很多应用程序也通过选择合适的行名来把相似的数据聚簇在一起来获取较高的压缩率。在 Bigtable 中存储同一份数据的不同版本时，压缩效率将更高。

3. 通过缓存提高读操作的性能

Tablet 服务器使用二级缓存的策略来提高读操作的性能。扫描缓存是第一级缓存，主要缓存 Tablet 服务器通过 SSTable 接口获得的 Key-Value 对；Block 缓存是二级缓存，缓存的是从 GFS 读取的 SSTable 的 Block。扫描缓存对于经常要重复读取相同数据的应用程序来说特别有效；Block 缓存对于经常要读取刚刚读过的数据附近的数据的应用程序来说更有用。

4. Bloom 过滤器

一个读操作必须把构成 Tablet 状态的全部 SSTable 的数据都读取。假如这些 SSTable 不在内存中就需要多次访问硬盘。我们通过允许客户程序对特定局部性群组的 SSTable 指定 Bloom 过滤器，以此来减少硬盘访问的次数。我们可以利用 Bloom 过滤器查找一个 SSTable 是否包括了特定行和列的数据。对于某些特定应用程序，我们仅仅付出了少量的、用于存储 Bloom 过滤器的内存为代价，就换取了读操作明显减少的磁盘访问次数。当应用程序访问不存在的行或列时则不需要访问硬盘的目的，也因为使用 Bloom 过滤器而隐式地达到了。

5. Commit 日志的实现

假如每个 Tablet 的操作的 Commit 日志都被我们存在一个单独的文件，那么会产生大量的文件，并且这些文件会并行地写入 GFS。按照 GFS 服务器底层文件系统实现的方案，把这些文件写入不同的磁盘日志文件时将会有大量的磁盘查询操作。此外，因为批量提交中操作的数目一般较少，所以对每个 Tablet 设置单独的日志文件也会给本应具有优化效果的批量提交带来很大的负担。为了避免这些影响，我们为每个 Tablet 服务器设置一个 Commit 日志文件，将修改操作的日志以追加方式写入同一个日志文件中，所以一个实际的日志文件中混合了对多个 Tablet 修改的日志记录。

普通操作的性能因使用单个日志而显著提高,恢复的工作却变得更加复杂。一个 Tablet 服务器宕机的时候它加载的 Tablet 将会被移到许多其他的 Tablet 服务器上:每个 Tablet 服务器都装载少量几个原来服务器的 Tablet。在恢复一个 Tablet 的状态时,修改操作的信息要被新的 Tablet 服务器从原来的 Tablet 服务器写的日志中提取出来,并且重新执行。然而,由于这些 Tablet 修改操作的日志记录都混合在同一个日志文件中,使得每个 Tablet 服务器都必须读取全部的 Commit 日志文件,然后只重复执行它要恢复的 Tablet 的相关修改操作。运用这种方法,假如有 200 台 Tablet 服务器,每台都加载了失效的 Tablet 服务器上的一个 Tablet,那么,这个日志文件将要被读取 200 次(每个服务器读取一次)。

为了避免多次读取日志文件,我们可采取如下的办法:把日志根据关键字排序,这样对同一个 Tablet 的修改操作的日志记录就会被连续存放在一起。因此,我们仅需一次磁盘查询操作,然后顺序读取即可。为实现并行排序,我们先把日志分割为 64MB 的段,然后在不同的 Tablet 服务器对段进行并行排序。这个排序工作需 Master 服务器协同处理,并在一个 Tablet 服务器表示自己需要 Commit 日志文件恢复 Tablet 时开始执行。

在向 GFS 中写 Commit 日志的时候有可能引起系统不稳定,原因有很多(比如,正在进行读写操作时,一个 GFS 服务器宕机了;或者接连三个 GFS 副本所在的服务器的网络拥塞或过载了)。为保证即使在 GFS 负载高峰时修改操作仍可以顺利进行,每个 Tablet 服务器实际上有两个日志被写入线程,每个线程都写自己的日志文件,并且在任意时刻,只有一个线程进行工作。如果一个线程以很低的效率进行写入,Tablet 服务器就会切换到另外一个线程,修改操作的日志记录就会被写入这个线程所对应的日志文件中。每个日志记录都对应一个序列号,所以在恢复的时候,Tablet 服务器可以检测出并且忽略掉那些因为线程切换而造成的重复的记录。

6. Tablet 快速恢复

当 Master 服务器把一个 Tablet 从一个 Tablet 服务器移到另一个 Tablet 服务器的时候,这个 Tablet 会被源 Tablet 服务器做一次微压缩。Tablet 服务器的日志文件中没有归并的记录会因为这个压缩操作而减少,也因此减少了恢复的时间。在完成压缩之后,该服务器为该 Tablet 提供的服务就停止了。在卸载 Tablet 前,源 Tablet 服务器还将再做一次微压缩,以此将前一次压缩过程中又产生的未归并的记录消除。完成第二次微压缩之后,就可以把 Tablet 装载到新的 Tablet 服务器上了,而且无须从日志中进行恢复。

7. 利用不变性

我们在使用 Bigtable 时,除了 SSTable 的缓存外,其余部分产生的 SSTable 都是不变的,我们可以应用这一点对系统进行简化。比如从 SSTable 读取数据时,我们无须对文件系统访问操作进行同步。如此一来,对行的并行操作的实现就可以变得十分高效。Memtable 是唯一可以被读和写操作同时访问的可变数据结构。我们对内存表采用 COW (Copy-on-write)机制,来减少在读操作时的竞争,这样就允许读写操作并行执行。

由于 SSTable 是不变的,因此,我们可以将标记成"删除"或"永久删除"数据的问题转换成为对废弃的 SSTable 进行垃圾收集的问题。在 METADATA 表中注册了每一个 Tablet 的 SSTable。Master 服务器采取"标记-删除"的垃圾回收方式删除 SSTable 集合当中废弃的 SSTable,METADATA 表则保存了 RootSSTable 的集合。

最后,由于 SSTable 的不变性让分割 Tablet 的操作变得非常快捷。我们无须为每个分割出来的 Tablet 创建新的 SSTable 集合,而是共享之前的 Tablet 的 SSTable 集合。

2.1.5 Bigtable 性能

谷歌建立了一个包含 N 台 Tablet 服务器的 Bigtable 集群来测试 Bigtable 的性能与可扩展性,这里的 N 是可变的。每台 Tablet 服务器配置 1 GB 的内存,数据写入进了一个包含 1 786 台机器、每台机器含有 2 个 400GB IDE 硬盘的 GFS 集群上。我们利用 N 台客户机生成工作负载以测试 Bigtable。每台客户机都配置 2 GHz 双核 Opteron 处理器,也配置了足够容纳全部进程工作数据集的物理内存,还有一张 Gigabit 的以太网卡。这些机器全部连入一个两层的树状交换网络里,根节点上的带宽加起来有 100~200 Gbit/s。因为所有的机器采用同样的设备,任意两台机器之间网络来回一次的时间在 1 ms 内。

Master 服务器、Tablet 服务器、测试机以及 GFS 服务器都在同一组机器上运行。每台机器都运行一个 GFS 的服务器。其余机器不是运行 Tablet 服务器,就是运行客户程序,或者运行在测试过程中使用这组机器的其他任务启动的进程。

R 是测试的过程中,Bigtable 包括不同的列关键字的数量。R 值非常重要,需要确保每一次基准测试对每台 Tablet 服务器读/写的数据量都在 1GB 左右。

在序列写的基准测试当中,使用的列关键字的范围在 $0~R-1$。把这个范围划分为 $10N$ 个大小相同的区间。这些区间被核心调度程序分配给 N 个客户端,分配的方法是:只要客户程序把上一个区间的数据处理完,调度程序就给它分配后续的还没有处理的区间。这种动态分配的方式有利于减少客户机上同时运行的其他进程对性能的影响。我们把一个单独的字符串写入每个列关键字下。因为每一个字符串都是随机生成的,所以也没有被压缩。此外,不同列关键字下的字符串也不相同,所以也就不存在跨行的压缩。随机写入基准测试采用相似的方法,行关键字在写入之前先做 Hash,Hash 采取按 R 取模的方法,这样就确保了在整个基准测试持续的时间范围内,写入的工作负载均匀地分布在列存储的空间内。

序列读的基准测试生成列关键字的方式和序列写一样,与序列写在列关键字下写入字符串不同的是,序列读是读取列关键字下的字符串(之前由序列写基准测试程序把这些字符串写入)。同理,随机读的基准测试与随机写很类似。

扫描基准测试与序列读很像,但是用的是 BigTable 提供的、在一个列范围内扫描全部的 Value 值的 API。因为一次 RPC(远程过程调用协议)调用就从一个 Tablet 服务器取出了大量 Value 值,所以利用扫描方式的基准测试程序能够减少 RPC 调用的次数。

随机读(内存)基准测试与随机读相似(除了包括基准测试数据的局部性群组被设置为"in-memory"),所以,利用扫描方式的基准测试程序能够减少 RPC 调用的次数。读操作直接把数据从 Tablet 服务器的内存中读取出来,不必从 GFS 中读取数据。针对这个测试,每台 Tablet 服务器存储的数据从 1 GB 减少到 100 MB,这样就可以把数据全部加载到 Tablet 服务器的内存中了。

图 2.1.4 的两个视图显示了 Bigtable 基准测试的性能(图中的数据与曲线是读/写

1 000-byte Value 值的时候取得的）。图中的表格显示了每个 Tablet 服务器每秒进行操作的次数；图中曲线显示了每秒全部 Tablet 服务器上操作次数的总和。

实验	Tablet 服务器数量			
	1	50	250	500
随机读数	1 212	593	479	241
随机写入	8 850	3 745	3 425	2 000
顺序读取	4 425	2 463	2 625	2 469
顺序写入	8 547	3 623	2 451	1 905
遍历	15 385	10 526	9 524	7 843

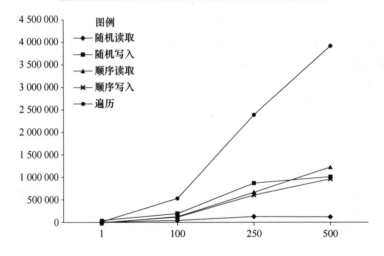

图 2.1.4　Bigtable 性能测试

2.1.6　实际应用

谷歌的 Bigtable 技术在很多项目上已经实现了实际应用，下面介绍几个典型的项目。

1. Google Analytics

Web 站点的管理员利用 Google Analytics 帮助他们分析网站的流量模式的服务。它能够提供反映整体状况的统计数据（例如，每日单独访问的用户数量、每日每个 URL 的浏览次数）；它还可以提供用户使用网站的行为报告（例如，根据之前用户访问的某些页面，统计出用户购买商品的比例）。

Web 站点管理员只要在他们的 Web 页面中嵌入一小段 JavaScript 脚本，就能够使用这个服务。此 JavaScript 程序在页面被访问时被调用。它记录了各种 Google Analytics 所需的信息，如用户的标识、获得网页的相关信息。Google Analytics 把这些数据汇聚之后提供给 Web 站点的管理员。

我们把 Google Analytics 使用的两个表粗略地描述一下。Row Click 表（大约有 200TB 数据）的每行存放一个最终用户的会话。行的名字是个包括 Web 站点名字和用户会话创建时间的元组。这种模式确保了对于同一个 Web 站点的访问会话是顺序的，会话按照时间顺序存储。这个表的尺寸能够压缩到原来的 14%。

Summary 表(数据量大约为 20TB)包含了和每个 Web 站点的各种类型的预定义等有关的汇总信息。一个按周期性运行的 MapReduce(第 3 章将详细介绍)任务,可以依据 Raw Click 表的数据生成 Summary 表的数据。每个 MapReduce 工作进程需要的最新的会话数据都从 Raw Click 表中提取。系统整体的吞吐量受 GFS 的吞吐量的限制。这个表的尺寸可以压缩到原有表的 29%。

2. Google Earth

谷歌利用一组服务把高分辨率的地球表面卫星图像提供给了用户,访问方式既可以使通过基于 Web 的 Google Maps 访问接口(maps.google.com),又可以通过谷歌地球定制的客户端软件进行访问。用户被允许运用这些软件产品浏览地球表面的图像:用户可以选择不同的分辨率,并能够平移、查看与注释这些卫星图像。这个系统使用两组表,一组表用来存储预处理数据,另一组表存储用户数据。

数据预处理流水线用一个表储存原始图像。图像在预处理过程中被清除,图像数据被合并到最终的服务数据中。这个表包大约有 70TB 的数据,因此需要从磁盘里读取数据。因为图像已经被高效压缩,所以存储在 Bigtable 后无须再压缩。

Imagery 表的每一行都代表一个单独的地理区域。所有行都有名称,确保毗邻的区域存储在了一起。Imagery 表里有一个用来记录每个区域的数据源的列族。这个列族含有大量的列:基本上每列都对应一个原始图片的数据。因为很少几张图片就构成一个地理区域,所以这个列族非常的稀疏。

这个服务系统用一个表来索引 GFS 中的数据。这个表相对小一些(约为 500GB),但是此表必须确保在较低的响应延时的前提下,针对每一个数据中心,每秒可以处理上万个查询请求。因此,此表的数据必须存储在上百个 Tablet 服务器上并使用 in-memory 的列族。

3. 个性化查询

个性化查询(www.google.com/psearch)是一个双向服务:这个服务记录用户个性化查询;用户的查询和点击会被这个服务记录下来,涉及各种谷歌的服务,如 Web 查询、图像和新闻。用户能够浏览他们的查询历史,重复他们前面的查询与点击;用户也有权选择定制基于谷歌历史使用习惯模式的个性化查询结果。

个性化查询把每个用户的数据使用 Bigtable 存储起来。每个用户都有个唯一的用户 ID,每个用户 ID 绑定一个列名。一个单独的列族被用作存储各种类型的行为(例如,某个列族有可能是用来存储全部 Web 查询的)。每个数据项都被用储存 Bigtable 的时间戳,记录对应用户行为的发生时间。个性化查询利用 Bigtable 来存储的 MapReduce 任务生成用户的数据图表。当前的查询结果可以被这些用户数据图表个性化。

个性化查询数据会被复制到几个 Bigtable 集群上,这样一来数据的可用性就增强了,同时也减少了由客户端与 Bigtable 集群间的"距离"造成的延时。个性化查询的开发团队一开始建立了一个基于 Bigtable 的、"客户侧"的复制机制为所有复制节点提供一致性保障。现在的系统则使用内建的复制子系统。

个性化查询存储系统的设计允许其他的团队把新的用户数据加入它们自己的列中,因此,许多谷歌服务使用个性化查询存储系统来保存用户级的配置参数与设置。大量的列族因为众多团队之间数据的分享而产生。为了更好地支持数据共享,加入了一个简单的配额机制。配额机制限制用户在共享表中使用的空间;同样地,配额也把隔离机制提供给了使用个性化查询系统存储用户级信息的产品团体。

2.2 Google File System

谷歌的工程师设计并实现了 Google 文件系统(Google File System,GFS)来满足快速增长的数据处理需求。GFS 和传统的分布式文件系统有着许多共同的设计目标,如可伸缩性、性能、可用性以及可靠性。但是其设计也基于谷歌的应用负载状况以及技术环境的观察的影响,无论现在还是将来,GFS 与早期文件系统的假设都有着明显的区别。

首先,把组件失效认为是常态事件而不是意外事件。GFS 包括数百甚至数千台普通廉价设备组装的存储机器,同时被相当数量的客户机访问。GFS 组件的数量与质量导致事实上任意给定时间内都可能发生某些组件无法工作的情况,某些组件无法从它们当前的失效状态中恢复。在实际的情况下,遭遇过各式各样的问题。例如,应用程序 bug、操作系统bug、人为造成失误,甚至还有内存、硬盘、连接器、网络以及电源失效等原因导致的问题。因此,在 GFS 中必须集成错误侦测、持续的监控、灾难冗余和自动恢复的机制。

其次,用常规标准衡量,谷歌的文件十分巨大,数 GB 的文件相当普遍。每个文件常常都包含很多应用程序对象,如 Web 文档。当系统经常处理快速增长的、由数亿个对象构成的、数以 TB 的数据集时,采取管理数亿个 KB 大小的小文件的方式是极其不明智的,虽然有一些文件系统能够支持这种管理方式。因此,设计的假设条件与参数,如 I/O 操作与Block 的尺寸等,这些全部需要重新考虑。

再次,绝大部分文件修改采用的是在文件尾部追加数据的方法,而不是把原有数据覆盖掉。对文件的随机写入操作在实际当中几乎是不存在的。一旦写完,对文件的操作就只剩下读,而且一般是按顺序读。大量的数据都符合这些特性:例如,数据分析程序扫描的超大数据集;正在运行的应用程序产生的连续数据流;存档的数据;由一台机器产生另一台机器处理的中间数据,这些中间数据的处理既可能在同时进行,又可能是后续处理的。客户端对数据块缓存对于这种针对海量文件的访问模式是毫无意义的,性能优化和原子性保证的主要考量因素是数据的追加操作。

最后,应用程序与文件系统 API 的协同设计将整个系统的灵活性提高了。例如,对GFS 一致性模型的要求被放松了,这样文件系统对应用程序的苛刻要求就减轻了,GFS 的设计也大大简化了。我们引入原子性的记录追加操作,以此保证多个客户端可以同步进行追加操作,无须额外的同步操作来保证数据的一致性。

谷歌已经针对不同的应用部署了多套 GFS 集群。其中最大的一个集群有超过 1 000 个存储节点,超过 300TB 的硬盘空间,被不同机器上的几百个客户端不间断地频繁访问。

2.2.1 GFS 框架

Bigtable 的基础是 GFS,如同文件系统用数据库来存储结构化数据一样,GFS 需要 Bigtable 存储结构化数据。如图 2.2.1 所示,每个 GFS 集群都有三部分:主服务器(Master)、客户端(Client)和数据块服务器(Chunk Server)。一般这些机器全部是普通的 Linux 机器,用户级(user-level)的服务进程在上面运行。机器资源允许的前提下,我们能够轻易地把数据块服务器与客户端放在同一台机器上,而且可靠性低的应用程序代码带来的稳定性降低的风险也可以被接受。

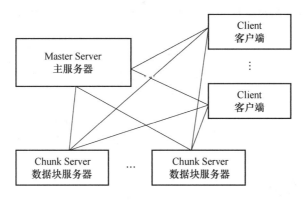

图 2.2.1 GFS 结构示意图

GFS 存储的文件都被分割为大小固定的 Chunk(数据块)。在创建 Chunk 的时候,每个 Chunk 都会被 Master 服务器分配一个不变的、全球唯一的 64 位 Chunk 标识。Chunk 被 Chunk 服务器以 Linux 文件的形式保存在本地硬盘上,并且依据指定的 Chunk 标识与字节范围来读写块数据。出于对可靠性的要求,每个块都会被复制到很多块服务器上,在默认情况下复制 3 个副本,不过用户可以把不同的复制级别设定给不同的文件命名空间。

所有的文件系统元数据都被 Master 节点管理。这些元数据包含名字空间、访问控制信息、文件和 Chunk 的映射信息以及当前 Chunk 的位置信息。Master 节点还管理系统范围内的活动。例如,Chunk 租用管理的回收以及 Chunk 在 Chunk 服务器之间的迁移。Master 节点利用心跳信息周期地与每个 Chunk 服务器通信,把指令发送到各个 Chunk 服务器并接收 Chunk 服务器的状态信息。

GFS 客户端代码以库的形式被链接到了客户程序里。客户端代码实现了 GFS 文件系统的 API 接口函数、应用程序与 Master 节点及 Chunk 服务器通信,以及对数据进行读写操作。客户端与 Master 节点的通信只获得元数据,全部的数据操作都由客户端与 Chunk 服务器直接进行交互。

不管客户端还是 Chunk 服务器都无须缓存文件数据。客户端缓存数据几乎没有任何用处,因为大多数进程不是以流的方式读取一个巨大文件,就是工作集太大根本没办法被缓存。不必考虑缓存相关的问题,同时也把客户端和整个系统的设计和实现简化了(但是客户端会缓存元数据)。Chunk 服务器之所以无须缓存文件数据,是因为 Chunk 以本地文件的方式保存,经常访问的数据会被 Linux 的文件系统放在内存中。

2.2.2 Master 节点

我们的设计由于单一的 Master 节点的策略而被大大简化了。单一的 Master 节点可以通过全局的信息把 Chunk 的位置精确地定位以及进行复制决策。此外,我们为避免 Master 节点成系统的瓶颈,必须要减少对 Master 节点的读写。Master 节点读写文件数据并不通过客户端。相反,客户端向 Master 节点询问它所应该联系的 Chunk 服务器。客户端把这些元数据信息缓存一段时间,接下来的操作将直接与 Chunk 服务器进行数据读写操作。

首先,客户端将文件名与程序指定的字节偏移,根据固定的 Chunk 大小转换为文件的 Chunk 索引。接着它将文件名与 Chunk 索引发送给 Master 节点。Master 节点把相应的 Chunk 标识与副本位置信息返还给客户端。文件名和 Chunk 索引被客户端用作 key 来查询这些信息。

之后客户端把请求发送到其中的一个副本处,通常选择最近的。请求信息包括 Chunk 的标识与字节范围。在对这个 Chunk 的后续读取操作中,除了在缓存的元数据信息过期或文件被重新打开的情况下,客户端无须继续和 Master 节点通信。实际上,客户端一般会在一次请求中查询多个 Chunk 信息,Master 节点的回应可能也包括了紧跟着这些被请求的 Chunk 后面的 Chunk 的信息。实际应用当中,这些额外的信息在没有任何代价的情况下,把客户端与 Master 节点的通信次数减少了。

2.2.3　Chunk 数据块

Chunk 的大小是几个关键的设计参数之一。我们选择了 64MB,一般系统文件的大小远小于这个尺寸。每一个 Chunk 的副本都以普通 Linux 文件的形式保存在了 Chunk 服务器上,只在有需要的时候才扩大。

选择较大的 Chunk 尺寸有几个明显的优点。首先,它将客户端与 Master 节点通信的需求减少了,因为只要有一次与 Mater 节点的通信,Chunk 的位置信息就可以获取了,然后对同一个 Chunk 就可以进行多次读写操作。对降低我们的工作负载来说,这种方式的效果十分显著。因为我们的应用程序一般是连续读写大文件。即使是小规模随机读取,采取较大的 Chunk 尺寸带来的好处也很明显,一个数 TB 的工作数据集里所有的 Chunk 位置信息可以被客户端轻松地缓存了。其次,采用较大的 Chunk 尺寸可以利用与 Chunk 服务器保持较长时间的 TCP 连接来减少网络负载。最后,Master 节点需要保存的元数据的数量因选用较大尺寸的 Chunk 而减少了。这样一来,我们就被允许把元数据全部放在内存中。

另一方面,采用较大的 Chunk 尺寸也存在缺陷。小文件包含的 Chunk 较少甚至只有一个。当有很多客户端对同一个小文件进行多次访问时,这些存储 Chunk 的 Chunk 服务器就会变成热点。实际应用当中,由于谷歌的程序一般是连续读取包括多个 Chunk 的大文件,主要问题还不是热点。

2.2.4　元数据

Master 服务器存储的元数据类型主要有三种:文件、Chunk 的命名空间,文件与 Chunk 的对应关系,每一个 Chunk 副本的存放地点。全部的元数据都保存在 Master 服务器的内存当中。后两种类型的元数据(命名空间、文件与 Chunk 的对应关系)同时也会以记录变更日志的方式在操作系统的系统日志文件中记录下来,日志文件在本地磁盘中存储,同时日志会被复制到其他远程 Master 服务器上。我们采取保存变更日志的方式,可以简单可靠地更新 Master 服务器的状态,而不用担心 Master 服务器崩溃造成数据不一致的风险。

1. 内存中的数据结构

Master 服务器的操作速度因为元数据保存在内存中而变得非常快,并且,Master 服务器能够在后台简单并且高效地周期性扫描自己保存的所有状态信息。实现 Chunk 垃圾收集,在 Chunk 服务器失效的时候重新复制数据,通过 Chunk 的迁移实现跨 Chunk 服务器的负载均衡以及磁盘使用状况统计等功能也可以用这种周期性的状态扫描。

把元数据全部保存在内存中存在潜在问题:Chunk 的数量及系统整体的承载能力都受限于 Master 服务器所拥有的内存大小。不过在实际应用当中,这个问题并不严重。Master 服务器只需不到 64 个字节的元数据就可以管理一个 64MB 的 Chunk。因为大多数文件都包含多个 Chunk,所以绝大多数 Chunk 都是满的,只有文件的最后一个 Chunk 是部分填充的。同样的,每个文件在命名空间中的数据大小一般在 64 B 以下,因为保存的文件名被前缀压缩算法压缩过。

即使需要支持更大的文件系统,为 Master 服务器增加额外内存的开销也是很少的,通过增加有限的费用,元数据就能被我们全部保存在内存中,系统的简洁性、可靠性、高性能及灵活性也增加了。

2. Chunk 位置信息

Master 服务器并不会一直保存哪个 Chunk 服务器的信息。这些信息只在 Master 服务器启动的时候轮询 Chunk 服务器来获取。Master 服务器可以保证它始终持有最新的信息,因为所有的 Chunk 位置的分配都被它控制,并且通过周期性的心跳信息来监控 Chunk 服务器的状态。

存储 Chunk 的位置信息采取在启动时轮询 Chunk 服务器,之后定期轮询更新的方法。这种设计简化了 Master 服务器和 Chunk 服务器的数据在有 Chunk 服务器加入或离开集群、失效、更名以及重启时的同步问题。在一个有几百台服务器的集群中,这类事件的发生很频繁。

这个设计决策可以从另外一个角度去理解:一个 Chunk 是否在它的硬盘上只有 Chunk 服务器才能最终确定,因为 Chunk 服务器的错误可能导致 Chunk 自动消失(比如硬盘损坏了或无法访问),或操作人员可能会重命名一个 Chunk 服务器,所以我们从未考虑过在 Master 服务器上维护一个这些信息的全局视图。

3. 操作日志

关键的元数据变更历史记录包含在了操作日志里,这对于 GFS 十分重要。这不光是由于操作日志是元数据唯一的持久化存储记录,它也能作为判断同步操作顺序的逻辑时间基线。文件与 Chunk 连同它们的版本,全部被创建它们的逻辑时间唯一地且永久地标识。

操作日志极其重要,日志文件的完整必须要被确保,保证日志对客户端只有在元数据的变化被持久化后才是可见的。否则,即使 Chunk 自身没有任何问题,仍然有可能将整个文件系统丢失,或丢失客户端最近的操作。因此,谷歌工程师会将日志复制到多台远程机器,而且只有相应的日志记录被写入本地以及远程机器的硬盘后,客户端的操作请求才会被响应。Master 服务器会把多个日志记录收集后批量处理,以此降低写入磁盘与复制对系统整体性能造成的影响。

在灾难恢复时,Master 服务器通过重演操作日志把文件系统恢复到最近的状态。日志必须足够小才能缩短 Master 服务器的启动时间。Master 服务器在日志增长到一定量的时候对系统状态做一次 Checkpoint(对数据库状态作一次快照),所有的状态数据被写入一个 Checkpoint 文件。在灾难恢复时,Master 服务器通过从磁盘读取这个 Checkpoint 文件以及之后的有限个日志文件,就可以恢复系统。Checkpoint 文件以压缩 B-树形式的数据结构存储,能够直接映射到内存,在用于命名空间查询时不用额外的解析。恢复速度被很大幅度地提高,可用性也增强了不少。

因为需要一定的时间才可以创建一个 Checkpoint 文件，因此 Master 服务器的内部状态被组织为一种格式，这种格式要确保正在进行的修改操作在 Checkpoint 过程中不会被阻塞。Master 服务器用独立的线程切换到新的日志文件以及创建新的 Checkpoint 文件。切换前所有的修改都包括在新的 Checkpoint 文件内。对一个包含数百万文件的集群来说，需要 1 min 左右的时间来创建一个 Checkpoint 文件。完成创建后，Checkpoint 文件会被写入本地及远程的硬盘里。

Master 服务器恢复只需最新的 Checkpoint 文件以及后续的日志文件。可以把旧的日志文件和 Checkpoint 文件删除，不过为应对灾难性故障，通常会多保存一些历史文件。Checkpoint 失败对正确性不会产生任何影响，因为恢复功能的代码能够检测并且跳过未完成的 Checkpoint 文件。

2.2.5　系统交互

在设计 GFS 系统的时候，一个重要的原则是最小化 Master 节点的交互和所有操作。以下是为实现这一设计理念而采用的技术。

1. 租约(lease)的变更顺序

变更是一个可以改变 Chunk 内容或者元数据的操作，如写入或者记录追加操作。在 Chunk 的所有副本上变更操作都会执行。我们用租约机制保持多个副本间变更顺序的一致性。Master 节点为 Chunk 的一个副本建立一个租约，这个副本被我们称为主 Chunk。主 Chunk 把 Chunk 的全部更改操作序列化。这个序列被所有的副本遵从并进行修改操作。所以，首先由 Master 节点选择的租约顺序决定修改操作全局的顺序，接下来由租约中主 Chunk 分配的序列号决定。

租约机制被设计用来最小化 Master 节点的管理负担。租约初始超时设置是 60 s。不过，Chunk 只要被修改，主 Chunk 就能够申请更长的租期，一般会得到 Master 节点的确认，并且收到延长的租约时间。这些 lease 延长请求与批准的信息一般都是附加在 Master 节点与 Chunk 服务器之间的心跳消息中来传递。Master 节点在某些时刻会尝试提前取消 lease（例如，Master 节点想把一个已经被改名的文件上的修改操作取消掉）。即使 Master 节点与主 Chunk 失联，它依然能够安全地在旧的租约到期后与另外一个 Chunk 副本签订新租约。

根据图 2.2.2 所示的步骤编号介绍 GFS 写入操作的控制流程：

① 客户机向 Master 节点询问哪个 Chunk 服务器持有当前租约及其他副本的位置。如果一个持有租约的 Chunk 也没有，其中一个副本就会被 Master 节点选择而建立一个租约（图上没有显示这个步骤）。

② 主 Chunk 的标识符和其他副本（又称二级副本）的位置被 Master 节点返回给客户机。这些数据被客户机缓存以便后续的操作。只有在主 Chunk 不可用或主 Chunk 回复信息说明它已不再持有租约时，客户机才需要跟 Master 节点重新联系。

③ 客户机将数据推送到全部的副本上。客户机能够以任意顺序推送数据。Chunk 服务器接收数据并把它保存在它内部 LRU 缓存中，直到数据被使用或过期交换出去。因为数据流的网络传输负载特别高，通过把数据流与控制流分离，我们能够基于网络拓扑情况规划数据流，提高系统性能，而无须理会主 Chunk 保存在了哪个 Chunk 服务器上。

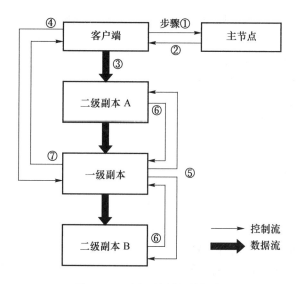

图 2.2.2　写入控制和数据流

④ 当所有副本都确认接收到数据时,客户机把写请求发送到主 Chunk 服务器上。这个请求标识了之前推送到所有副本的数据。主 Chunk 把连续的序列号分配给接收到的所有操作,这些操作有可能来自不同的客户机,序列号确保操作可以顺序执行。它把操作以序列号的顺序应用到自己的本地状态中。

⑤ 写请求被主 Chunk 传递给所有的二级副本。每个二级副本按主 Chunk 分配的序列号以同样的顺序执行这些操作。

⑥ 所有二级副本回复主 Chunk,它们的操作已经完成了。

⑦ 主 Chunk 服务器回复客户机。任意副本产生的任何错误都将返还给客户机。在出现错误的情况下,写入操作有可能在主 Chunk 及一些二级副本执行成功(假如操作在主 Chunk 上失败了,操作就不会被分配序列号,同样不会被传递)。客户端的请求被确认为失败,被修改的编码处于不同的状态。客户机代码通过重复执行失败的操作来处理这样的错误。在从头开始重复执行前,客户机会先从步骤③到步骤⑦做几次尝试。

如果一次写入应用程序的数据量特别大,或数据跨越多个 Chunk,它们会被 GFS 客户机代码分成多个写操作。前面描述的控制流程,这些操作都遵循。但是可能会被其他客户机上同步进行的操作打断或覆盖。

因此,共享文件编码的尾部可能包含来自不同客户机的数据片段,不过,由于这些分解后的写入操作在所有的副本上都以同样的顺序执行完成,Chunk 所有的副本都一致。

2. 数据流

为提高网络效率,GFS 采取把数据流与控制流分开的措施。数据以管道的方式,在控制流从客户机到主 Chunk,然后再到所有二级副本的同时,顺序地沿着一个特意选择的 Chunk 服务器链推送。目的是将每台机器的带宽充分利用,避免网络瓶颈及高延时的连接,把推送所有数据的延时最小化。为能够充分利用每台机器的带宽,数据沿着一个 Chunk 服务器链顺序推送,而不以其他拓扑形式分散推送(如树型拓扑结构)。线性推送模式下,每台机器全部的出口带宽都用于以最快的速度传输数据,而不是在多个接收者之间分配带宽。为最大幅度地避免出现网络瓶颈及高延迟的链接,每台机器都尽量在网络拓扑中选择一台未接收到数据的、离自己最近的机器作为推送数据的目标。最后,我们通过基于 TCP 连接的、管道式数据推送方式来最小化延迟。Chunk 服务器接收到数据后立刻向前推送。管道方式的数据推送对系统起很大的作用,因为我们采取全双工的交换网络。接收的速度不会因为接收到数据后即刻向前推送而降低。在网络没有拥塞的情况下,传送 B 字节的数据到 R 个副本的理想时间为 $B/T+RL$,T 为网络的吞吐量,L 是在两台机器间数据传输的延迟。一般情况下,系统网络连接速度为 $100\ \text{Mbit/s}(T)$,L 将远小于 $1\ \text{ms}$。理想情况下,$1\ \text{MB}$ 的数据 $80\ \text{ms}$ 左右就可以分发出去。

2.2.6 容错和诊断

最后把 GFS 的容错与诊断介绍一下,GFS 在应用时,如何处理频繁发生的组件失效是遇到的最大挑战之一。组件的质量与数量让这些问题出现的频率远超一般系统意外发生的频率:系统不会完全依靠机器的稳定性,也不能完全相信硬盘的可靠性。组件的失效可能导致系统不可用,甚至还可能产生不完整的数据。

1. 高可用性

在 GFS 集群几百个服务器当中,在任意时间内一定会有若干服务器无法使用。一般使用两条简单但有效的策略来确保整个系统的高可用性:复制与快速恢复。

无论 Master 服务器与 Chunk 服务器是怎样关闭的,它们都被设计成能够在几秒内恢复它们的状态并重新启动。实际上,正常关闭与异常关闭并不由系统区分;通常,系统通过直接关掉进程关闭服务器。客户机与其他服务器可以感觉到系统有些不稳定,正在发出的请求可能超时,需要重新连接到重启后的服务器,然后重新尝试这个请求。

和之前说的一样,每一个 Chunk 都被复制到不同机架上的不同的 Chunk 服务器上。用户可以把不同的复制级别设定给文件命名空间的不同部分,默认为 3。当有 Chunk 服务器离线或通过校验发现了已经损坏的数据,Master 节点会克隆已有的副本以保证每个 Chunk 都被完整复制。尽管 Chunk 复制策略十分有效,但也需要寻求其他形式的跨服务器的冗余解决方案。例如,利用奇偶校验、Erasure codes 来解决系统日益增长的只读存储需求。

2. Master 服务器的复制

为确保 Master 服务器的可靠性,Master 服务器的状态也要被复制。Master 服务器全部的操作日志与 Checkpoint 文件都被复制到多台机器上。对 Master 服务器状态的修改操作成功提交的前提是,操作日志被写入 Master 服务器的备节点与本机的磁盘。简单来说,一个 Master 服务进程把所有的修改操作都负责了,其中包含后台的服务。当它失效时几乎可以立刻重新启动。

如果 Master 进程所在的机器或磁盘失效了,一个新的 Master 进程会被处于 GFS 系统外部的监控进程在其他存有完整操作日志的机器上启动。客户端使用规范的名字访问 Master(如 gfs-test)节点,这个名字与 DNS 别名类似,因此可以在 Master 进程被转到别的机器上执行时,通过更改别名的实际指向来访问新的 Master 节点。

此外,GFS 中还存在"影子"Master 服务器。在"主"Master 服务器宕机时,这些"影子"服务器提供文件系统的只读访问。它们是影子而非镜像,因此,它们的数据可能比"主"Master 服务器更新得慢,延时一般小于 $1\ \text{s}$。对于那些不常改变的文件或允许获取少量过期数据的应用程序来说，"影子"Master 服务器可以提高读取效率。实际上，因为是从 Chunk 服务器上读取文件内容的，所以过期的文件内容不会被应用程序发现。在这个短暂的时间窗内，过期的有可能为文件的元数据，如目录的内容或访问控制信息。

"影子"Master 服务器为保持最新的自身状态，它会读取一份当前正在进行操作的日志副本，并且按照与主 Master 服务器完全相同的顺序来更改内部的数据结构。"影子"Master 服务器与主 Master 服务器一样，在启动时也会从 Chunk 服务器轮询数据之后定期拉数据，数据中包括 Chunk 副本的位置信息；"影子"Master 服务器也会定期与 Chunk 服务器"握手"来确定它们的状态。在主 Master 服务器因为创建和删除副本导致副本位置信息更新时，"影子"Master 服务器才与主 Master 服务器通信来将自身状态更新。

3. 数据完整性

每个 Chunk 服务器检查保存的数据是否损坏的方法是校验。考虑到一个 GFS 集群一般都有数百台机器、数千块硬盘，由于磁盘损坏而造成数据在读写过程中损坏或丢失的现象是很常见的。数据的损坏问题，我们可以利用别的 Chunk 副本来解决，不过跨越 Chunk 服务器比较副本来检查数据是否损坏是不实际的。此外，GFS 允许有歧义的副本存在。因此，每一个 Chunk 服务器一定要独立校验自己副本的完整性。

在 Chunk 服务器空闲时，系统会扫描并校验每个不活动的 Chunk 的内容。如此可以发现较少被读取的 Chunk 是否完整。一旦发现有数据损坏的 Chunk，Master 能够创建一个新的、正确的副本，之后删除掉损坏的副本。这个机制也避免了非活动的、损坏了的 Chunk 欺骗 Master 节点，导致 Master 节点认为它们已有的副本足够多了。

4. 诊断工具

详尽且深入细节的诊断日志，在问题隔离、调试以及性能分析等方面起到的作用非常大，同时需要的开销却很小。系统没有日志的帮助，很难理解短暂的、不重复的机器间的消息交互。GFS 的服务器会产生大量日志，记录大量关键事件（如 Chunk 服务器的启动与关闭）及所有 RPC 的请求与回复。这些诊断日志能够随意删除，不会影响系统的正确运行。不过，应在存储空间允许的情况下将这些日志尽可能地保存。

RPC 日志包括网络上发生的所有请求与响应的详细记录，但不包括读写的文件数据。通过匹配请求和回应，及收集不同机器上的 RPC 日志记录，我们能够重演全部的消息交互来诊断问题。日志同样能用在跟踪负载测试与性能分析上。

日志对性能的影响远远小于它带来的好处，因为这些日志的写入方式是顺序的、异步的。把最近发生的事件日志保存在内存中，可用于持续不断的在线监控。

2.3 Dynamo

亚马逊运行一个全球性的电商服务平台，在繁忙时段使用位于世界各地的众多数据中心的数千台服务器来服务几千万的客户。亚马逊平台有严格的性能、可靠性以及效率方面操作要求，并支持持续增长。因此平台需要的可扩展性特别高。可靠性是最重要的要求之一，因为即便是最轻微的系统中断都会造成显著的经济后果并影响客户的信赖。此外，平台需要高度可扩展性支持持续增长。

Dynamo 是由亚马逊设计的一个高度可用且可扩展的分布式数据存储系统。Dynamo 被用来管理服务状态并且有着特别高的可靠性,而且需要严格控制可用性、一致性、成本效益及性能之间的平衡。亚马逊平台的不同应用对存储要求的差异非常高。一些应用需要具有足够的灵活性的存储技术,让应用程序设计人员配置适当的数据存储来达到一种平衡,以实现高可用性和最具成本效益的方式来确保性能。

2.3.1 系统架构

一个操作在生产环境里的存储系统的架构比较复杂。除了实际的数据持久化组件以外,系统需要有负载平衡、成员与故障检测、故障恢复、副本同步、过载处理、状态转移、并发性和工作调度、请求路由、系统监控和报警以及配置管理等可扩展的强大的解决方案。本小节重点介绍的 Dynamo 核心技术有划分(partitioning)、复制(replication)、会员(membership)、版本(versioning)、故障处理(failure handling)与伸缩性(scaling)。表 2.3.1 给出了简要的 Dynamo 使用的技术清单及各自的优势。

表 2.3.1　Dynamo 技术清单

问题	技术	优势
划分	一致性哈希	增量可伸缩性
永久故障恢复	使用 Merkle 树的反熵	在后台同步不同的副本
暂时性的失败处理	稀疏仲裁,并暗示移交	提供高可用性和耐用性的保证,即使一些副本不可用时
写的高可用性	矢量时钟与读取过程中的协调	版本大小与更新操作速率脱钩
会员和故障检测	Gossip 的成员和故障检测协议	保持对称性并避免了一个用于存储会员和节点活性信息的集中注册服务节点

1. 系统接口

Dynamo 利用一个简单的接口关联对象与 key,两个操作被它暴露:get()和 put()。get(key)操作在存储系统中定位和 key 关联的对象副本,并且返回一个对象或一个包括冲突的版本和对应的上下文对象列表。put(key,context,object)操作基于关联的 key 决定在哪里存放对象的副本,并将副本写入磁盘里。该 context 包含对象的系统元数据并对于调用者来说是不透明的,并且包括例如对象的版本信息。对象与上下文信息存储在一起,以便请求中提供的上下文的有效性能被系统验证。

调用者提供的 key 与对象被 Dynamo 当成一个不透明的字节数组。它利用 MD5 对 key 进行 Hash 来生成一个 128 位的标识符,它用来确定负责哪个 key 的存储节点。

2. 划分算法

必须增量可扩展性是 Dynamo 的关键设计要求之一。这就需要一个机制将数据动态划分到系统的节点(也就是存储主机)上去。依赖于一致哈希的 Dynamo 分区方案将负载分配到多个存储主机。在一致的哈希中,每个哈希函数的输出范围被视为一个固定的圆形空间或"环"。把这个空间中的一个随机值分配给系统中的一个节点,随机值代表节点在环上的"位置"。每一个由 key 标识的数据项,利用计算数据项的 key 的 hash 值来产生它在环上的位置。然后沿顺时针方向找到首个其位置比计算的数据项的位置还大的节点。因此,每个节点成为环上的一个负责它自己与它前身节点间的区域(region)。节点的流动只影响其最直接的邻居是一致性哈希的主要优点,但对于其他节点来说没影响。

这对基本的一致性哈希算法提出了一些挑战。首先,每个环上的任意位置的节点分配造成非均匀的数据与负荷分布。其次,基本算法无视于节点性能的异质性。为解决这类问题,Dynamo 采取一致的哈希:每个节点被分配到环上多点而非映射到环上的一个单点。为此,Dynamo 运用"虚拟节点"(vnode)的概念。系统中一个虚拟节点看似单个节点,但是每个节点能够负责多个虚拟节点(例如,一个主机能够配置多个虚拟节点)。事实上,当系统中添加一个新节点后,它被分配到环上的很多位置,运用虚拟节点的优点如下:当一个节点不可用(因为故障或日常维护)时,剩余的可用节点将均匀地分担这个节点负责处理的负载。当一个节点再次可用,或者系统中添加了一个新的节点时,新的可用节点接受来自其他可用的每个节点基本相等的负载量。由一个节点负责虚拟节点的数目取决于其处理能力,取决于物理基础设施的异质性。

3. 复制

为了实现耐用性与高可用性,Dynamo 把数据复制到许多台主机上,如图 2.3.1 所示。每个数据项被复制到 N 台主机中,当中 N 是"实例"的配置参数。每个键 K,被分配到一个协调器节点。协调器节点负责范围内的复制数据项可被其掌控。除去在本地存储其范围内的每个 key 外,协调器节点把这些 key 复制到环上顺时针方向的 $N-1$ 个后继节点。这样做的结果是,系统中每个节点负责环上的从自身到第 N 个前继节点间的一段区域。在图 2.3.1 中,节点 B 除在本地存储键 K 以外,还在节点 C 和 D 处复制键 K。节点 D 将存储落在范围(A,B],(B,C]和(C,D]上的所有键。

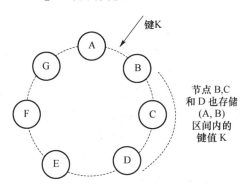

图 2.3.1　Dynamo 的划分和键的复制

我们称负责存储特定的键的节点列表为首选列表。该系统的设计让系统中每一个节点能够决定对于任意 key,出现在这个清单中的节点应该是哪些。出于对节点故障的考虑,首选清单可包括 N 个节点。值得注意的是,因为虚拟节点的使用,对于一个特定 key 的首个 N 个后继位置可能少于 N 个物理节点(即一个物理节点可包含多个虚拟节点)。为解决此问题,一个 key 首选列表的构建将跳过环上一些位置来确保该列表只包含不同的物理节点。

4. 版本的数据

Dynamo 提供最终一致性,从而更新操作能够被异步地传播到所有副本。put()调用也许在更新操作被所有副本执行前就返回给调用者,这样可能会出现一个场景:随后的 get()操作可能会把一个不是最新的对象返回。假如没有失败,则更新操作的传播时间将有一个上限。但是,在一些故障情况下(如服务器故障或网络瘫痪),更新操作可能在较长时间内没办法到达所有的副本。

在亚马逊的平台,这种不一致有一种类型的应用能够容忍,而且可以在这种条件下建造并操作。例如,购物车应用程序要求一个"添加到购物车"动作永远不会被忘记或拒绝。如果购物车的最近的状态为不可用,且用户对一个较旧版本的购物车做了更改,这种变化仍是具有意义的并且应该被保留。但同时它不可以取代当前不可用的状态,而这不可用的状态本身可能包括的变化也需要保留。在 Dynamo 中"添加到购物车"与"从购物车删除项目"这两个操作被转变为 put 请求。当客户希望增加或删除一个项目到购物车但最新版本不可用时,该项目会被添加到旧版本(或从旧版本中删除)而且不同版本将在后来协调。

为提供这种保证,Dynamo 把每次数据修改的结果当成一个新的且无法改变的数据版本。它允许系统中同一时间出现多个版本的对象。多数情况下,老版本包括在新版本内,且系统本身可以决定权威的版本。然而,版本分支可能发生并发的更新操作与失败同时出现的情况,由此产生冲突版本的对象。此种状况下,同一对象的多个版本系统无法去协调,那么协调必须由客户端执行,把许多分支演化后的数据坍缩为一个合并的版本。"合并"客户的不同版本的购物车就是一个典型的坍缩的例子。运用此种协调机制,"添加到购物车"这个操作永远不会丢失。但是,已经删除的条目有可能重新出现。

重点是要了解某些故障模式可能会造成系统中相同的数据是好几个版本而不仅是两个。在节点故障与网络分裂的情况下,可能会造成一个对象有不一样的历史记录,系统需要在未来协调对象。这就要求在我们设计应用程序时,就要明确地意识到同样数据的多个版本的可能性。

Dynamo 利用了矢量时钟,以此捕捉同一对象不同版本的因果关系。矢量时钟其实是一个对列表〔即(节点,计数器)列表〕。矢量时钟与每个对象的每个版本都相关联。通过对其向量时钟的审查,我们能够判断出同一对象的两个版本是平行分支还是因果顺序。如果第一个时钟对象上的计数器在第二个时钟对象上小于或等于其他全部节点的计数器,则第一个为第二个的祖先,可以人为忽略掉。否则,认为这两个变化是冲突的,并且要求协调。

在 Dynamo 中,每当客户端更新一个对象时,它必须指定它要更新哪一个版本。这一点是通过传递它从早期的读操作中获得的上下文对象来指定的,其中包含向量时钟信息。当一个读请求被处理时,如果 Dynamo 访问到很多不能语法协调的分支,则将分支的全部对象返回,与上下文相应的版本信息包含在其中。利用这种上下文的更新操作被认为更新操作的不同版本已经被协调了,并且分支都被坍缩到了一个新的版本。下面结合图 2.3.2 介绍对象版本对时间变化的过程。

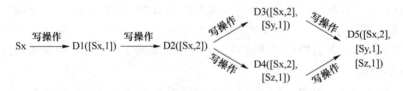

图 2.3.2　对象的版本随时间演变

(1) 将一个新的对象节点(比如 Sx)写入客户端,这个 key 的写操作由它处理:序列号递增,并用它创建数据的矢量时钟。该系统现在有对象 D1 与其相关的时钟[(Sx,1)]。

(2) 客户端将该对象更新。假定这个要求也被同样的节点处理。现在该系统有对象 D2 与其相关的时钟[(Sx,2)]。D2 继承自 D1 所以覆写 D1,但是节点中也许存在还没有看到 D2 的 D1 的副本。

(3) 我们假设,相同的客户端更新这个对象但不同的服务器(如 Sy)处理了该请求。目前该系统具有数据 D3 和与其相关的时钟[(Sx,2),(Sy,1)]。

(4) 接下来假设 D2 被不同的客户端读取并被尝试更新,且另一个服务器节点(如 Sz)进行写操作。该系统目前具有对象 D4(D2 的子孙),其版本时钟为[(Sx,2),(Sz,1)]。一个对 D1 或 D2 有所了解的节点能够决定,在收到 D4 与它的时钟时,新的数据将会把 D1 和 D2 覆盖掉,可以被垃圾收集。一个对 D3 有所了解的节点,在接收 D4 的时候将发现,它们之间没有因果关系。也就是 D3 和 D4 都存在更新操作,但在对方的变化中都没有反映出来。这两个版本的数据都必须保持并且提交给客户端来进行语义协调。

(5) 现在假设 D3 和 D4 被一些客户端同时读取(上下文将反映这两个值是由 read 操作发现的)。读的上下文包括 D3 和 D4 时钟的概要信息,即[(Sx,2),(Sy,1),(Sz,1)]的时钟总结。若客户端执行协调,且这个写操作由节点 Sx 来协调,Sx 将会更新它的时钟序列号。以下时钟:[(Sx,3),(Sy,1),(Sz,1)],将包含在 D5 的新数据内。

一个关于矢量时钟的可能的问题是,如果一个对象的写操作由许多服务器协调,矢量时钟的大小也许会增长。事实上这是不太可能的,因为写入一般是由首选列表中的前 N 个节点中的一个节点来处理。在网络分裂或多个服务器故障的情况下,写请求有可能会被不在首选列表中的前 N 个节点中的一个处理,因此会造成矢量时钟的大小增长。此种情况下,矢量时钟的大小值得被限制。为此,Dynamo 采取以下时钟截断方案:伴随着每个(节点,计数器)对,Dynamo 存储一个时间戳表示最后一次更新时间。当矢量时钟中(节点,计数器)对的数目达到一个阈值(如 10)时,时钟会把最早的一对从中删除。

5. 执行 get( )和 put( )操作

Dynamo 中的任意存储节点,都有资格接收客户端的任何对 key 的 get 与 put 操作。下面将描述在一个从不失败的环境中如何执行这些操作,随后介绍在故障的情况下如何执行读取和写入操作。

get 和 put 操作都使用基于亚马逊基础设施的特定要求,调用通过 HTTP 的处理框架来进行。一个客户端可以有两种策略来选择一个节点:通过一个普通的负载平衡器路由请求,它将根据负载信息选择一个节点,或使用一个分区敏感的客户端库直接向路由请求到适当的协调程序节点。第一个方法的优点是,客户端没有链接任何 Dynamo 特定的代码。而用第二个策略,Dynamo 可以实现较低的延时,因为一个潜在的转发步骤被它跳过。

读取与写入操作涉及首选清单中前 N 个健康节点,跳过那些瘫痪或无法达到的节点。当全部的节点都健康时,key 的首选清单中前 N 个节点都将被访问。当出现节点故障或网络分裂时,首选列表中排名较低的节点将会被访问。

为保持副本的一致性,Dynamo 运用的一致性协议和仲裁类似。该协议存在两个关键配置值:R 与 W。R 是必须参与一个成功的读取操作的最少节点数。W 是必须参与一个成功的写操作的最少节点数。设定 R 与 W,使 $R+W>N$ 产生类似于仲裁的系统。这个模型当中,一个 get()〔或者 put()〕操作延时决定于最慢的 R(或 W)副本。基于此原因,R 和 W 通常配置成小于 N,把更好的延时提供给客户。

处理读或写操作的节点被称为协调员。当收到对于 key 的 put()请求时,协调员生成新版矢量时钟并且在本地写入新版本。之后协调员把新版本(同新的矢量时钟一起)发送给首选列表中排名前 N 个的可达节点。如果返回响应的节点大于或等于 $W-1$,那么这个写操作就被认为是成功的。

同理,对于一个 get()请求,协调员为 key,从首选列表中排名前 N 个可达节点处请求所有现有版本的数据,之后等待 R 个响应,然后把结果返回给客户端。如果协调员最终收集到数据的多个版本,它把所有它认为没有因果关系的版本返回。不同版本将被协调且取代当前的版本,最后写回。

6. 外部发现

上述机制可能会暂时导致逻辑分裂的 Dynamo 环。例如,管理员可以先将节点 A 加入到环,再将节点 B 加入环。这种情况下,节点 A 与 B 各自都认为自己为环的一员,但都不会立即了解到其他的节点(即 A 和 B 都互相不知道对方的存在,这叫逻辑分裂)。为防止逻辑分裂,一些 Dynamo 节点扮演了种子节点的角色,其他所有节点都将和种子节点协调成员关系。一般情况下,种子在 Dynamo 环中是全功能节点,它的生成是通过外部机制来实现的。

2.3.2 系统实现

在 Dynamo 中,每个存储节点都有三个主要的软件组件:请求协调、成员和故障检测、本地持久化引擎。由 Java 实现所有的这些组件。

Dynamo 的本地持久化组件允许不同的存储引擎被插入,如 Berkeley 数据库交易数据存储、BDB Java 版、MySQL 以及一个具有持久化后备存储的内存缓冲。设计一个可插拔的持久化组件的主要原因是,要根据应用程序的访问模式选择最适合的存储引擎。例如,BDB 能够处理的对象通常为几十千字节的数量级,而 MySQL 可以处理的对象的尺寸更大。应用根据其对象的大小分布,选择相应的本地持久性引擎。生产中,Dynamo 通常使用 BDB 事务处理数据存储。

请求协调组成部分是建立在事件驱动通信基础上的,其中消息处理管道被分为许多阶段类似 SEDA 的结构。所有通信都使用 Java NIO Channels。协调员执行读取与写入:通过收集从一个或多个节点数据(在读的情况下),或者在一个或多个节点存储的数据(写入)。每个客户的请求都将导致在收到客户端请求的节点上一个状态机的创建。每个状态机都包括以下的逻辑:标识负责一个 key 的节点,发送请求,等待回应,可能的重试处理,加工与包装返回客户端响应。每个状态机实例只有一个客户端请求被处理。例如,一个读操作将以下状态机实现:①把读请求发送到相应节点;②等待所需的最低数量的响应;③在给定的时间内收到的响应太少的情况下,请求失败;④否则,收集全部数据的版本,并确定要返回的版本是哪个;⑤如果启用了版本控制,执行语法协调,并且产生一个对客户端不透明的写上下文,其包括一个函括全部剩余版本的矢量时钟。为保持简洁,故障处理和重试逻辑没有包含在内。

当读取响应返回给调用方后,状态机等待一段时间来接受任意悬而未决的响应。如果任何响应返回了过时的版本,这些节点将会被协调员用最新的版本更新(当然是在后台)。

此过程被称作读修复,因为它是用来修复一个在某时间曾错过更新操作的副本,同时不必的反熵操作也可以由读修复消除。

如之前所述,写请求是由首选列表中某个排名前 N 的节点来协调的。尽管总是选择前 N 节点中的第一个节点来协调是可行的,但在单一地点序列化所有的写的做法将造成负荷分配不均。为妥善解决此问题,首选列表中的前 N 个任意节点都允许协调。尤其是,因为写通常跟随在一个读操作之后,写操作的协调员将由节点上最快答复之前读操作的节点来担当,这是由于这些信息存储在请求的上下文中(指写操作的请求)。这种优化让我们可以选择那个存有同样被之前读操作使用过的数据的节点,从而将"读写"一致性大幅提高。

2.3.3 故障处理

假如 Dynamo 使用传统的仲裁方式,在服务器故障或网络分裂的情况下,它将是不可用的,即便在最简单的失效条件下耐久性也将降低。为弥补这一不足,它不严格执行仲裁,即使用"稀疏仲裁",所有的读、写操作是由首选列表上的前 N 个健康节点执行的,它们不总是在散列环上遇到的那些前 N 个节点。

考虑图 2.7 例子当中 Dynamo 的配置,给定 $N=3$。在这个例子当中,如果写操作过程中,节点 A 暂时失效或者无法连接,然后一般在 A 上的一个副本现在将发送到节点 D。这样做保持了期待的可用性与耐用性。发送到 D 的副本在其原数据中,将有一个暗示表明哪个节点才是在副本预期的接收者(此种情况下是 A)。接收暗示副本的节点将数据保存到一个单独的本地存储中,它们被定期扫描。如果检测到了 A 已经复苏,D 会试图把副本发送给 A。传送一旦成功,D 就可将数据从本地存储中删除而不会把系统中的副本总数降低。

使用暗示移交,Dynamo 保证了读取和写入操作不会因为节点失效或网络故障而失败。需要最高级别的可用性应用程序可以把 W 设为 1,这确保了只要系统中有一个节点将 key 已经持久化到本地存储,一个写是可以被接受(即一个写操作完成即意味着成功)。因此,写操作只有在系统中所有节点都无法使用时才会被拒绝。然而,在实践当中,亚马逊生产服务多数设置了更高的 W 来满足耐久性级别的要求。

一个高度可用的存储系统,具有处理整个数据中心故障的能力是极其重要的。数据中心因为断电,冷却装置故障,网络故障或自然灾害而发生故障。Dynamo 可以配置成跨多个数据中心对每个对象进行复制。从本质上来说,一个 key 的首选列表构造是基于跨多个数据中心的节点的。这些数据中心通过高速的网络连接。这种跨多个数据中心的复制方案,让我们可以处理整个数据中心的故障。

亚马逊环境中,节点中断(因为故障或维护任务)一般是暂时的,不过持续的时间间隔也许会延长。一个节点故障很少代表着一个节点永久离开,所以应该不会导致对已分配的分区重新平衡和修复无法访问的副本。同样,人工错误可能造成新的 Dynamo 节点的意外启动。基于这些因素,应该适当使用一个明确的机制,以此发起节点的增加和从环中移除节点。管理员利用命令行工具或浏览器连接到一个节点,并发出成员改指令指示一个节点加入一个环,或者从环中删除一个节点。接收这一请求的节点写入成员变化以及适时写入持久性存储。该成员的变化形成了历史,因为节点能够被多次删除或重新添加。

当一个节点首次启动时,它选择其 Token(在虚拟空间的一致哈希节点)并把节点映射到各自的 Token 集。该映射被持久到磁盘上,最初只有本地节点和 Token 集包含在内。在不同的节点中存储的映射（节点到 Token 集的映射）将在协调成员的变化历史的通信过程中一起被调整。因此每个存储节点都了解对等节点所处理的标记范围。这使得每个节点可以直接把一个 key 的读/写操作转发到正确的数据集节点。

2.4 小 结

1. 分布式存储系统利用不断增加存储节点的方法来进行扩容。

2. 在设备故障排除和系统容错上，Bigtable 与 Dynamo 都采用了新的技术，使得存储稳定且高效。

3. Bigtable 与 Dynamo 的异同见表 2.4.1。

表 2.4.1

特性	系统	
	Bigtable	Dynamo
数据属性	结构化或半结构化	非结构化
存储构架	服务器群	分布哈希表
容错	GFS	NWR 模型
负载均衡	数据块服务器	虚节点
扩容	数据块服务器	虚节点
数据存取	Key/Value	Key/Value

第3章　面向大数据的分布式处理框架

大数据的存储问题解决了之后,接下来就要把焦点放在怎样分析大数据上面,分布式处理提供了一种解决的方案,它把数据分配给不同的计算机,一个或几个任务就可以同时执行,达到了快速并且高效处理数据的目的。在此着重介绍一下当前比较主流的用于大数据处理的两种软件框架——Hadoop 与 Spark。

3.1　Hadoop

Apache Lucene 的创始人 Doung Cutting 创建的 Hadoop,是一个大数据分布式的处理框架,它的特点是扩容能力强、成本低、效率高以及可靠性强。Hadoop 包含了 MapReduce、common、HDFS、ZooKeeper、ChukwaAvro、Avro、HBase、Hive、Pig、Mahout 10个子项目。在这些子项目当中,核心的项目是 MapReduce 与 HDFS。在 3.2 节将单独讲解 MapReduce。HDFS 是基于 GFS 的分布式文件存储系统,其功能和原理与 GFS 大致相同。

3.1.1　概述

Hadoop 通俗地讲就是"众人拾柴火焰高"。举例说明:一位果农要统计果园中所有果树的总数需要 3 小时。如果有多位果农同时参与工作,可能半小时就统计完了。

Hadoop 就是利用不断增加节点的方式,来处理不断增加的数据,以此保持高效、稳定的处理水平以及快速、准确的处理结果。Hadoop 是完全免费开源的程序,由开源的 Java 程序编写。Hadoop 采用了一种从最低层的结构上就和现有技术完全不同,更先进的数据存储与处理的技术。使用 Hadoop 无须了解系统的底层细节,同时也无须购买价格昂贵的软硬件平台,可以在价格低廉的商用 PC 上无限制地搭建所需规模的大数据分析平台,可以由一台商用 PC 平台开始,后期任意扩充。拥有 Hadoop 的话,无论是多少量级的大数据,都能够方便地存储与处理,从而海量数据的分析问题有效地被解决了,海量数据中的潜在价值才能够被发现。

通过使用规定或自定义的数据格式,Hadoop 基本上可以按照用户的要求来处理任意数据。无论是电影、音乐,还是文本文件类型的数据,都能够做出输入结果存储在 Hadoop 中。通过编写相应的 MapReduce 处理程序,系统可以帮助用户找到他想得到的答案。图 3.1.1 显示了组成 Hadoop 的几大部分。

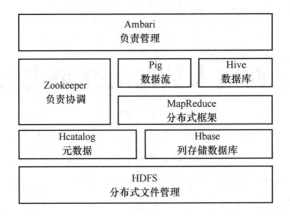

图 3.1.1　Hadoop 结构图

3.1.2　实现运行

工程师首先要定义 Mapper 才可以实现 Hadoop，处理输入的 key/value 对，把中间结果输出。再定义 reducer，对中间结果进行规约，输出最终的结果。然后定义 InputFormat 与 OutputFormat，每行输入文件的内容被 InputFormat 转换为 Java 类提供给 Mapper 函数使用，不定义时默认为 String。最后定义 main 函数并在函数里定义一个 Job 且运行它。后面的事情交由系统处理就行了。

3.1.3　实际应用

Hadoop 在很多大公司都得到了广泛的应用，比如 Facebook、淘宝和百度等。

1. 在 Facebook 中的应用

随着 Facebook 网站的使用量增加，网站上需要处理和存储的日志和维度数据激增。在这种环境下，就需要一个具有快速支持系统扩展、便于使用和维护的数据平台。

起初，Facebook 使用的数据存储都是在 Oracle 系统上实现的，但遇到了扩展性和性能方面的制约。之后 Facebook 的工程师尝试采用 Hadoop 框架进行数据处理，取得了非常理想的效果。经过不断的发展，现在，Facebook 运行着世界第二大 Hadoop 集群系统，里面存储了超过 2PB 的数据，梅泰诺通过它加载的数据超过 10TB。整个集群具有 2 400 个内核，大约 9TB 的内存，在一天之中的很多时候，这些硬件设备都是满负荷运行的。

Hadoop 在 Facebook 至少有下面四种相互关联但又不同的用法：

① 在大规模数据上产生以天和小时为单位的概要信息。这些概要信息在 Facebook 内用于各种不同的目的。

② 对历史数据进行分析，结果有助于产品组和执行主管解决问题。

③ 成为日志数据集的实用而长期的存储器。

④ 通过特定的属性进行日志事件查询，这可用于维护网站的完整性并保护用户免受垃圾邮件的侵扰。

2. 在淘宝中的应用

Hadoop 在淘宝和支付宝的应用从 2009 年开始，主要用于对海量数据的离线处理，如对日志的分析,结构化数据等。

使用 Hadoop 主要基于可扩展性的考虑,规模从一开始的 300～400 个节点逐渐增加到现在单一集群 3 000 个节点以上,2～3 个集群。支付宝的集群规模也达 700 台。

阿里巴巴数据处理的架构如图 3.1.2 所示。

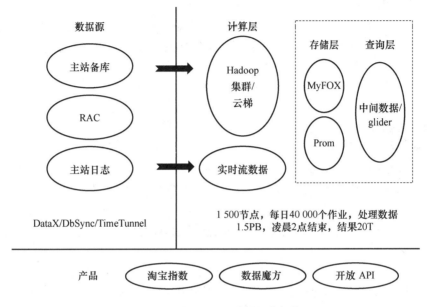

图 3.1.2 阿里巴巴大数据平台架构图

架构分为五层,分别是数据源、计算层、存储层、查询层和产品层。

① 数据源:这里有淘宝主站的用户、店铺、商品和交易等数据库,还有用户的浏览、搜索等行为日志。这一系列的数据是数据产品最原始的生命力所在。

② 计算层:在数据源层实时产生的数据,通过淘宝研发的数据传输组件准实时地传输到 Hadoop 集群,是计算层的主要组成部分。在集群上,每天有大约 40 000 个作业对 1.5PB 的原始数据按照产品需求进行不同的 MapReduce 计算。

③ 存储层:针对前端产品设计了专门的存储层。

④ 查询层:如图 3.1.3 所示。

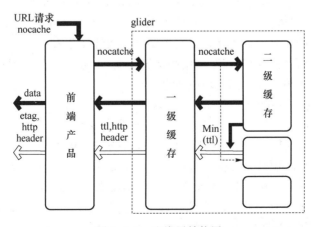

图 3.1.3 查询层结构图

⑤ 产品层:如数据魔方——淘宝的官方数据产品,主要用于将海量行业数据共享,以帮助商家实现数据化运营。

量子恒道——旨在将精准实时的数据统计、多维的数据分析、权威的数据解决方案提供给网商,为网商提供数据驱动力。

3. 在百度中的应用

Hadoop 于 2008 年开始,被百度用作其离线数据的分析平台。由最初的 300 台机器,2 个集群,到现在拥有 20 000 台节点以上,最大集群接近 4 000 节点的规模。每日处理约 20PB 数据,每日作业数高达 20 000 余件。

在百度 Hadoop 主要用于以下场景:
① 日志的统计与存储;
② 网页数据的分析与挖掘;
③ 商业分析(如用户的行为和广告关注度等);
④ 在线数据的反馈,及时获取在线广告的单击情况;
⑤ 用户网页的聚类,分析用户的推荐度和用户之间的关联度。

3.2 MapReduce

MapReduace、GFS 和 Bigtable 共称为"谷歌三宝",这三项技术支撑了谷歌的核心业务。MapReduce 是 Hadoop 的核心组件之一,是一个编程模型,被用在处理与产生大数据集的相关实现。用户指定一个 map 函数来处理一个 key/value 对,然后再指定一个 reduce 函数,将所有具有相同中间 key 的中间 value 合并。

上面的定义也许抽象了些,我们举个例子做个通俗的解释。假设果园只有桃、李两种树,现在要求果农统计出两种树各有几棵。果农甲、乙和丙一起数,每个人分别统计各自的桃、李棵数,按照 key/value 计数可以表示成甲:[桃 10][李 20];乙[桃 15][李 15];丙[桃 20][李 10],这就是一个 Map 过程。之后三个人再共同把结果按照桃、李分别进行统计得到[桃 45][李 45],这就是 Reduce 过程。

3.2.1 MapReduce 实现

MapReduce 模型可以有许多不同的实现方式,由具体的环境决定。例如,有的实现方式适合用在小型的共享内存方式的机器,有的实现方式则适合用在大型 NUMA 架构的多处理器的主机,而有的实现方式更适合用在大型的网络连接集群。

本节描述了一个在谷歌内部广泛使用的运算环境(由普通 PC 组成的,用以太网交换机连接的大型集群)的实现。在我们的环境中包括:
- x86 架构、运行 Linux 操作系统、双处理器、内存 2~4 GB 的机器。
- 常规的网络硬件设备,每个机器有百兆或千兆的带宽。
- 集群中包含几百甚至上千个机器(因此,机器故障经常发生)。
- 廉价的内置 IDE 硬盘。存储在这些磁盘上的数据被一个内部分布式文件系统管理。文件系统通过数据复制来保证数据在不可靠的硬件上仍具有可靠性与有效性。
- 用户把工作(job)提交给调度系统。每个工作都包括一系列任务(task),这些任务被调度系统调度到集群中多台可用的机器上。

1. 执行流程

通过把 Map 调用的输入数据,自动分割为成 M 个数据片段集合的方式,Map 调用被分配到多台机器上执行。输入的数据片段可以在不同的机器上进行并行处理。通过分区函数,把 Map 调用产生的中间 key 值分成 R 个不同分区(如 hash(key) mod R),Reduce 调用也被分布到多台机器上执行。由用户来指定分区数量(R)和分区函数。

图 3.2.1 展示了 MapReduce 实现操作的所有流程。当 MapReduce 函数被用户调用时,将发生下面的一系列动作:

(1)首先被用户程序调用的 MapReduce 库把输入文件分成 M 个数据片度,每个数据片段的大小一般在 16~64 MB 这个范围内(可以利用可选的参数控制每个数据片段的大小)。之后用户程序在机群中创建大量的程序副本。

(2)这些程序副本当中有一个特殊的程序——Master。副本中的其他程序全部是 Worker 程序,由 Master 来分配任务。有 M 个 Map 任务与 R 个 Reduce 任务将会被分配,Master 给一个空闲的 Worker 分配一个 Map 任务或 Reduce 任务。

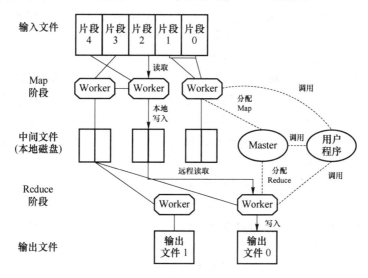

图 3.2.1　MapReduce 执行流程图

(3)Worker 程序中被分配了 Map 任务的去读取相关的输入数据片段,从输入的数据片段里面解析出 key/value 对,之后将 key/value 对传递给用户自定义的 Map 函数,由 Map 函数生成并输出中间 key/value 对,并且缓存到内存中。

(4)缓存中的 key/value 对被分区函数分成 R 个区域,然后周期性地写入本地磁盘中。缓存的 key/value 对在本地磁盘上的存储位置,将会被回传给 Master。这些存储位置会由 Master 负责再传送给 Reduce Worker。

(5)Master 程序发来的数据存储位置信息被 Reduce Worker 程序接收到后,通过 RPC 从 Map Worker 所在主机的磁盘上将这些缓存数据读取出来。当所有的中间数据都被 Reduce Worker 读取后,通过对 key 进行排序后,让具有相同 key 值的数据聚合在一起。因为很多不同的 key 值会映射到相同的 Reduce 任务上,所以必须要进行排序。如果中间数据过大以至于无法在内存中完成排序,那么排序就需要在外部进行。

(6)被 Reduce Worker 程序遍历排序后的中间数据,对于每个唯一的中间 key 值,这个

key 值和与之相关的中间 value 值的集合,被 Reduce Worker 程序传递给用户自定义的 Reduce 函数。Reduce 函数的输出被追加到所属分区的输出文件。

（7）当所有的 Map 与 Reduce 任务都被完成后,Master 把用户程序唤醒,此时,在用户程序里对 MapReduce 的调用才返回。

在任务被成功完成后,MapReduce 的输出存放到 R 个输出文件中（对应每个 Reduce 任务生成一个输出文件,由用户指定文件名）。一般用户无须把这 R 个输出文件合并成一个文件——他们常将这些文件当作另一个 MapReduce 的输入,或在另一个能够处理多个分割文件的分布式应用中使用。

2. Master 数据结构

Master 拥有一些数据结构,每个 Map 与 Reduce 任务的状态（空闲、工作中或完成）都被它存储,同样包括 Worker 机器（非空闲任务的机器）的标识。

Master 类似一个数据管道。通过这个管道,中间文件存储区域的位置信息可以从 Map 传递到 Reduce。因此,对于每个已完成的 Map 任务,Master 存储了 Map 任务产生的 R 个中间文件存储区域的位置及大小。当 Map 任务完成时,位置和大小的更新信息会被 Master 接收到,这些信息被逐步递增地推送给那些工作中的 Reduce 任务。

3. 容错

由于设计 MapReduce 库的初衷是使用成百上千的机器组成的集群去处理超大规模的数据,所以,这个库必须要有良好的机器故障处理能力。Master 周期性的 ping 每一个 Worker。若在约定的时间范围内未收到 Worker 返回的信息,这个 Worker 就会被 Master 标记为失效。所有由这个失效的 Worker 完成的 Map 任务被重设为初始的空闲状态,然后就可以把这些任务安排给其他的 Worker。同样,Worker 失效时,运行的中 Map 或 Reduce 任务也将被重新置成空闲状态,等待重新调度。

如果 Worker 发生故障,因为已完成的 Map 任务的输出存储在这台机器上,Map 任务的输出已不可访问了,所以必须重新执行。而已经完成的 Reduce 任务的输出在全局文件系统上存储,因此无须再次执行。

如果一个 Map 任务先被 Worker A 执行,然后因为 Worker A 失效又被调度到 Worker B 执行,这个"重新执行"的动作会被通知给所有执行 Reduce 任务的 Worker。所有还未从 Worker A 读取数据的 Reduce 任务将从 Worker B 读取数据。

大规模 Worker 失效的情况 MapReduce 也能够处理。例如,在一个 MapReduce 操作执行期间,正在运行的集群上进行了网络维护,从而引起几分钟内 90 台机器不可访问了,MapReduce Master 只需简单地再次执行那些不可访问的 Worker 完成的工作,然后继续执行未完成的任务,直到最终把这个 MapReduce 操作完成。

若 Master 失败,一个简易的解决办法是,让 Master 周期性地把上面描述的数据结构写入磁盘,也就是检查点（CheckPoint）。若这个 Master 任务失效,可以从最后一个检查点开始启动另一个 Master 进程。

4. 存储位置

在我们的计算运行环境中,网络带宽是一个特别匮乏的资源。我们通过尽可能将输入数据（由 GFS 管理）存储在集群中机器的本地磁盘上的方法,来节约网络带宽。MapReduce 的 Master 在调度 Map 任务时,会考虑输入文件的位置信息,尽可能把一个 Map 任务调度在含有相关输入数据复本的机器上运行；假如上述方法失败了，Master 会尝试在存有输入数据复本的机器附近的机器上，执行 Map 任务。当大型 MapReduce 操作在一个足够大的集群上运行的时候，大部分输入数据都可以从本地机器上读取，因此消耗的网络带宽也很少。

5. 任务粒度

如之前所述，我们将 Map 拆分为 M 个片段、将 Reduce 拆分为 R 个片段来执行。在理想状况下下，M 与 R 应该会远远多于集群中 Worker 的机器数量。如果每台 Worker 机器都执行大量不同的任务，可以提高集群的动态的负载均衡能力，并可以加快故障恢复的速度：大量在失效机器上执行 Map 任务，都可以分配到所有其余的 Worker 机器上来执行。

事实上，在我们具体实现中对 M 与 R 的取值都有一定的客观限制，由于 Master 必须执行 $O(M+R)$ 次调度，并在内存里保存 $O(M*R)$ 个状态（影响内存使用的因素还是较小的：$O(M*R)$ 块状态，估计每对 Map 任务/Reduce 任务 1 个字节就行了）。再进一步，一般由用户指定 R 值，因为每一个 Reduce 任务最终都将生成一个独立的输出文件。在实际应用中，系统同样倾向选择合适的 M 值，来确保每个独立任务处理的输入任务大小都在 16～64 MB。另外，我们将 R 值设置成我们希望使用的 Worker 机器数量的小倍数。一般我们执行 MapReduce 会用这样的比例：M 值为 200 000，R 值为 5 000，用 2 000 台 Worker 机器。

6. 备用任务

"落伍者"是影响一个 MapReduce 总执行时间最常见的因素：运算过程中，假如一台机器花了很久的时间才将最后几个 Map 或 Reduce 任务完成，导致 MapReduce 操作总执行时间超出预期。"落伍者"出现的原因很多：例如，一个机器的硬盘出问题了，在读取时，经常要进行读取纠错操作，导致读取数据的速度由原来的 30Mbit/s 降到 1Mbit/s。若集群的调度系统在这台机器上又把其他任务调度过来，由于 CPU、内存、本地硬盘与网络带宽等之间存在竞争因素，造成执行 MapReduce 代码的执行效率更缓慢了。

有一个通用的机制能够将"落伍者"出现的情况减少。当一个 MapReduce 操作接近完成时，剩下的、处于处理状态中（in-progress）的任务由 Master 调度备用（backup）任务进程来执行。不管是最初的执行进程，还是备用（backup）任务进程将任务完成，我们都将这个任务标记成已完成。系统将这个机制进行了优化，一般只占用高正常操作几个百分点的计算资源。采取这样的机制显著地减少了超大 MapReduce 操作的总处理时间。

3.2.2 MapReduce 的实际应用

MapReduce 技术广泛地应用在了谷歌内部的各个领域，包括 Google News 与 Froogle 产品的集群问题、大规模机器学习、从公共查询产品的报告中抽取数据、大规模的图形计算以及从大量新应用与新产品的网页中提取有用信息。

迄今为止，MapReduce 最成功的应用当属将谷歌网络搜索服务所用到的索引系统进行了重写。索引系统的输入数据是网络爬虫抓取回来的海量的文档，这些文档数据都在 GFS 文件系统里保存。这些文档的原始内容的规模大于 20TB。索引程序是利用一系列的 MapReduce操作（5～10 次）来建立索引。使用 MapReduce 有以下好处：实现索引部分的代码简洁、精巧、易于理解，由于对于容错、分布式和并行计算的处理都由 MapReduce 库提供。比如，使用 MapReduce 库，计算的代码行数从原先 3 800 行 C++代码减少到大约 700 行。

MapReduce 库已经拥有足够良好的性能了,因此在概念上不相关的计算步骤能够被其分开处理,而非混在一起以期将数据传递的额外消耗降低。概念上不相关的计算步骤的隔离,同样让我们能够轻易改变索引处理方式。例如,之前可能要耗费几个月时间才能完成对索引系统的一个小更改,在使用 MapReduce 的新系统上,几天就可以完成。

索引系统的操作管理就更容易了。MapReduce 库解决了绝大部分由机器失效、机器处理速度缓慢、网络的瞬间阻塞等引起的问题,不需要操作人员介入。除此以外,我们可以通过在索引系统集群中增加机器的简便方法来提高整体的处理性能。

3.3　Spark

Hadoop 推出后,在使用过程当中很多不足和局限显露了出来。比如,仅提供 Map 与 Reduce 两种操作,欠缺表达力;处理逻辑隐藏在代码细节中,缺乏整体逻辑;处理迭代式数据性能的能力比较差。这些因素推动了许多对其进行改进的相关技术的出现,而 Spark 就是其中的佼佼者。

3.3.1　概述

Spark 由加州大学伯克利分校 AMP 实验室开发,是用 Scala 语言实现的开源集群计算环境。Hadoop 在处理处理迭代算法上有很大不足,而 Spark 却极大地解决了这个问题。由于 MapReduce 的数据是在磁盘上存储,在进行迭代计算时要磁盘被反复读写,因此使得效率低下。而 Spark 能够把数据放在内存中,大幅提高了运算速度。为了实现这一点,Spark 提供了一个数据抽象模型——RDD(Resilient Distributed Datasets,弹性分布式数据集),它是对 MapReduce 的一种扩展,可以实现在并行计算阶段高效地共享数据。

3.3.2　RDD

RDD 从形式上是个分区的只读记录的集合。RDD 只可以通过在稳定的存储器或其余 RDD 数据上的确定性操作来创建。我们称这些操作为变换,以区别其他类型的操作。

任何时候,RDD 都无须被"物化"(进行实际的变换并最终写入稳定的存储器上)。事实上,一个 RDD 拥有足够的信息描述着其如何从其他稳定的存储器上的数据生成。它有个特性很强大:从本质上讲,若 RDD 失效且无法重建,该 RDD 将无法被程序引用。

最后,用户能够控制 RDD 其他的两个方面:持久化与分区。用户有权选择哪个 RDD 被重用,并为它制订存储策略(如内存存储),也可以让 RDD 中的数据根据记录的 key 分布到集群的多个机器。

RDD 可以表达各式各样的并行应用,其中包括很多已提出的专用于迭代计算的编程模型,以及无法被这些模型涵盖的新应用。与现有的集群存储抽象必须要进行数据备份来容错不同的是,RDD 提供基于粗粒度转换的 API,使用 lineage 的方式使得数据恢复更高效。在迭代应用时,采用 RDD 的 Spark 比采用 Hadoop 快 80 倍,并且能够实现在数百 GB 的数据上进行交互式查询。

何为细粒度?在 Java 中细粒度指的是将业务模型中的对象加以细分,以此得到更科学、更合理的对象模型,更形象地说就是,划分出许多对象。相比于细粒度来说粗粒度较抽象,相当于细粒度的轮廓。

通过表 3.3.1 可以更直观地看出弹性分布式数据集的优势,让它和分布式共享内存(DSM)作比较,得到如下几个优点:

表 3.3.1　**Spark 技术细节表**

特性	RDD(弹性分布式数据集)	DSM(分布式共享内存)
读	粗细粒度	细粒度
写	粗粒度	细粒度
一致性	不重要(不可变)	取决于应用程序
容错性	细粒度并使用 lineage	需要检查点和程序回滚
工作分配	根据数据局部性自动分配	取决于应用程序
RAM 不足时的行为	类似于现有的数据流系统	性能不佳

第一,RDD 与 DSM 之间的主要区别在于,RDD 只能通过粗粒度转换创建("写"),而 DSM 却允许对每个存储单元读取和写入。这让 RDD 在批量写入主导的应用上受限,但其容错方面的效率增强了。具体地讲,因为能够使用 lineage 恢复数据,RDD 无须检查点的开销。此外,当出现失败时,RDD 的分区中只有丢失的那部分需要重新计算,并且该计算可在多个节点上并发完成,无须将整个程序回滚。

第二,RDD 的不可变性使得系统像 MapReduce 那样,用后备任务代替运行缓慢的任务来减少缓慢节点的影响。因为在 DSM 中任务的两个副本会访问相同的存储器位置并且受彼此更新的干扰,这让后备任务在 DSM 中很难实现。

第三,RDD 具备了 DSM 的两个优点。一是,在 RDD 上的批量操作过程中,可以根据数据所处的位置来优化任务的执行,以此提高性能。二是,只要进行的操作是基于扫描的,在内存不足的情况下,RDD 的性能下降也很平稳。无法载入内存的分区可以在磁盘上存储,其性能也可以和当前其他数据并行系统相当。

3.3.3　Spark 处理框架

如图 3.3.1 所示,Spark 框架为批处理(Spark Core)、流式(Spark Streaming)、交互式(Spark SQL)、机器学习(MLLib)以及图计算(GraphX)提供了一个统一的数据处理平台。这点的优势远大于 Hadoop。

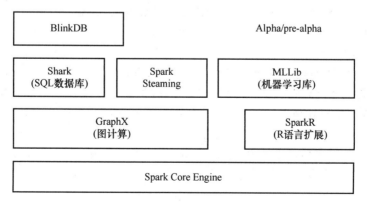

图 3.3.1　Spark 框架图

不仅如此,Spark 的性能相比 Hadoop 有了很大的提升。

从表 3.3.2 中可以看出,排序 100TB 数据,Spark 只用了 Hadoop 1/10 的计算资源和
1/3 的时间。

表 3.3.2　Spark 与 Hadoop 性能比较

属性	平台	
	Hadoop	Spark
数据量	102.5TB	100TB
存储时间	72 min	23 min
存储节点	2100	206
排序效率	1.42TB/min	4.27TB/min
排序效率/节点	0.67TB/min	20.7/min

3.3.4　Spark 在实际中的应用

1. 腾讯

广点通(基于腾讯大社交网络体系的效果广告平台)是最早使用 Spark 的应用之一。腾讯大数据精准推荐借助 Spark 快速迭代的优势,围绕"数据＋算法＋系统"这套技术方案,实现了在"数据实时采集、算法实时训练、系统实时预测"的全流程实时并行高维算法,最终成功应用于广点通系统上,支持每天上百亿的请求量。

2. Yahoo

Yahoo 将 Spark 用在 Audience Expansion 的应用中。Audience Expansion 是广告中寻找目标用户的一种方法:首先广告者提供一些观看了广告并且购买产品的样本客户,据此进行学习,寻找更多可能转化的用户,对他们定向广告。目前在 Yahoo 部署的 Spark 集群有112 台节点,9.2TB 内存。

3. 淘宝

阿里搜索和广告业务,最初使用 Mahout 或者自己写的 MR 来解决复杂的机器学习,导致效率低而且代码不易维护。淘宝技术团队使用了 Spark 来解决多次迭代的机器学习算法、高计算复杂度的算法等。将 Spark 运用于淘宝推荐的相关算法解决了许多生产问题,包括:基于度分布的中枢节点发现、基于最大连通图的社区发现、基于三角形计数的关系衡量、基于随机游走的用户属性传播等计算场景。

4. 优酷土豆

优酷土豆使用 Hadoop 集群时的突出问题主要包括:①商业智能问题,分析师提交任务之后需要等待很久才能得到结果;②大数据量计算问题,比如投放一些模拟广告时,计算量非常大,对效率要求也比较高;③机器学习和图计算的迭代运算需要耗费大量资源且速度很慢。

最终发现这些应用场景并不适合在 MapReduce 里去处理。通过对比发现,Spark 性能比 MapReduce 提升很多。首先,交互查询响应快,性能比 Hadoop 提高若干倍;模拟广告投放计算效率高、延迟小(同 Hadoop 相比,延迟至少降低一个数量级);机器学习、图计算等迭代计算,大大减少了网络传输、数据落地等,极大地提高了计算性能。目前 Spark 已经广泛使用在优酷土豆的视频推荐、广告业务等。

3.4 小 结

（1）大数据存储采取廉价硬件加管理软件的方式。

（2）大数据处理采用在开源软件框架下根据用户要求编写相应软件的方式。

（3）Hadoop 和 Spark 作为最流行的大数据分布式框架，得到了产业界的认可，在大量知名公司中应用。两种框架并非是相互独立的关系，而是相互借鉴，共同成长。在实际应用中，读者需要针对不同的应用场景灵活采用相关技术去解决问题。

第4章 面向大数据信息挖掘的算法

在这个海量数据日积月累的年代。处理与分析这些数据是一种很重要的需求。在之前的章节里,我们对数据存储与处理的工具平台做了介绍。本章我们将了解数据分析应用的工具——数据挖掘算法。

何为算法?算法可以解释为:由基本运算及规定的运算顺序构成的完整的解题步骤,或根据要求设计好的有限且确定的计算序列,而且这样的步骤与序列能够解决一种类型的问题。我们需要算法的帮助进行数据的处理,从而迅速准确地获取需要的结果。"世上没有免费的午餐",针对不同的任务,相同的算法也会有不一样的结果。但万变不离其宗,接下来,我们将学习长期应用于大数据挖掘的典型算法。

4.1 C4.5

C4.5算法是机器学习与数据挖掘领域中,一整套用于处理分类问题的算法。它有监督学习算法,即:给定一个数据集,全部实例都由一组属性来描述,每个实例只属于一种类别,在给定数据集上运行C4.5算法,能够学习获得一个从属性值到类别的映射,进而可以利用该映射,将新的未知实例进行分类。如表4.1.1中所示例子:日期列为日期序号,几个属性列描述天气条件,与高尔夫运动列类别"天气是否适合高尔夫运动"对应。表4.1.1中的每一行是一个实例,实例属性包括:光照(outlook)、温度(temperature)、湿度(humidity)、风(windy)。C4.5算法运用这个训练数据能够得到一个映射,来判断新实例的属性值是否适合户外高尔夫运动(golf)。

表 4.1.1 C4.5 算法所用数据集的一个示例

日期	光照	温度	湿度	风	天气是否适合高尔夫运动
1	晴	85	85	无	不适合
2	晴	80	90	有	不适合
3	阴	83	78	无	适合
4	雨	70	96	无	适合
5	雨	68	80	无	适合
6	雨	65	70	有	不适合
7	阴	64	65	有	适合
8	晴	72	95	无	不适合
9	晴	69	70	无	适合
10	雨	75	80	无	适合
11	晴	75	70	有	适合
12	阴	72	90	有	适合
13	阴	81	75	无	适合
14	雨	71	80	有	不适合

J. Ross Quinlan 设计的 C4.5 算法源于名为 ID3 的一种决策树诱导算法,而 ID3 是被称为"迭代分解器(iterative dichotomizers)"系列算法的第三代。决策树相当于将一系列问题组织成树。具体来说就是每个问题对应一个属性(比如温度),根据属性值来生成判断分支,一直到决策树的叶节点就产生了类别(此处是高尔夫运动)的预测结果。决策树和利用的车辆用户手册排查自己的车到底出了什么问题并无太大区别。C4.5 算法不仅可以诱导出决策树,还能够把决策树转换成某种可理解性强的规则。

本章介绍的十大算法中有两个基于树的算法,由此可见,此类算法在数据挖掘中应用得比较广泛。最开始,决策树仅处理标称/类别的数据类型,如今的数值、符号甚至混合型的数据类型都能够支持。而具体的应用领域也不断得到扩展,如医学临床、工业生产、分析文档、空间数据建模、生物信息学等。总体上讲,只要可以用树型分解或规则判别来确定需解决问题的类间边界,C4.5 算法就可以被运用去解决此类问题。

4.1.1 算法描述

C4.5 指的不是一个单一算法,而是指 C4.5、C4.5-no-pruning 和拥有多重特性的 C4.5-rules等诸多变体的算法总称。此处先介绍最基本的 C4.5 算法,其他特性之后再去讨论。

算法 4.1 从宏观上描述了 C4.5 的工作原理。所有的树诱导方法基本遵循一种统一的递归模式,即:首先,利用根节点来表示一个给定的数据集。然后,从根节点开始,在每个节点上测试一个特定的属性,将节点数据集划分为更小的子集,并且用子树来表示。该过程持续进行,一直到子集中全部的实例都属于同一个类别,此时,能够说子集是"纯"的,树的增长才会停止。

算法 4.1 C4.5(D)

Input:an attribute-valued dataset D

1: Tree=$\{\}$

2: **if** D is "pure" OR other stopping criteria met **then**

3: terminate

4: **end if**

5: **for all** attribute $a \in D$ **do**

6: Compute information-theoretic criteria if we split on a

7: **end for**

8: a_{best}=Best attribute according to above computed criteria

9: Tree=Create a decision node that tests a_{best} in the root

10: D_v=Induced sub-datasets from D based on a_{best}

11: **for all** D_v **do**

12: Tree=C4.5(D_v)

表 4.1.1 给了引言中有关高尔夫运动的 C4.5 算法的数据集。如前所述,该例子的作

用是判断某天的天气状况是否适合户外高尔夫运动。此例当中,部分特征值是连续的(如湿度、温度),而另一些是类别型(如日期、光照)。

图 4.1.1 显示的是基于表 4.1.1 的"训练数据",用 C4.5 算法诱导出的树。

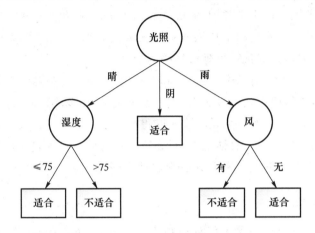

图 4.1.1 C4.5 算法基于表 4.1.1 数据集的决策树

1. 有哪些可以测试的类型?

如图 4.1.1 所示,C4.5 算法既可以进行二元测试又能够完成多项输出测试。若属性为布尔型,测试将诱导出两个分支;若属性为类别型,就需要进行多值测试。当然,这些值也可以被分组,每个组相当于一个属性值。若属性是数值型,就用 $\{\leqslant\theta$ 或 $>\theta\}$ 形式的二元值测试,其中 θ 是属性一个适合判定的阈值。

2. 如何对测试进行选择?

C4.5 算法运用增益、增益率等信息论准则,来对测试进行选择。我们定义增益为"执行一个测试所导致的类别分布的熵的减少量",增益准则的一个缺陷是它过度偏向选择多输出测试,而增益率可以帮助克服这一偏差,因此 C4.5 算法默认的测试选择准则为增益率。在树增长的每一步,C4.5 算法都要根据这一准则选择最佳测试。

3. 如何选取测试的阈值?

如之前所述,对于布尔型与类别型属性来说,测试所用值为该属性的可能取值。但因为数值型属性的取值可能是无限的,因此需要确定一个阈值来进行测试。这就需要对该属性的取值进行排序处理,进一步求出合适的切分点以符合测试选择准则。

4. 如何决定停止树生长?

一般来说,若某节点的一个分支所辖全部实例都为"纯的",那么就把此分支确定成一个叶节点;另一种终止条件为,若该分支覆盖的实例总数已低于预定阈值,就被确定为叶节点。

5. 如何确定叶节点类别?

这个问题所有依托树和大部分基于树的诱导算法都要去面对。

在叶节点包括的实例当中,分支的类别为该分支比例最大的类别。在基本的树诱导算法的基础之上,C4.5 将一组额外的特性引入,这些新特性将 C4.5 的实际效用表现了出来。先以表 4.1.1 的数据集为例将基本的树算法 4.1 阐述一下。之后再进一步讨论 C4.5 算法的新特性。

先来研究一下图 4.1.1 所示的树是怎样从表 4.1.1 数据集转化而来。能够看第一个被选的进行测试的属性是光照,为何选它? 这就需先计算类别随机变量(高尔夫运动)的熵。该变量为二值变量(适合或不适合),其取值概率分别是 9/14(适合)和 5/14(不适合)。这里,假设某随机变量有 c 个取值,其对应的概率为 $p_1, p_2, \cdots, p_c$,那么此随机变量的熵(Entropy)为

$$\sum_{i=1}^{c} - p_i \log_2 p_i$$

所以,"打高尔大"的熵值为

$$-(9/14)\log_2(9/14) - (5/14)\log_2(5/14)$$

所得结果值为 0.940。在树诱导过程中,C4.5 算法的目标为通过选择合适的测试属性来降低此熵值。所有属性我们都会依次考查,计算熵值因为该属性而下降的幅度。我们称这种下降幅度为信息增益,例如,这里的光照属性对应的信息增益,可以通过下面的公式进行计算:

$$\text{Entropy}_{\text{gain}} = \text{Entropy}(\text{PlayGolf In } D) - \sum_{v} \frac{|D_v|}{D} \text{Entropy}(\text{PlayGolf In } D_v)$$

其中,v 是目标属性的全部可能取值(此处特指光照属性的 3 个取值);D 表示整个数据集;D_v 表示 D 的一个子集,其实例在目标属性上同取某个值(此处就是光照属性的某个取值)。

上述计算得到光照属性能够获得的信息增益是 $0.940 - 0.694 = 0.246$。通过同样的方法,可得风属性的信息增益是 $0.940 - 0.892 = 0.048$。同理其他属性的信息增益值也可以计算出来,经过比较,得出光照属性的信息增益最大,所以它被作为树的第一个分支属性。我们不难发现此过程是一种贪婪选择,却未考虑这一选择会对未来决策产生的影响。前面讲过树停止生长的准则,其中一个是所有子集都变成"纯"的。此例当中,与光照属性的取值"阴"对应的分支数据集就为"纯"的,因为该分支所有实例的类别变量(高尔夫运动)的值都是适合。因此,此分支下树就不再生长了。不过光照属性的另外两个取值都生成"非纯"数据集。所以接下来让算法递归,继续选择属性,但不可以再选光照属性,这是为避免父子节点出现重复的情况。

前面提到信息增益率(Gain Ratio)是 C4.5 算法的默认分支标准,信息增益不是。为说明二者的区别,假设表 4.1.1 数据集里的日期属性是个可以用于分类的"真实"特征。然后可以把它当成一个具有标称值的属性。因为每天都不一样,因此,每个日期都诱导出一个"纯"的数据集(仅含有一个实例),这样一来日期就会被选为树生长的最佳属性。为什么是这样的结果? 其实是由于信息增益的定义决定了它偏向于取值多的属性。于是 Quinlan 提出用信息增益来校正这一负面效应的方法。一个属性 a 的信息增益率被定义为

$$\text{GainRatio(a)} = \frac{\text{Gain(a)}}{\text{Entropy(a)}}$$

观察这个公式可以发现:属性 a 的熵 Entropy(a)仅由它的取值的概率分布决定,而和类别没有关系;而属性 a 的信息增益 Gain(a)和类别相关。运用上面公式就能够计算出光照属性的信息增益率 GainRatio(outlook)$= 0.246/1.577 = 0.156$。同理其他属性的信息增益率也可得出。

仍需注意,决策树建模并不是适用于所有类型的决策边界。以布尔函数为例,尽管可以使用决策树建模,然而最终得到的树将特别复杂。把这样一个具体的情况考虑在内,对大量 XOR(异或)属性建立模型。此种情况下,每个属性都将出现在树的所有路径上,造成数的

规模呈指数级增大。同样"m-of-n"函数决策树也难以处理,意思为用 n 个属性中的 m 个进行类别预测,但我们无法确切知道哪 m 个属性对决策有贡献。为解决这些问题,C4.5 算法在创建决策树的过程中还也将子树复制问题引入了进来,原理在于该算法选择属性时所采用的贪婪策略。一般必须通过穷尽搜索才能获得最佳属性,这就要求生长出完全的树。

4.1.2　算法特性

1. 决策树剪枝

为避免生成树的过程中数据被过度训练,必须对树进行剪枝。为说明此问题,Quinlan 提供了一个极端的数据集,其中包括 10 个布尔属性,等概率取 0 或 1。类别变量为二值,取是的概率是 0.25,取否的概率是 0.75。数据集含有 1 000 个实例,取其中一半进行训练,剩下一半用来测试。Quinlan 发现 C4.5 算法生成了一个包括 119 个节点的树。不过准确率竟比不过一个几十个节点的简单树。可见,对于提高树对新实例的类别预测的准确率,剪枝至关重要。一般在树全部生成后进行剪枝过程,采取自下而上的方式。

1986 年,Quinlan 在麻省理工人工智能实验室的备忘录中概述了之前学者们提出的很多可行的剪枝方法。例如,著名的决策树归纳算法 CART 中,采取基于成本复杂度的剪枝(Cost-complexity Pruning)方法,这个方法将会生成一系列树,每棵树都是通过把前面某个树或某些子树替换成一个叶节点获得。系列的最后一棵树中,仅有一个用来预测类别的叶节点。成本复杂度是一种用来判断哪棵树应该被一个预测类别的叶节点替换的度量准则。这种方法利用一个单独的测试数据集,对所有的树进行评估,根据它们在测试数据集上的分类性能来选出"最佳"树。

C4.5 算法很富有创造性地提出悲观剪枝(Pessimistic Pruning)的方法,该方法无须单独的测试数据集,而是根据在训练数据集上的错误分类数量来估算出未知实例上的错误率。通过递归计算目标节点的分支错误率,悲观剪枝方法可以获得该节点的错误率。例如,存在一个有 N 个实例与 E 个错误的叶节点,悲观剪枝首先通过比值 $(E+0.5)/N$ 来确定叶节点的经验错误率。设一个子树拥有 L 个叶节点,且这些叶节点总共包括 $\sum E$ 个错误 $\sum N$ 个实例,则该子树的错误率可估算为 $\left(\sum E+0.5*L\right)\bigg/\sum N$。假设该子树被它的最佳叶节点替换之后,在训练数据集上,得出的错误分类的数量为 J。那么,若 $(J+0.5)$ 在 $\left(\sum E+0.5*L\right)$ 的 1 标准差范围内,悲观剪枝方法就决定把这棵子树用该最佳叶节点替换掉。

此方法被扩展为基于理想置信区间(Confidence Intervals,CI)的剪枝方法。叶节点的错误率 e 被该方法建模为服从伯努利分布的随机变量,对于一个置信区间阈值 CI,存在 e 的一个上界 e_{max},使得 $e < e_{max}$ 以 1-CI 的概率成立(C4.5 对于 CI 的默认值为 0.25)。我们能够通过正态分布来逼近 e(N 要求要足够大)。基于这些约定,C4.5 算法的期望误差的上界为

$$\frac{e+\frac{z^2}{2N}+z\sqrt{\frac{e}{N}-\frac{e^2}{N}+\frac{z^2}{4N^2}}}{1+\frac{z^2}{N}} \qquad (4.1.1)$$

其中,z 的选择基于理想置信区间,假定 z 是一个拥有零均值和单位方差的正态随机变量,

也就是 $N(0,1)$。

最后把剪枝操作的具体过程讲一下,该过程是个自底而上的遍历。图 4.1.2 所示为一个剪枝过程的中间步骤,其中左半部分为 X 的子树 T_1、T_2、T_3 的剪枝操作,右半部分所示的三种情况,需分别估算相应的错误率。第一种情况,将树的原状保持;第二种情况,仅将 X 输出最大的那棵树(在这里就是中间的分支)保留;第三种情况,把子树替换为叶节点,选择训练集中的最大类别。以上策略被自下而上执行,一直到抵达树的根节点。

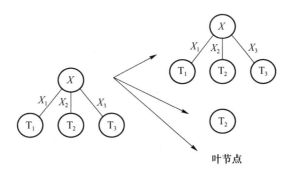

图 4.1.2　决策树剪枝的不同选择

2. 连续型属性

Quinlan 的论文中提及许多关于连续变量的复杂处理方法。相对于离散变量,连续变量具有很多优点。例如,连续变量可以使用更多种决策准则来产生分支,让算法更加灵活。一种处理连续变量的方法就是之前所讲的,把信息增益用信息增益率替换掉。但这样做的话将会出现一个问题,因为信息增益率会被连续属性阈值所影响。具体来讲,若选择的阈值使实例近似平均分配,则信息增益率就会趋于极小。所以,Quinlan 建议阈值用常规的信息增益来选取,不过仍需先用信息增益率选择属性。第二种处理连续变量的方法,是基于 Risannen 的最小描述长度(MDL)原理,这种方法是把连续型属性进行压缩编码。Quinlan 提出了此种平衡树的复杂度与分类性能,尤其是计算树的复杂度时,要综合地去考虑树的编码成本以及树的例外情况(如树错分的训练实例)。经验表明,这种方法不仅限于处理连续型属性。

3. 缺失属性处理

不管是在训练阶段还是分类阶段,都需要对缺失属性进行特殊处理。Quinlan 对相关问题做的评述很完备。其中有三个比较重要的问题:

(1)生成树分支时,要比较很多属性,部分属性在一些实例上没有值,我们怎样选出用于分裂树的合适属性呢?

(2)在为测试选定属性后,那些在该属性上没有值的训练实例,不可以放入该测试的任何输出中。但为了继续进行树的生长,这些实例又必须参与进去。所以,当数据集分裂为子数据集时,应该如何去处理这部分属性值缺失的实例?

(3)最后,当用树分类新实例时,如果该实例在某个属性上无值,该怎样继续进行测试?

第一个问题,在含缺失值的属性 a 上,进行属性选择准则计算,我们有如下不同的做法:一是将训练数据中那些在属性 a 上没有值的实例忽略掉;二是选最常用的值(二值型和类别属性)或均值(数值属性);三是对含有缺失值属性 a 的信息增益/信息增益率按照缺失值的实例比重来折算或者对缺失值进行"填充",具体来说,就是把这种缺失值赋一个独特的新值,或根据其他已知属性去确定缺失值。

第二个问题,关于在递归建树过程中的分裂训练集,假如树基于属性a创建分支,而属性a有一个甚至多个训练实例存在缺失值,采用以下方法可以处理:一是把这个实例直接忽略掉;二是该实例取一个常用值给这个属性;三是将该实例切分后,赋予每个子数据集,不同数据集得到该实例的份,与其余已知属性值的实例数量成正比;四是把该实例直接赋给所有子数据集;五是为属性a特意建立一条专门的分支,或确定属性a的最可能值,然后把它赋给相关的子数据集。

第三个问题,若在分类阶段遇到实例的属性a有缺失值的情况,可采用如下方法:一是假如对于属性a,已存在一个缺失值处理的单独分支,就可以走这个分支;二是从属性a最常用的分支走;三是利用前面的方法确定a的最可能取值,然后走相应分支;四是探查所有的分支,并将它们的结果组合,以此得到不同输出对应的概率;五是不再进行测试,把最有可能的类别直接赋给该实例。

4. 规则集诱导

C4.5算法的一个突出特点,是它建立在诱导树生成规则上的剪枝能力。我们可以把一棵树看作多项规则的合成,而每条规则都与树从根节点到叶节点的一条路径对应着。规则的前半部分为该路径的决策条件,后半部分为被预测的类别标签。对于数据集中的每种类别,C4.5算法先根据(未剪枝的)树建立规则集,之后对每一条规则执行一个向上搜索,观察是否有能够被去掉的决策条件。因为把决策条件移除,相当于剪掉诱导决策树的一些节点,因此这就是C4.5的悲观剪枝方法。每个类别剪枝都会为其选择一个简化规则子集,这里用最短描述长度原则来编码与排序。这样生成的规则数量和原始树的叶节点(或路径)数量相比,要少很多。另外还能观察到一个现象——因为所有的决策条件都存在被移除的可能,因此当靠近树的顶端的节点被移除后,所产生的规则不能保证被还原为一棵紧凑的树。C4.5规则集生成方法的一个缺点是:数据集规模的增大将导致学习时间的大幅度增长。

4.1.3 软件实现

J. Ross Quinlan 的 C4.5 算法实现,在他自己的个人站点上可以找得到:http://www.ru-lequest.com/personal/。值得注意的是,该软件是有版权的,因此只有经过作者授权之后,才可以将其用于商业。不过,C4.5算法也授权给个人,这也促进了C4.5成为领域的标准。有许多可用的公共数据领域的C4.5实现,如 Ronny Kohavi 的 MLC++库,现在是 SGI 的 Mineset 数据挖掘套件的一部分;以及来自新西兰 Waikato 大学的 Weka 数据挖掘套件中对 C4.5 的 Java 实现的编号为 J48。C4.5 的商业化实现主要包括:来自 Intelligent Systems Research,LLC 公司的 ODBCMINE,该软件基于 ODBC 数据接口;也有 Rulequest 公司的 See5/C5.0,它在很多方面对原始的 C4.5 算法进行了改进,当然也包含对 ODBC 的支持。

4.1.4 应用示例

1. Golf 数据集

现在,我们要在 Golf 数据集上来详细地描述 C4.5 算法的功能,以默认选项运行 C4.5,即:

```
＞c4.5 - f golf
```

C4.5 产生下面的输出：

```
c4.5 [release 8] decision tree generator    wed Apr 16 09:33:21 2008
-------------------------------------------------------------------

  options:
     File stem<golf>
Read 14 cases (4 attributes) from golf.data
Decision Tree:
outlook = overcast:play(4.0)
outlook = sunny:
|   humidity< = 75: play (2.0)
|   humidity>75: Don't play (3.0)
Outlook = rain:
|   windy = true: Don't play(2.0)
|   windy = false: play(3.0)
Tree saved
Evaluation on training data (14 items):
     Before Pruning               After Pruning
     --------------        --------------------------

     Size    Errors        Size    Errors    Estimate
     8     0(0.0%)         8     0(0.0%)      (38.5%)    <<
```

　　细心观察 C4.5 的输出，尤其是在结尾处的统计信息，包括未剪枝树与已剪枝树的大小（就是节点的数量，包含内部节点和叶节点）；在训练数据集上未剪枝树与已剪枝树的错误率；估计剪枝后树的错误率。此例当中，根据观察到的情况，没有进行剪枝。

　　C4.5 的－v 选项能够提供详细信息，还能划分多个级别，如可以把关于信息增益计算的每一步信息都给出。C4.5 rules 这个软件与 C4.5 类似，不同点在于它能利用可能的后剪枝操作来产生规则，这个方法之前阐述过。在 Golf 数据集上使用默认的选项时不会发生剪枝，输出 4 条规则（对应图 4.1.1 所示路径，有一条除外）以及 1 条默认规则。

　　"诱导树"和规则要被用在从未见过的"测试"数据集上，以此来评估它的泛化性能。C4.5 利用 －u 选项指示测试数据，进而评估诱导树/规则的性能。

　　2. Soybean 数据集

　　Michalski 的 Soybean 数据集是经典机器学习测试数据集中的一种，来自 UCI 的机器学习资料库。该数据集共涉及 35 个属性，一共有 307 个实例，还有很多的缺失值。以下是 UCI 网站的相关描述：

　　该数据集共有 19 大类，但早期的研究工作只有前 15 个类被用到。一种非正式的说法认为，排在靠后的 4 个类都没有得到确认，因为这几个类的实例实在太少。该数据集共涉及 35 个属性，其中一些是标称型的，一些是有序的，dna 用来表示属性不可用。属性的值全部是数字化编码的，首个值编码为 0，第二个为 1，依此类推，未知值编码为"?."。

　　在这个数据集上学习决策树，旨在基于观察到的大豆形态特征来帮助大豆疾病的诊断。

该数据上生成的诱导树特别复杂,因此,此处我们仅描述树在剪枝前后的大小性能:

```
Before Pruning              After Pruning
----------              --------------------------

Size    Errors      Size    Errors      Estimate
177     15(2.2%)    105     26(3.8%)    (15.5%)    <<
```

从此处能够看到,未剪枝树在训练数据集上的分类性能不是很出色,并且在完成树的诱导后进行了明显的剪枝。为能够确认分类器是"最终"的版本,必须使用诸如交叉验证之类的严格评估过程。

4.1.5 相关研究

在基于树/规则的分类器领域,有一些很有意思的前沿问题,如海量数据处理等。此节介绍一部分相关内容,在 KDD、ICDM 和 SDM 等学术会议文集里能够看到这些领域的最新进展。

1. 二级存储

KDD(知识发现)研究所用到的数据集都特别大,无法被完全装入内存中。所以,为可以有效处理二级存储设备上的数据,就必须对机器学习算法进行重新设计与实现。

关键问题是算法设计,要保证诱导出的分类器在效能不变的前提下,对数据集的扫描次数要尽可能减少。BOAT 算法采取自举的策略,先进行抽样,把原始数据集分成许多小的子集以便可以放入内存,从而生成许多树。再融合,把这些树相互叠加,得到一棵符合"粗粒度"分裂准则的树。最后再运用一次原始数据集完整扫描,就能够精化得到最终的分类器了。RainForest 框架采用集成的策略,多种具体的决策树构建方法都被它实现了,该框架有优良的扩展性,适用于大规模数据集的处理。基于二级存储设备的挖掘算法还有 SLIQ、SPRINT 以及 PUBLIC 等。

2. 特征选择

目前为止,我们还未提及特征选择对基于树/规则的有监督学习任务的重要性。在提取特征的过程中,我们会发现一些特征与类别预测没有关联,还有一些特征是多余的。特征选择就是为了对特征集合进行简化,以此来得到一个更小的特征子集。一些特征选择方法需要和特定的学习算法协同使用,也有一些特征与学习算法没有关联,如 Koller 和 Sahami 描述的方法。

3. 集成方法

集成方法是数据挖掘和机器学习的主流方法之一。其中装袋法和推举法是两种比较主流的方法。训练数据会被装袋法随机重采样,而且对于每个采样,都可以诱导出一棵树。之后再利用表决等方法,把所有树的预测结果组合成为一个输出。推举法将产生一系列分类器,当中的每个训练数据都依赖上一个步骤得到的分类器。特此说明:无法被分类器正确预测结果的实例,会在下一个步骤中被赋予更多权重,依据所有分类器的预测结果汇总得出最终的预测结。C5.0 系统支持一种推进法变体,它构建了集成分类器,能够通过表决来获得最终分类结果。

4. 分类规则

在分类规则的研究当中,一般有两种不同的路线。根据起源,可以把它们分为预测性分类器和描述性分类器。但是最近的研究已经使这种分类变得越发模糊了。

遵循预测性路线的算法有 CN2 和 RIPPER 等。无论这些算法是自下而上还是自上而下,一般都采取"顺序发现"的形式,也就是挖掘出一条新规则之后,就把该规则覆盖的实例从训练集里移除掉,之后再挖掘新的规则。自下而上的方法是从实例(叶节点)出发,通过关联单个实例的属性值与类别值来获取规则。规则由属性来决定,需要有组织地把某些属性移除,以此考查规则的预测精度。此处一般使用局部搜索,如柱搜索(Beam Search)算法。当添加该规则后,要移除它所覆盖的所有实例,新规则从剩余的训练数据中获得。与此类似,自上而下的方法是从根节点开始的,综合待预测类别值与属性测试来找到一条合适的规则。

描述性路线来源于关联规则的研究,关联规则是 KDD(知识发现)的一种流行技术。习惯上讲,关联存在于两个项集(记为 X 和 Y)之间,用 X→Y 来表示。关联的主要度量指标有支持度(全数据集中同时含有 X 和 Y 的实例百分比)与置信度(在含有 X 的实例中 Y 的实例所占百分比)。关联规则的目的在于将满足给定支持度和置信度阈值的所有关联都找到。CBA(基于关联规则的分类)是关联规则挖掘在分类问题中的应用,其目标为把和特定类别一致的全部关联规则都确定下来,再利用这些规则构建分类器。在错误估计方面,CBA 的剪枝和 C4.5 的方法类似,二者主要区别为 CBA 要穷举搜索所有可能的规则,而且还把传统的关联规则挖掘散发进行了改进,改为高效的(决策树)规则挖掘。目前的 KDD 社区中,描述性路线下的研究工作十分活跃,产生了一系列新的方法变体与实际应用。

5. 模型重述

重述的本质是将规则等价推广。从字面上讲,重述即为重新描述,扩展开说就是对于同一概念用不同的词汇表达。给定一个用作描述的词汇表,重述旨在用里面的词汇来构建两个不同的表达式,而它们诱导出的是同一个对象子集。此处有个基本假设:至少有两种方法可以确定这种集合,而且其最终行为是一致的,这也是重述的特别之处。

重述算法 CARTwheels 能够生成两棵"类 C4.5 树",这两棵树不但生成方向相反而且在叶节点层实现一致。事实上,对象的划分可以由其中一棵树通过选择一些特定的子集来实现,而另一棵树则选用不同的子集,但是两棵树生成的划分是匹配的。若划分一致性成立,则只需将树的路径合并就能得到重述。CARTwheels 算法本质是搜索树匹配的空间,也就是通过一个交替过程,不断地生长新树并且匹配由另一棵树生成的划分。在很多方面重述都得到推广。

4.1.6 小结

C4.5 算法是机器学习和数据挖掘领域中,一整套用于处理分类问题的算法。该算法主要由以下两个步骤组成:一是对给定数据集,通过一组属性描述来进行分类;二是通过学习获得一个从属性值到类别的映射,进而可使用该映射去分类新的未知实例。

C4.5 具有分类规则易于理解,准确率较高等优点。算法适用于类间边界能用树型分解或规则判别的模型。

4.2 k-means

本节介绍一种使用很广泛的直接聚类算法 k-means。假定存在一个对象集合,对它聚类(或拆分)就是将这些对象划分成多个组或者"聚簇",同组内的对象较为相近,不同组对象之间存在较大差异。通俗地讲就是"物以类聚"。值得注意的一点是,若在回归、分类等有监督学习任务中要将类别标签或目标值定义,而聚类过程的输入对象却无须这样,因此聚类一般归于无监督学习任务。因为没有监督学习无须带标签数据,所以很多难以获取标签数据的情况都适用。在有监督学习进行之前,时常要先用聚类或其他无监督学习来训练数据集将其特征挖掘出来。由于数据无标签,因此相似性概念需要基于对象的属性来进行定义。应用则不同,聚类算法与相似性定义都会有差别。所以,不同的聚类算法运用的数据集类型与挖掘目的都不同。所以要解决具体问题,不可以生搬硬套,要选择并比较多个算法,并选择其中最优的那个。

k-means 算法是种简单的迭代型聚类算法,它把一个给定的数据集根据用户要求分为 k 个聚簇。该算法无论运行和实践都非常简单,速度也较快,也容易修改,因此在实际应用中被使用得特别广泛,算得上是数据挖掘领域最重要的算法之一。

历史上很多不同学科领域的研究人员都对基本的 k-means 算法进行过研究,较为著名的有 Lloyd、Forgey、Friedman、Rubin 和 McQueen 等。

在之后的内容中,我们将描述 k-means 算法的细节,讨论其局限性,还将举出 k-means 算法处理实际数据集的例子。此外,会简单介绍一些 k-means 算法的扩展。由于篇幅有限,介绍的内容不是很完备,若读者有兴趣,可以根据自己的关注点更加深入地研究和探索 k-means 算法。

4.2.1 算法描述

k-means 算法的输入对象为 d 维向量空间中的一些点。所以它对一个 d 维向量的点集 $D = \{x_i | i = 1, \cdots, N\}$ 进行聚类,其中 $x_i \in R^d$ 表示第 i 个对象(或称"数据点")。k-means 算法会将集合 D 划分为 k 个聚簇。也就是说,D 中所有的数据点都会被 k-means 算法进行聚类处理,把每个点 x_i 都归且仅归于 k 个聚簇中的一个。每个点我们都可以为其分配一个标识,以记录它属于哪一个聚簇。含有相同标识的点属于同一个聚簇;反之,属于不同聚簇。我们可以定义一个长度是 N 的聚簇成员向量 m,它的分量 m_i 表示点 x_i 的聚簇标识。

k 值是 k-means 算法中一个关键输入。确定 k 值的典型做法是根据某些先验知识,如集合 D 中实际存在或者预期的聚簇数量。同样能够利用测试不同的 k 值进行比较,最后选择恰当的 k 值。在后面的内容中,我们将介绍在 k 值没有被预先指定时该如何选取。

k-means 算法中,每个聚簇都用 R^d 中的一个点来表示。可以把这些聚簇用集合 $C = \{c_j | j = 1, \cdots, k\}$ 来表示。有时这 k 个聚簇表示也被称为聚簇均值或者聚簇中心,在介绍 k-means 算法的目标函数后,大家就会知道为何有这样的名称了。

聚类算法一般基于"紧密度"或"相似度"等概念来对点进行分组。具体到 k-means 算法,默认相似度标准为欧几里得距离。k-means 算法实质为要最小化一个如下的非负代价函数:

$$\text{Cost} = \sum_{i=1}^{N} (\text{argmin}_j \| x_i - c_j \|_2^2) \qquad (4.2.1)$$

换个说法就是,k-means 算法的目标为:每个点 x_i 与和它最近的聚簇均值 c_j 之间的欧几里得距离的最小平方和。一般称式(4.2.1)为 k-means 目标函数。

算法 4.2 描述了 k-means 利用迭代的方法对点集 D 进行聚类,此迭代过程主要包含两个交替进行的步骤:①对点集 D 中每个数据点的聚簇标识进行重新确定;②基于每个聚簇内所有数据点,算出新的对应聚簇的均值。完整的算法流程如下:首先,把 R^d 中的 k 个数据点当作初始的聚簇均值。这些初始种子的挑选方法可以是从数据集里随机抽取样本,或在数据集的某个子集上,通过聚类获得聚簇均值,亦或选取数据全局均值的 k 次扰动等。算法4.2 中,我们是通过随机选取 k 个点的方式来启动算法。然后,该算法将依次去执行下面两个步骤的迭代,直到收敛为止。

步骤 1:再分数据。把每个数据点分配到当目前离它最近的那个聚簇中心,与此同时上次迭代确定的归属关系也被打破了。这一步会把全部数据重新划分。

步骤 2:重定均值。将每一个聚簇均值重新确定,即为计算所有分配给该聚簇均值的数据的中心(例如算数平均数)。基于如下因素考量这种做法的合理性:对于一个给定的点集,为了将所有点与均值之间的欧几里得距离平方和最小化,均值的计算方式就应该是这些点的均值。这就是经常把聚簇称为聚簇均值或者聚簇中心的原因了,这同样是 k-means 算法的名字的由来。

当 $C = \{c_j | j = 1, \cdots, k\}$ 不再变化时,算法收敛。对于式 4.2 中定义的 k-means 目标函数,能够证明,只要上述步骤 2 得到的新均值与上一次迭代作比较后还有变化,那么此目标函数的值将继续下降。进一步,还能够证明在有限步的迭代后此算法一定收敛。

在迭代的过程当中,每次都需做 $N \times k$ 次比较,每次迭代的时间复杂度也因此而决定。k-means 算法收敛所需的迭代次数主要决定于 N 的取值,该值和数据集的大小是线性关系。同时,因为比较操作对于 d 同样为线性的,所以 k-means 关于数据维度的算法的复杂度也是线性的。

算法 4.2　k-means 算法

1:输入:数据集 D,聚簇成员向量 m

2:输出:聚簇均值集合 C,聚簇成员向量 m

3:/* 初始化聚簇均值 C */

4:从数据集 D 中随机挑选 k 个数据点

5:使用这 k 个数据点构成初始聚簇代表集合 C

6:**repeat**

7:/* 再分数据 */

8:将 D 中的每个数据点重新分配至与之最近的聚簇均值

9:更新 m(m_i 表示 D 中第 i 个点的聚簇标识)

10:/* 重定均值 */

11:更新 C(c_j 表示第 j 个聚簇均值)

12:**until** 目标函数 $\sum_{i=1}^{N} (\text{argmin}_j \| x_i - c_j \|_2^2)$ 收敛

　　局限性——k-means算法从本质上讲，是面向非凸代价函数优化的贪婪下降求解算法，它只能获取局部的最优解。除此之外，对于初始聚簇均值，该算法非常敏感，哪怕是同一个数据集，若聚簇均值集合 C 的初始化不同，最终得到的聚类结果的差异也会特别大，若初始化聚簇均值很糟糕会造成聚类结果也变得很糟糕。下面我们将通过人工数据集与实际数据集的相关例子来说明这个问题。为妥善解决这个问题，我们可以基于不同的初始聚簇均值去执行，从中调出最优的结果，或对收敛解进行受限的局部搜索，此方法同样可行。

　　上文提到，选择最优的 k 值较为困难。假如我们有一些关于数据集的先验知识（例如，知道数据集可以被分为多少部分），那么当然可将 k 指定成这个数量。否则，我们必须利用其他标准来选择 k 值，这就是模型选择问题。一个最容易被想到的朴素办法是尝试多个不同 k 值，并选取让 k-means 目标函数最小的那个 k 值。经过分析后，我们发现此方法无法在实际中使用，目标函数值对 k 值选择的问题并不适用。比如，最优解的代价会随 k 的增长而降低，当聚簇的数量增长到和数据点数量相同时，代价为 0，这意味着一个数据点就是一个类，显然失去了分类意义。因此无法用该目标函数进行以下工作：

　　（1）直接对具有不同聚簇数量的聚类结果进行比较；

　　（2）寻找最优 k 值。

　　因此，若事先无法知道理想的 k 值，人们通常会试图取多个不同的 k 值多次运行 k-means，然后使用别的准则来从结果中挑选最佳的结果。例如，立方聚类准则就是在 k-means 的原代价函数式 4.2 上，再加上一个复杂性控制项（它的值会随着 k 的增大而增大），将这一经过调整的函数最小化来确定合适的 k 值，或可以在一个合适的停止准则的辅助下，逐渐增加聚簇的数目。有一种叫作 bisecting k-means 的聚类算法，初始时它把所有的数据当作一个聚簇，然后递归地把最不紧凑的聚簇，用 2-means 拆分为两个聚簇，直至符合用户的需求为止。还有一种著名的用于向量量化的算法 LBG，它每次将聚簇的数量翻番直到获得一个大小适当的分类模型。一定程度上，这两种方法都降低和减轻了 k-means 需要事先确定 k 值的要求。

　　除了上面提到的这些局限外，还有几个问题 k-means 算法难以处理。为方便理解，假设用一个具有均一和各向同性协方差矩阵的 k 维混合高斯分布处理数据拟合问题，就可以获得一个"柔性"k-means 算法。确切地说，此方法会把每个数据点"柔性分配"（即按照一定概率）分给该模型的各混合分量，而假如要求"刚性分配"（即每个数据点只能被分配给那个和它最相似的分量）我们就可以回到之前的标准 k-means 算法。从联系中能够清晰地看到，k-means 算法内在的假设数据集是由 k 个分量混合而成的，每个聚簇对应一个分量。从这个隐含的假设出发，就能够推出，若实际的数据集非若干球形高斯分布的重叠，那么 k-means 算法就无法稳定。若数据集中存在非凸形状的聚簇时，k-means 算法的工作就无法正常进行。为解决这个问题，可以先用"白化"等方法对数据进行缩放再执行聚类，或选择与数据集匹配更好的距离度量。例如，基于信息论的聚类算法一般会把数据点用离散概率分布来表示,进而利用 KL 距离度量两个分布,就可以得到两个数据点间的距离。近来,一些研究表明,对于多种数据集,只要把和它匹配的偏差度量方法找到,使用 k-means 获得的聚类效果就会很好。

还有一种处理非凸聚类的方法:用其他算法与 k-means 形成配套。例如,我们可以先用 k-means 把数据聚类成许多组,然后再利用单链层次聚类方法(Single Iink Hierarchical Clustering)凝聚更大的聚簇,这种方法的优点很多:首先,它有利于检测出复杂形状;其次,聚类结果对于初始化的敏感度可以被它减少;最后,因为层次化方法自然支持多分辨率聚类结果,所以无须指定一个准确的 k 值,只要在生成初始聚簇时给出一个较大的 k 值就行。

对噪声敏感的问题,k-means 算法也存在。从本质上来讲,均值不算是一种稳健统计量。在使用 k-means 聚类前,通过预处理将噪声点移除往往十分有用,同样,聚类之后,对聚类结果进行一些后期处理也可以得到较好的结果。如将过小的聚簇删除或把较接近的聚簇合并。

k-means 算法还存在的一个潜在的问题是可能产生"空聚簇"。尤其是使用一个较大的 k 值,并且数据在高维空间存在的情况下,在 k-means 的执行过程中,可能在某个阶段,数据集 D 中所有的点与某个聚簇均值都不接近,使其成为空聚簇。标准的 k-means 算法并不会对空聚簇问题做特别处理。我们可以采取一些既简单又高效的方法来解决这个问题,如从最大的聚簇中提出一些数据点来对空聚簇的均值进行重新初始化。

4.2.2　软件实现

由于 k-means 算法具有简单性、有效性,人们开发了各式各样的运行 k-means 算法的软件。该算法已成为许多流行的数据挖掘软件包的标配。例如,在 Weka、SAS 等软件中,都有一个对应 k-means 算法的过程 FASTCLUS。还有,Matlab 的很多工具箱都包含 k-means 算法的实现。即使微软的 Excel 软件,也可以使用 k-means 算法(在 XMLMiner 软件包中实现)。当然,更多独立开发的 k-means 算法工具还是在互联网上。

其实,直接编程实现 k-means 算法是很轻松的,大家可以尝试实现自己的 k-means 算法。

4.2.3　应用示例

接下来,我们来看看一个 k-means 算法的有趣应用示例:中国男足在亚洲究竟是什么水平?

目前,对于中国男足在亚洲的地位,各方说法不一,一些人说中国男足是二流的,有的人说是三流的,也有人说根本就不入流,当然也有人说比起日韩差不了多少,处于亚洲一流。显然争论是解决不了问题的,那么就让数据告诉我们结果吧。

表 4.2.1 为采集到的 15 支亚洲球队在 2005—2010 年大型杯赛的战绩(因澳大利亚是后来加入亚足联的,所以在此没有收录)。

表 4.2.1　亚洲球队战绩表

国家	2006 年世界杯	2010 年世界杯	2007 年亚洲杯
中国	50	50	9
日本	28	9	4
韩国	17	15	3
伊朗	25	40	5
沙特阿拉伯	28	40	2
伊拉克	50	50	1
卡塔尔	50	40	9
阿联酋	50	40	9
乌兹别克斯坦	40	40	5
泰国	50	50	9
越南	50	50	5
阿曼	50	50	9
巴林	40	40	9
朝鲜	40	32	17
印度尼西亚	50	50	9

其中的大型赛事为两次世界杯和一次亚洲杯。我们对数据提前做了如下预处理：对世界杯来说，若进入决赛圈就取其最终排名，若没有进入决赛圈的，进入预选赛十强赛的赋予 40，预选赛小组未出线的赋予 50。对于亚洲杯，前四名取其排名，八强赋予 5，十六强赋予 9，预选赛没出线赋予 17。这种做法是为了使所有数据变为标量，以便后续聚类。

下面先对数据进行[0,1]规格化，表 4.2.2 是规格化后的数据。

表 4.2.2　数据规格化

国家	2006 年世界杯	2010 年世界杯	2007 年亚洲杯
中国	1	1	0.5
日本	0.3	0	0.19
韩国	0	0.15	0.13
伊朗	0.24	0.76	0.25
沙特阿拉伯	0.3	0.76	0.06
伊拉克	1	1	0
卡塔尔	1	0.76	0.5
阿联酋	1	0.76	0.5
乌兹别克斯坦	0.7	0.76	0.25
泰国	1	1	0.5
越南	1	1	0.25
阿曼	1	1	0.5
巴林	0.7	0.76	0.5
朝鲜	0.7	0.68	1
印度尼西亚	1	1	0.5

接着用 k-means 算法进行聚类。设 $k=3$，即把这 15 支球队分为三个集团。

现抽取日本、巴林和泰国这三个的值作为三个簇的种子，也就是初始化三个簇的中心为 A：$\{0.3, 0, 0.19\}$，B：$\{0.7, 0.76, 0.5\}$ 和 C：$\{1, 1, 0.5\}$。然后，将所有球队分别对三个中心点的相异度计算出来，此处用欧氏距离来度量。表 4.2.3 为用程序取得的结果。

表 4.2.3 $k=3$ 时的聚类结果

1.212 436	0.519 615	0
0	0.692 82	1.212 436
0.519 615	1.212 436	1.732 051
0.103 923	0.796 743	1.316 359
0	0.692 82	1.212 436
1.212 436	0.519 615	0
1.212 436	0.519 615	0
1.212 436	0.519 615	0
0.692 82	0	0.519 615
1.212 436	0.519 615	0
1.212 436	0.519 615	0
1.212 436	0.519 615	0
0.692 82	0	0.519 615
0.692 82	0	0.519 615
1.212 436	0.519 615	0

从左往右，依次表示的是各支球队到当前中心点的欧氏距离，把每支球队分到最近的簇，对各支球队可做如下聚类：

中国 C，日本 A，韩国 A，伊朗 A，沙特阿拉伯 A，伊拉克 C，卡塔尔 C，阿联酋 C，乌兹别克斯坦 B，泰国 C，越南 C，阿曼 C，巴林 B，朝鲜 B，印度尼西亚 C。

首次聚类结果：

A：日本，韩国，伊朗，沙特阿拉伯。

B：乌兹别克斯坦，巴林，朝鲜。

C：中国，伊拉克，卡塔尔，阿联酋，泰国，越南，阿曼，印度尼西亚。

下面按照首次聚类结果，调整各个簇的中心点。

A 簇的新中心点：

$\{(0.3+0+0.24+0.3)/4=0.21, (0+0.15+0.76+0.76)/4=0.417\,5, (0.19+0.13+0.25+0.06)/4=0.157\,5\} = \{0.21, 0.417\,5, 0.157\,5\}$

使用同样的方法计算得到 B 簇与 C 簇的新中心点分别为 $\{0.7, 0.733\,3, 0.416\,7\}$，$\{1, 0.94, 0.406\,25\}$。

用调整后的中心点再次进行聚类，得到表 4.2.4。

表 4.2.4 迭代后的结果

1.368 32	0.519 615	0
0.155 885	0.692 82	1.212 436
0.363 731	1.212 436	1.732 051
0.051 962	0.796 743	1.316 359
0.155 885	0.692 82	1.212 436
1.368 32	0.519 615	0
1.368 32	0.519 615	0
1.368 32	0.519 615	0
0.848 705	0	0.519 615
1.368 32	0.519 615	0
1.368 32	0.519 615	0
1.368 32	0.519 615	0
0.848 705	0	0.519 615
0.848 705	0	0.519 615
1.368 32	0.519 615	0

第二次迭代后结果：

中国 C，日本 A，韩国 A，伊朗 A，沙特阿拉伯 A，伊拉克 C，卡塔尔 C，阿联酋 C，乌兹别克斯坦 B，泰国 C，越南 C，阿曼 C，巴林 B，朝鲜 B，印度尼西亚 C。

结果没有变化，说明结果已收敛，可以给出最终聚类结果：

亚洲一流：伊朗、日本、韩国、沙特阿拉伯。

亚洲二流：乌兹别克斯坦、巴林、朝鲜。

亚洲三流：中国、伊拉克、卡塔尔、阿联酋、泰国、越南、阿曼、印度尼西亚。

数据说明，国足确实处在亚洲三流水平，至少从国际杯赛战绩来看如此。

其实上面的分析数据，不但告诉了我们聚类信息，同时提供了其他一些有趣的信息。例如，从中能够定量分析出各个球队之间的差距，亚洲一流的队伍当中，沙特与日本水平最接近，而伊朗则与他们相距较远，这也符合近几年伊朗没落的事实。此外，乌兹别克斯坦与巴林虽然未能打入这两届世界杯，但是凭借预选赛和亚洲杯上的出色表现，占据着 B 组的一席之地，而朝鲜因为晋级 2010 世界杯决赛圈而有幸进入 B 组，可是夺得 2007 年亚洲杯的伊拉克却被分在三流，可见亚洲杯冠军的分量不如世界杯决赛的分量重。感兴趣的读者可以用最新的数据做更深层次的挖掘。

4.2.4 相关研究

本小节当中，我们将讨论一些对 k-means 算法的推广、扩展以及和其他算法的关联，作为对前面有关 k-means 算法讨论的一些补充。

前面说过，标准的 k-means 算法与基于 k 分量各向同性混合高斯分布的数据拟合问题关联十分密切，进而，可用 k 分量混合指数簇分布实现数据拟合。此外还有一个较大的推广，就是把原来仅当作 R^d 中的点的"均值"看作概率模型。使 k-means 算法在"数据再分"的过程中,每个数据点被分配给生成该数据点可能性最大的那个模型;在"重定均值"过程中,模型参数利用分配好的数据集进行最佳拟合,这种被称为基于模型的 k-means 算法拥有处理复杂数据的能力,例如用隐马尔可夫链模型描述的序列数据。

我们同样可以实现"核"k-means 算法,即为将 k-means 算法与核方法结合。如此一来,尽管聚簇边界在原空间是非线性的,但在核函数所隐含的高维空间中却能够变换成线性的,从而可以处理复杂形状的聚簇。

为使超大数据集能被有效地处理,k-means 算法必须要被加速。在这方面,人们已经做出了大量的努力,例如,通过运用 kd-树或利用三角不等式,避免在"数据再分"过程中计算全部的<数据点,中心>对的距离。

最后,我们讨论两种对 k-means 算法的简单扩展。第一种称为柔性 k-means,在标准 k-means算法中,每个点 x_i 属且仅属于一个聚簇,但柔性 k-means 算法将这一约束放宽了,即把每个点 x_i 依概率赋给每一个聚簇。在柔性 k-means 算法中,每个点 x_i 都有一个 k 维概率(或权重)向量,用作描述该点属于每个聚簇的可能性大小。这些权重的基础是点 x_i 到 C 中每个聚簇均值的距离,x_i 来自聚簇 j 的概率和 x_i 和 c_j 之间的相似性成正比。此种情况下,聚簇均值为基于数据集 D 的全部的点(而非一个聚簇的点)关于聚簇均值的期望。

第二种 k-means 扩展和半监督学习有关。之前我们对有监督学习和无监督学习之间的区别做了简单的介绍。简单来说,有监督学习需用到类别标签,而无监督学习不需要。k-means 就是一种纯粹的且无监督的算法。除了这两种基本的学习类型外,还有一种类型被称作半监督学习,不论数据是已标记的还是未标记的它都能同时使用。可见,半监督学习把有监督和无监督方法的优势结合在了一起。有监督学习方法一般要求大量的已标记数据,而标记数据不多时,半监督学习方法就起作用了。无监督的学习方法尽管不需要类别标签,但它学到的模型经常和我们的要求不相符。在执行 k-means 算法过程中,事实上我们对最终的聚簇缺少控制机制,得到的聚簇不符合我们的期望要求的概率很大。而半监督方法能够借助于已标记的数据点,挖掘出符合要求的聚簇。

4.2.5 小结

k-means 算法利用简单的迭代把数据集聚为 k 类,迭代的核心步骤有两个:一是为数据集中的每一个点找到最近的聚簇均值,并据此将数据集聚类;二是对每个聚簇均值进行重新估算。k-means 算法的缺点主要是该算法对初始化条件与 k 值选择比较敏感。

k-means 算法是目前实践中最为广泛使用的聚类算法。该算法的显著优点是简单、易懂、可伸缩性良好,而且只需对其稍加修改就能应用于半监督学习或流数据处理等多种不同应用场景中。长期以来,人们一直坚持对 k-means 算法进行改进和扩展,让该算法充满了活力。

4.3 支持向量机

支持向量机(SVM)是所有著名的数据挖掘算法中最健壮、最准确的方法之一,主要包括支持向量分类器(SVC)与支持向量回归器(SVR)。SVM 最初是被 Vapnik 在 20 世纪 90 年代发展推广的,该方法有统计学理论的坚实基础。SVM 能够从大量训练数据中选出很少一部分用作模型构建,且对维数不敏感。SVM 在过去十年中,理论和实践两个方面的发展都很快。

4.3.1　支持向量分类器

对于两类线性可分学习任务,SVC 需寻找一个间隔最大的超平面来把两类样本分开,最大间隔要能保证该平面的泛化能力达到最佳。此处泛化能力指的是不但要训练数据以拥有好的分类性能(如准确度、精度等),还要能对与训练数据具有同一分布的新数据进行高精度预测。

直观地看,间隔就是两类之间的空间大小或超平面所确定的分离程度。从几何的角度看,间隔与数据点到超平面的最短距离所对应。图 4.3.1 说明了一个二维输入空间上的最优超平面的几何结构。令 w 和 b 分别代表权重向量和最优超平面偏移,则可定义相应的超平面为

$$w^{\mathrm{T}}x+b=0 \qquad (4.3.1)$$

样本 x 到最优超平面的几何距离是

$$r=\frac{g(x)}{\|w\|} \qquad (4.3.2)$$

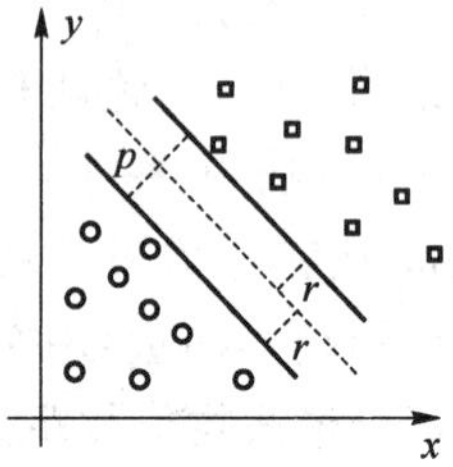

图 4.3.1　线性可分情况下在 SVC 的最优超平面

其中,$g(x)=w^{\mathrm{T}}x+b$ 为超平面确定的判别函数,也称作给定 w 和 b 的 x 泛函间隔。

SVC 就是要找到确定超平面的最优参数(w 和 b)值,以将两个类间的分离间隔最大化,该值取决于两个类之间的最短几何距离 r^*。因此,也称 SVC 为最大间隔分类器。为不失一般性,把泛函间隔固定为 1,那么对给定训练集:

$$\{x_i,y_i\}_{i=1}^n\in\mathbf{R}^m\times\{\pm1\}$$

有:

$$\begin{cases} w^{\mathrm{T}}x_i+b\geqslant1, & y_i=+1 \\ w^{\mathrm{T}}x_i+b\leqslant-1, & y_i=-1 \end{cases} \qquad (4.3.3)$$

有一些数据点 (x_i,y_i) 可使式(4.3.3)成立,它们就是离最优超平面最近的数据点,所以被称为支持向量。则支持向量 x^* 到最优超平面的几何距离为

$$r^*=\frac{g(x^*)}{\|w\|}=\begin{cases} \dfrac{1}{\|w\|}, & y^*=+1 \\ -\dfrac{1}{\|w\|}, & y^*=-1 \end{cases} \qquad (4.3.4)$$

图 4.3.1 中,分离的间隔 ρ 可以表示成

$$\rho=2r^*=\frac{2}{\|w\|} \qquad (4.3.5)$$

为了找到间隔最大的超平面,SVC 要用 w 和 b 最大化 ρ:

$$\max_{w,b}\frac{2}{\|w\|} \qquad (4.3.6)$$
$$y_i(w^{\mathrm{T}}x_i+b)\geqslant1, \quad i=,\cdots,n$$

等价于

$$\min_{w,b}\frac{1}{2}\|w\|^2$$

$$y_i(w^\mathrm{T} x_i + b) \geqslant 1, \quad i = , \cdots, n \tag{4.3.7}$$

我们使用 $\|w\|^2$ 而非 $\|w\|$，是为了后续的优化过程更加方便。一般情况下，我们用拉格朗日乘数法来求解式(4.3.7)所示的约束优化问题(称为原问题)：

$$L(w, b, \alpha) = \frac{1}{2} w^\mathrm{T} w - \sum_{i=1}^{n} \alpha_i [y_i(w^\mathrm{T} x_i + b) - 1] \tag{4.3.8}$$

其中，α_i 是对应第 i 个不等式的拉格朗日乘数。

对 $L(w, b, \alpha)$ 的 w 和 b 求偏导并使之为零，就能够得出最优化条件：

$$\begin{cases} \dfrac{\partial L(w, b, \alpha)}{\partial w} = 0 \\[2mm] \dfrac{\partial L(w, b, \alpha)}{\partial b} = 0 \end{cases} \tag{4.3.9}$$

然后，可以得出

$$\begin{cases} w = \displaystyle\sum_{i=1}^{n} \alpha_i y_i x_i \\[4mm] \displaystyle\sum_{i=1}^{n} \alpha_i y_i = 0 \end{cases} \tag{4.3.10}$$

将式(4.3.10)代入拉格朗日函数式(4.3.8)，可以得到相应的对偶问题：

$$\max_{\alpha} W(\alpha) = \sum_{i=1}^{n} \alpha_i - \frac{1}{2} \sum_{i=1}^{n} \sum_{j=1}^{n} \alpha_i \alpha_j y_i y_j x_i^\mathrm{T} x_j$$

$$\sum_{i=1}^{n} \alpha_i y_i = 0, \quad \alpha_i \geqslant 0, \quad (i = 1, \cdots, n) \tag{4.3.11}$$

同时，再补充上 Karush-Kuhn-Tucker 条件：

$$\alpha_i [y_i(w^\mathrm{T} x_i + b) - 1] = 0, \quad (i = 1, \cdots, n) \tag{4.3.12}$$

这里只有距离最优超平面最近的那些支持向量 (x_i, y_i) 对应的 α_i 非零，而其余所有 α_i 都等于零。

式(4.3.11)中的对偶问题是典型的凸二次规划问题。多数情况下，采用序贯最小优化(SMO)算法等合适的优化技术可以高效地求得全局最优解。

在确定最优拉格朗日乘子 α_i^* 后，我们可以计算式(4.3.10)中的最优权重 w^*：

$$w^* = \sum_{i=1}^{n} \alpha_i^* y_i x_i \tag{4.3.13}$$

然后，用一个正的支持向量 x_s，可以算出最优偏置 b^*：

$$b^* = 1 - w^{*\mathrm{T}} x_s, \quad y_s = +1 \tag{4.3.14}$$

4.3.2　支持向量分类器的软间隔优化

最大间隔的 SVC 以及后面的 SVR 仅为 SVM 算法的起点。现实当中，很多问题不是线性可分的，存在许多复杂的非线性可分情形。如果样无法被完全线性分开，那么情况就为：间隔为负，原问题的可行域为空，对偶问题的目标函数无限，这将造成相应的最优化问题不可解。

这些不可分问题的解决方法，一般有两种。一种方法是放宽过于严格的式(4.3.7)，构造出所谓的软间隔优化。另一种方法是运用核技巧把这些非线性问题线性化。

本节介绍软间隔优化,核技巧在下一节介绍。

想象一下,两个类有几个数据点混在一起,这些点对最大间隔超平面而言是训练错误的。"软间隔"就是要扩展 SVC 算法以使超平面允许存在少量这样的噪声数据。具体讲,就是引入松弛变量 ξ_i 来量化分类器的违规行为:

$$\begin{cases} \min\limits_{w,b} \dfrac{1}{2} \parallel w \parallel^2 + C \sum\limits_{i=1}^{n} \xi_i \\ y_i(w^{\mathrm{T}} x_i + b) \geqslant 1 - \xi_i, \quad \xi_i \geqslant 0, \quad (i = 1, \cdots, n) \end{cases} \tag{4.3.15}$$

参数 C 用来平衡机器的复杂度与不可分数据点的数量,它可被看作一个由用户依据经验或分析选定的"正则化"参数。

松弛变量 ξ_i 的一个直接的几何解释是一个错分实例到超平面的距离。这个距离度量是错分实例相对于理想可分模型的偏差程度。利用与前面相同的拉格朗日乘子法,就能得到软间隔优化的对偶问题:

$$\begin{cases} \max\limits_{a} W(\alpha) = \sum\limits_{i=1}^{n} \alpha_i - \sum\limits_{i=1}^{n} \sum\limits_{j=1}^{n} \alpha_i \alpha_j y_i y_j \, x_i^{\mathrm{T}} x_j \\ \sum\limits_{i=1}^{n} \alpha_i y_i = 0, \quad 0 \leqslant \alpha_i \leqslant C \quad (i = 1 \cdots, n) \end{cases} \tag{4.3.16}$$

比较式(4.3.11)与式(4.3.16),可以发现松弛变量 ξ_i 没有出现在对偶问题里,线性可分与不可分的差异,体现在约束 $\alpha_i \geqslant 0$(可分)被替换为更严格的约束 $0 \leqslant \alpha_i \leqslant C$(不可分)。但是,这两种情况其实是很相似的。例如,权重向量 w 和便宜 b 的最优值的计算方法,以及关于支持向量的定义都是一致的。

在不可分情况下,对应的 Karush-Kuhn-Tucker 补充条件是:

$$\alpha_i [y_i(w^{\mathrm{T}} x_i + b) - 1 + \xi_i] = 0 \quad (i = 1, \cdots, n) \tag{4.3.17}$$

且

$$\gamma_i \xi_i = 0 \quad (i = 1, \cdots, n) \tag{4.3.18}$$

其中,γ_i 为对应于 i 的拉格朗日乘子,用于确保 ξ_i 非负。在鞍点处,原问题的拉格朗日函数关于 ξ_i 的导数为零,通过求导得到

$$\alpha_i + \gamma_i = C \tag{4.3.19}$$

结合式(4.3.18)和式(4.3.19),有

$$\xi_i = 0 \quad 如果 \quad \alpha_i < C \tag{4.3.20}$$

接下来就得到了最优权重 w^*:

$$w^* = \sum_{i=1}^{n} a_i^* y_i x_i \tag{4.3.21}$$

选择训练集里的任一满足 $0 < \alpha_i^* < C$ 和相应的 $\xi_i = 0$ 数据点 (x_i, y_i),代入式(4.3.17)即可得到最优偏移量 b^*。

4.3.3 核技巧

核技巧是另一种用作处理线性不可分问题的方法。该方法的作用就是定义一个能计算

给定数据内积的核函数,其功能是把输入数据非线性变换到特征空间,特征空间的维度更高甚至无限,从而使得数据在该空间中可以转换为线性可分的。Cover 模式可分性定理表明,复杂的模式分类问题通过非线性映射嵌入到高维空间后比在低维空间中更容易被线性分开。

用 $\phi: X \to H$ 表示从输入空间 $X \subset \mathbf{R}^m$ 到特征空间 H 的一个非线性变换,假设在特征空间中问题是线性可分的,对应最优超平面如下:

$$w^{\phi \mathrm{T}} \phi(x) + b = 0 \qquad (4.3.22)$$

在不失一般性的情况下,设偏移量 $b=0$,式(4.3.22)简化为

$$w^{\phi \mathrm{T}} \phi(x) = 0 \qquad (4.3.23)$$

与线性可分情况相似,可以用拉格朗日乘子法在特征空间中寻找最优权重向量 $w^{\phi *}$:

$$w^{\phi *} = \sum_{i=1}^{n} \alpha_i^* y_i \phi(x_i) \qquad (4.3.24)$$

在特征空间中的最优超平面如下:

$$\sum_{i=1}^{n} \alpha_i^* y_i \phi^{\mathrm{T}}(x_i) \phi(x) = 0 \qquad (4.3.25)$$

$\phi^{\mathrm{T}}(x_i) \phi(x)$ 表示了 $\phi^{\mathrm{T}}(x_i)$ 和 $\phi(x)$ 的内积,由此可导出内积核函数。

核实一个函数 $K(x, x')$,对所有的 $x, x' \in X \subset \mathbf{R}^m$,满足:

$$K(x, x') = \phi^{\mathrm{T}}(x) \phi(x') \qquad (4.3.26)$$

其中,ϕ 为从输入空间 X 到特征空间 H 的变换。

核的重要性在于:我们可以用它在特征空间中构建最优超平面,而不用考虑变换 ϕ 的具体形式,一般也无须在高维(甚至无限维)特征空间中对其进行显示形式化。因此,利用核算法对维数不敏感这一特点,为在高维空间训练一个线性分类器创造了条件。在式(4.3.25)中用 $K(x_i, x)$ 替代 $\phi^{\mathrm{T}}(x_i) \phi(x)$,就可以得到如下最优超平面:

$$\sum_{i=1}^{n} \alpha_i^* y_i K(x_i, x) = 0 \qquad (4.3.27)$$

核技巧最引人注目的地方,就是它能够简化计算,避免直接在复杂的特征空间上计算内积和设计分类器。

在运用核技巧前,先要考虑如何构建核函数,或者说核函数应该满足何种特性。为解答这个问题,我们引入 Mercer 定理,它描述了一个核函数 $K(x, x')$ 所应该具备的性质。

Mercer 定理:令 $K(x, x')$ 是一个在闭区间 $a \leqslant x \leqslant b$($x'$ 也一样)上的连续对称核函数,该核函数 $K(x, x')$ 可以展开为以下级数:

$$K(x, x') = \sum_{i=1}^{\infty} \lambda_i \varphi_i(x) \varphi_i(x') \qquad (4.3.28)$$

所有系数为正($\lambda_i > 0$)。该级数是有效和收敛的充要条件是:

$$\int_b^a \int_b^a K(x, x') \varphi(x) \varphi(x') \mathrm{d}x \mathrm{d}x' \geqslant 0 \qquad (4.3.29)$$

所有的 $\varphi(\cdot)$ 都满足条件:

$$\int_b^a \varphi^2(x) \mathrm{d}x < \infty \qquad (4.3.30)$$

从这个定理能够总结出核函数最重要的特征为,对输入空间 X 的任意随机有限子集,

由核函数 $K(x,x')$ 构造的矩阵(称为 Gram 矩阵):

$$\boldsymbol{K}=(K(x_i,x_j'))_{i,j=1}^n \qquad (4.3.31)$$

是一个半定对称矩阵。

根据这一要求,在实践中核的选择拥有一定的自由度。例如,除了线性核函数外,我们还可以定义多项式或径向基核函数。这些年来,人们对可用于 SVC 分类以及其他统计测试问题的不同核函数进行了许多的研究,在后面的部分中,我们会讨论这些核。

上一节中,我们介绍了用软间隔 SVC 求解线性不可分问题,显然这与用核技巧解决线性不可分问题的方法不同。软间隔是放松对输入空间中限制,允许某些错误存在。但是,若问题极度线性不可分和分类错误发生的概率太高,软间隔方法就不合适了。核技巧则是通过核函数把数据隐式地映射到高维特征空间,把线性不可分变成可分。当然,因为实际问题往往很复杂,核技巧并不能每次都保证问题能够线性可分。所以,在实践当中,我们常常把这两种方法结合在一起使用,把它们各自的优势都发挥出来,使得线性不可分问题能够被更有效地解决。该软间隔 SVC 的受限最优化问题的对偶形式如下:

$$\begin{cases} \max_{\alpha} W(\alpha) = \sum_{i=1}^n \alpha_i - \frac{1}{2}\sum_{i=1}^n \sum_{j=1}^n \alpha_i \alpha_j y_i y_j K(x_i,x_j) \\ \sum_{i=1}^n \alpha_i y_i = 0, \quad 0 \leqslant \alpha_i \leqslant C, \quad (i=1,\cdots,n) \end{cases} \qquad (4.3.32)$$

采用拉格朗日乘子法,我们可以得到最优分类器:

$$f(x) = \sum_{i=1}^n \alpha_i^* y_i K(x_i,x) + b^* \qquad (4.3.33)$$

其中,$b^* = 1 - \sum_{i=1}^n \alpha_i^* y_i K(x_i,x_s)$,对正的支持向量有 $y_s = +1$。

4.3.4 理论基础

在前面的几节中,我们首先对线性可分核线性不可分情形下的 SVC 算法进行了描述,进一步,我们又引入了核技巧来提高分类器的表示能力,使得学习算法,既能够保持高维特征空间中的线性性质又避免了维数灾难。本节我们将对 SVC 的理论基础进行讨论,首先基于 VC 理论介绍一个通用的线性分类器错误界,它能够从宏观上,指导我们怎样去控制分类器的复杂度。接下来我们推导一个 SVC 具体的泛化界,它能够解释为什么 SVC 的最大间隔性质可以确保分类器具有良好的泛化能力。

VC 理论使得统计学习中的概率近似正确(PAC),学习模型得到了推广并直接导致了 SVM 的出现,该理论提出的泛化界可用作估计泛化错误,关键在于它定义了一种新的复杂性度量——VC 维。

假定训练数据和测试数据都由一个确定但未知的概率分布 D 生成,那我们可以把 D 上一个分类函数 h 的错误 $\mathrm{err}_D(h)$ 定义为

$$\mathrm{err}_D(h) = D\{(x,y):h(x) \neq y\} \qquad (4.3.34)$$

它度量的是期望错误。

PAC 模型确定了泛化错误随机变量的分布的界 $\mathrm{err}_D(h_s)$,界的形式为 $\varepsilon = \varepsilon(n,H,\delta)$,即假设 h_s 在训练数据 S 上的错误率满足:

$$D^n\{S:\mathrm{err}_D(h_s)>\varepsilon(n,H,\delta)\}<\delta \tag{4.3.35}$$

如果有$\{H\}$个假设在S上有大量错误,那么PAC界为

$$\varepsilon=\varepsilon(n,H,\delta)=\frac{1}{n}\ln\frac{|H|}{\delta} \tag{4.3.36}$$

Vapnik and Chervonenkis 定理:假设空间H的VC维是d,对于$X\times\{-1,1\}$上的随机概率分布D,在训练集S上随机假设$h\in H$的泛化错误以概率$1-\delta$满足:

$$\mathrm{err}_D(h)\leqslant\varepsilon(n,H,\delta)=\frac{2}{n}(\log\frac{2}{\delta}+d\log\frac{2en}{d}) \tag{4.3.37}$$

其中,$d\leqslant n,n>2/\varepsilon$。

式(4.3.37)的第一项是训练错误,第二项与d成比例。因此,该定理表明,在假设h将经验错误控制在较小范围的前提下,如果能最小化d就能够最小化预测错误。

Vapnik and Chervonenkis 定理把一个通用的界提供给了线性分类器,从而得出如何控制分类器复杂度的宏观指导,然后,我们把这个界在SVC上进行运用和改进,最终推出SVC的泛化错误的界。

我们首先给出间隔的正式定义。

用实值函数类F对输入空间X进行分类(以0为分界),实例到函数或超平面的间隔为

$$\gamma_i=y_if(x_i) \tag{4.3.38}$$

$\gamma_i>0$表示实例(x_i,y_i)已被正确地分类。训练集S关于f的间隔分布指的是S中的实例关于f的间隔分布,把它的极小值记作$m_s(f)$。

尽管VC维中的d存在理论意义,但很多时候d是无限的,这导致许多实际问题无法使用该泛化界。所以,我们在SVC中引入一种和间隔有关的相似性度量,来取代传统的VC维。

设F是在X上的实值函数类。对输入数据序列:$S=\{x_1,x_2,\cdots,x_n\}$

F的γ-覆盖为一个有限函数集B,对于所有的$f\in F$,存在一个$g\in B$,满足$\max_{1\leqslant i\leqslant n}(|f(x_i)-g(x_i)|)<\gamma$。令$N(F,S,\gamma)$为覆盖的最小尺寸,$F$覆盖的数据的数量定义为

$$N(F,n,\gamma)=\max_{S\in X^n}N(F,S,\gamma) \tag{4.3.39}$$

当假设f在训练集S上满足$m_s(f)=\gamma$时,可以使用$N(F,S,\gamma)$来重写定理。

带间隔的VC定理:考虑一个有界实值函数空间F和固定的$\gamma\in\mathbf{R}^+$。对于在$X\times\{-1,1\}$上任意的概率分布D,训练集S上边界为$m_s(f)\geqslant\gamma$的假设$f\in F$的泛化错误以$1-\delta$的概率满足:

$$\mathrm{err}_D(f)\leqslant\varepsilon(n,F,\delta,\gamma)=\frac{2}{n}\left(\log\frac{2}{\delta}+\log N\left(F,2n,\frac{\gamma}{2}\right)\right) \tag{4.3.40}$$

其中,$n>\dfrac{2}{\varepsilon}$。

该定理展示了怎样利用$m_s(f)$来限定通过训练数据获得的泛化错误,$N\left(F,2n,\dfrac{\gamma}{2}\right)$可被看作另一种形式的VC维,$\gamma$越大$N\left(F,2n,\dfrac{\gamma}{2}\right)$越小。我们能够得出一个结论:对于小规模样本来说,大间隔能够确保分类器有好的泛化能力。

虽然带间隔 VC 定理已经将 Vapnik and Chervonenkis 定理进行了推广,但在实际应用中确定 $N\left(F, 2n, \frac{\gamma}{2}\right)$ 的具体值仍然很难。因此,我们将进一步为特定 SVC 算法推导出一个更具体的错误界。

SVC 的泛化界定理:假设输入空间 X 是内积空间 H 中的一个半径为 R 的超球,即 $X = \{x \in H: \|x\|_H \leqslant R\}$。

考虑函数类 ψ:

$$\psi = \{x \mapsto W^T X: \|w\|_H \leqslant 1, x \in X\}$$

$\gamma \in \mathbf{R}^+$ 是固定的。对于 $X \times \{-1, 1\}$ 上的概率分布 D,训练集 S 上的间隔 $m_s(f) \geqslant \gamma$ 的假设 $f \in \psi$ 的泛化错误以 $1-\delta$ 的概率满足:

$$
\begin{aligned}
\mathrm{err}_D(f) &\leqslant \varepsilon(n, \psi, \delta, \gamma) \\
&= \frac{2}{n}\left(\log \frac{4}{\delta} + (64R^2/\gamma^2)\left(\log \frac{en\gamma}{4R}\right)\left(\log \frac{128nR^2}{\gamma^2}\right)\right)
\end{aligned}
\tag{4.3.41}
$$

其中,$n > \frac{2}{\varepsilon}$,$64R^2/\gamma^2 < n$。

值得注意的是,输入空间的维数没有出现在这个界里。因此,在任意维数的空间中这个界都可以使用,这意味着这个界能够克服维数灾难。此外,当样本分布良好时,这个界能够在很大程度上减少随机测试样本的预测错误。在此种情况下,间隔 γ 可以被看作是样本分布质量的一个度量,因此能够进一步地度量 SVC 算法的泛化性能。

4.3.5 支持向量回归器

到目前为止,我们所关注的是分类任务的 SVC 方法。本节当中,我们将考虑使用 SVM 来解决非线性回归问题 SVR。和分类算法类似,实际应用当中,经常将线性学习方法与核技巧结合起来,利用最大间隔方法的优势以及使用非线性函数,确保相关算法在高维情况下仍然是有效的。

对于回归问题,若数据存在离群点或基础分布有长尾型的噪声,传统的最小二乘法估计的性能的下降会很明显。因此,我们需要一个健壮的估计量,对模型的微小变化不敏感,这就是 ε—不敏感损失函数。

ε—不敏感损失函数:令 f 是 X 上的实值函数,ε—不敏感损失函数 $L^\varepsilon(x, y, f)$ 定义如下:

$$L^\varepsilon(x, y, f) = |y - f(x)|_\varepsilon = \max(0, |y - f(x)| - \varepsilon) \tag{4.3.42}$$

若输出 $f(x)$ 的估计与期望响应 y 的差值的绝对值小于 ε 或等于 0,那么 $L^\varepsilon(x, y, f) = 0$,否则等于 $f(x)$ 的估计与期望响应 y 的差值减去 ε 再取绝对值。

现在考虑一个非线性回归模型:

$$y = g(x) + v \tag{4.3.43}$$

加性噪声 v 与输入向量 x 是统计独立的,函数 $g(\cdot)$ 和噪声 v 的统计量是未知的,知道的是训练数据集

$$S = \{(x_1, y_1), \cdots, (x_n, y_n)\}$$

和一个函数类

$$F=\{f(x)=w^{\mathrm{T}}x+b,w\in\mathbf{R}^m,b\in\mathbf{R}\}$$

此处的目标是确定适当的参数值 w 和 b，从而使 $f(x)$ 逼近未知目标函数 $g(x)$。原问题可以表示为

$$\begin{cases}\min\limits_{w,b}\dfrac{1}{2}\parallel w\parallel^2+C\sum\limits_{i=1}^n(\xi_i+\hat{\xi_i})\\(w^{\mathrm{T}}x_i+b)-y_i\leqslant\varepsilon+\xi_i,&(i=1,\cdots,n)\\y_i-(w^{\mathrm{T}}x_i+b)\leqslant\varepsilon+\hat{\xi_i},&(i=1,\cdots,n)\\\xi_i,\hat{\xi}\geqslant0&(i=1,\cdots,n)\end{cases}\tag{4.3.44}$$

使用拉格朗日乘子法，得到对偶问题是：

$$\begin{cases}\max\limits_{\alpha,\hat{\alpha}}W(\alpha,\hat{\alpha})=\sum\limits_{i=1}^n y_i(\hat{\alpha}_i-\alpha_i)-\varepsilon\sum\limits_{i=1}^n(\hat{\alpha}_i+\alpha_i)-\dfrac{1}{2}\sum\limits_{i=1}^n\sum\limits_{j=1}^n(\hat{\alpha}_i-\alpha_i)(\hat{\alpha}_j-\alpha_j)x_i^{\mathrm{T}}x_j\\\sum\limits_{i=1}^n(\hat{\alpha}_i-\alpha_i)=0,\quad0\leqslant\alpha_i,\quad\hat{\alpha}_i\leqslant C,\quad(i=1,\cdots,n)\end{cases}$$

$$\tag{4.3.45}$$

我们还可以在式(4.3.45)中引入内积核，进而把回归算法扩展到特征空间中。在核空间（即特征空间）中的线性学习器能够获得具有非线性能力的函数。

SVR 比 SVC 多一个自由参数 ε。设置偏移量 $b=0$，自由参数 ε 和 C 就控制了以下逼近函数的 VC 维：

$$f(x)=w^{\mathrm{T}}x=\sum_{i=1}^n(\hat{\alpha}_i-\alpha_i)K(x_i,x)\tag{4.3.46}$$

应由用户指定 ε 和 C，用于直接对回归复杂度进行控制，但怎样通过选择 ε 和 C 来获得一个较好的近似函数，依旧是一个开放的问题。

4.3.6　软件实现

LibSVM 和 SVMlight 是 SVM 算法的两个最著名的实现。

LibSVM 不但提供了 Windows 系统下的可执行程序，而且还提供了 C++ 和 Java 的源代码以便扩充、改进或移植到其他系统平台。尤其对比于其他 SVM 算法，LibSVM 的可调参数相对较少，而且为可以高效处理实际应用提供了大量默认参数。

SVMlight 是使用 C 语言实现的。它采取了一种有效集合选择技术，该技术主要是基于最陡可行下降法与另两个有效的计算策略：内核求值的"缩减"与"缓存"。SVMlight 主要包括两个 C 程序：SVM learn——基于训练样本学习分类器；SVM classify——用于分类测试样本。该软件也提供了两种估计泛化性能的评估方法：XiAlpha-估计，基本上不存在计算费用，不过有偏差；Leave-one-out 测试，几乎没有偏差。

除以上两个实现外，还有大量的完整机器学习工具箱包含了 SVM 算法实现，如 Torch (C++)，Spider(MATLAB) 和 Weka(Java) 等。

4.3.7　相关研究

在过去的十多年里，SVM 在理论与实践上都取得了快速的进步，但未来仍有大量工作要做。本节主要介绍几个已取得重大进展的研究方向，以及这些方向上的开放问题。

1. 计算效率

早期 SVM 的一个缺点是训练阶段的计算复杂性太高，以至于算法难以适用于大规模数据集，但现在这个问题已经成功地解决了。

一种方法是把大的优化问题分解成一系列小的问题，而每个小问题仅涉及少数几个精心挑选的变量，每个小问题能够被优化算法高效处理，再通过一个迭代过程逐一解决分解得到的子优化问题。

另一种方法是把 SVM 的学习问题，看作是寻找某个实例集合的近似最小外接球。这些实例映射到 N 维空间后形成一个核心集，在此基础上，可以构建一个近似的最小外接球。通过这些核心集上的 SVM 学习问题的解，能够很快生成原数据上好的近似解。例如，核心向量机与大球向量机仅用几秒钟，就可以从数百万的数据中训练 SVM。

2. 核的选择

对于核 SVM，核函数通常要求满足 Mercer 条件。常用的核函数有三种：sigmoid 核、多项式核与径向基函数核。但实际上，核技巧并不局限于这些核。最近，Pekalska 等提出了一种基于一般近似关系映射的核函数设计新方法，从而不再要求核函数必须满足 Mercer 条件，也不限定核函数只允许有一个特征空间。在实验中，这种核表现出比 Mercer 核更好的分类性能，但是与之相关的基础理论仍需进一步研究。

此外，另一种流行的方法是多核学习（对比单一核）。其思想是组合多个核函数，以此获得更好的结果（这类似于集成核）。通过设置合适的目标函数以及选择合适的核参数，就可以实现多个核的混合。

3. 泛化分析

我们通常用 VC 维来估计核机器的泛化错误界，但它包含一个与训练数据无关的固定复杂度惩罚项，推广使用起来不方便。为解决这个问题，人们引入了 Rademacher 复杂度代替经典的 VC 维来对分类器的复杂性进行评估。其思想较为直观，也就是该分类器的复杂度，我们可以用分类器拟合随机数据的能力来度量。

Rademacher 复杂度：对于分布 D 在集合 X 上生成的样本 $S = \{x_1, \cdots, x_n\}$ 和定义域是 X 的一个实函数类 F，定义 F 的经验 Rademacher 复杂度为一个随机变量：

$$\hat{R}_n(F) = E_\sigma \left[\sup_{f \in F} \left| \frac{2}{n} \sum_{i=1}^{n} \sigma_i f(x_i) \right| \, \Big| \, x_1, \cdots, x_n \right] \tag{4.3.47}$$

$\sigma = \{\sigma_1, \cdots, \sigma_n\}$ 是独立的取单位值 $\{\pm 1\}$ 的（Rademacher）随机变量。定义 F 的 Rademacher 复杂度为

$$R_n(F) = E_s[\hat{R}_n(F)] = E_{s\sigma} \left[\sup_{f \in F} \left| \frac{2}{n} \sum_{i=1}^{n} \sigma_i f(x_i) \right| \right] \tag{4.3.48}$$

该期望公式中 sup 那部分用来度量的是函数类中的函数和随机标签之间的最好相关性。进而，该机器上可以得到 Rademacher 复杂度的上界。

复杂度分析定理：如果 $k: X \times X \to R$ 是一个核，$S = \{x_1, \cdots, x_n\}$ 是一个对 X 中点的采样，分类器 F_B 的经验 Rademacher 复杂度满足：

$$\hat{R}_n(F_B) \leqslant \frac{2B}{n} \sqrt{\sum_{i=1}^{n} k(x_i, x_i)} = \frac{2B}{n} \sqrt{\text{tr}(K)} \tag{4.3.49}$$

其中，B 是分类器中权重 w 的向量的界。

值得注意的是,Rademacher 复杂度的界只和核矩阵的迹有关,而核矩阵的确定要根据具体的训练数据。因此 Rademacher 复杂度比传统的 VC 维更适用于控制分类器的复杂度与估计分类器的泛化性能。

4. 结构化支持向量机学习

SVM 算法最开始的动机为最大化类间的间隔,因此,SVM(SVC)一般关注的是不同类样本的可分性,而不关心类内先验的数据分布信息。著名的"天下没有免费的午餐"原理表明,一个本质上优于其他方法的模式分类方法是不存在的,甚至可以说不借助额外的信息就不能超过随机猜测。因此,此类问题中分类器的形式都是由先验信息或大量训练样本来决定。实际上,不同实际问题中不同类别的数据有着不同的底层数据结构。对于分类问题,尤其是分类器的泛化能力,调整判别边界来适应这种结构通常是至关重要的。然而,传统的 SVM 没有对结构信息做特别的处理,导出的无偏决策超平面位于支持向量的中线,这种分类器对于现实问题可能不是最优的。

最近,出现了比传统 SVM 更关注结构信息的算法,它们提供一种分类器设计的新视角,即分类器的设计会充分考虑数据分布的结构。这些算法可被分为两类。

第一类方法基于流形学习,它假设数据位于输入空间的一个子流形上。这方面最典型的算法是拉普拉斯支持向量机(LapSVM)。首先,用每个类的拉普拉斯图构建一个 LapSVM;然后,把拉普拉斯矩阵数据蕴含的流形结构,以一个附加项的形式引入到传统的 SVM 框架中。

第二类方法基于聚类算法,一般可以假设数据包括若干个聚类这样的先验信息。与流形假设相比,聚类假设更具普遍性,也产生了若干种大间隔机器。最近出现的结构化大间隔机(SLMM),首先利用聚类算法,捕捉不同类别中的结构信息,然后再确定决策超平面时把传统的欧氏距离替换成马氏距离,以此把结构信息引入到约束条件中。最大概率机(MPM)与最大最小间隔机(M4)等大间隔机器都能够被看作 SLMM 的特例。实验表明 SLMM 拥有很好的分裂性能,但它的训练过程与一个二次锥规划(SOCP)问题对应,它的计算成本比传统 SVM 的二次规划(QP)要高很多。此外,该算法不易被推广到大规模或者多类问题中。再后来,又发展出一种称为结构化支持向量机(SSVM)的新算法,该算法利用传统 SVM 的经典框架。这样,训练过程对应的优化问题依旧是二次规划,所以也保持了解的稀疏性与可伸缩性。研究还表明,无论在理论或在实践方面,SSVM 的泛化性能都比 SVM 和 SLMM 更好。

4.3.8 小结

(1)支持向量机是种监督式学习的方法,它在统计分类以及回归分析中得到了广泛的应用。

(2)向量被支持向量机映射到一个更高维的空间里,在这个空间里建有一个最大间隔超平面。

(3)在分开数据的超平面的两边,建有两个互相平行的超平面,分隔超平面来最大化两个平行超平面的距离。

(4)平行超平面间的距离或差距越大,分类器的总误差越小。

4.4 Apriori

许多模式寻找算法,如决策树、分类规则归纳和数据聚类等,被广泛应用于数据挖掘的领域,它们其实是由机器学习社区发展起来的。与这一主流比较,频繁模式和关联规则挖掘的例外很少,它们直接推动了数据挖掘研究并对这个领域产生了巨大影响。其基本算法简单,实现起来也很容易。本节将介绍频繁模式与关联规则挖掘中最基本的算法:Apriori 与AprioriTid,以及 Apriori 在序列模式挖掘中的拓展 AprioriAll,并用原始文献中的例子来进行阐释。Apriori 这种非常基本的算法,处理的数据形式主要局限于市场交易。因此,在提高计算效率、寻找更紧致表示与扩展处理数据的类型等方面,人们做了大量的研究工作,我们将在相关研究这一节中,选择性介绍部分有代表性的重要工作。

4.4.1 算法描述

1. 挖掘频繁模式和关联规则

当前最流行的算法之一,是从一个事务数据集中寻找频繁项集并推出关联规则。该问题的描述如下,令 $I=\{i_1,i_2,\cdots,i_m\}$ 表示一个项集,D 表示事务集,其中的每一个事务 t 是一个项集,即 $t\subseteq I$。每个事务都存在一个唯一标识 TID。如果 $X\subseteq t$,就称事务 t 包括 I 的一个子集 X。关联规则为一种蕴含形式 $X\Rightarrow Y$,其中 $X\subset I$,$Y\subset I$ 且 $X\cap Y=\varnothing$。在事务集 D 中,规则 $X\Rightarrow Y$ 的支持度 $s(0\leqslant s\leqslant 1)$ 指的是包含 $X\cup Y$ 的事务占全体事务的百分比;规则 $X\Rightarrow Y$ 的置信度 $c(0\leqslant c\leqslant 1)$ 指的是在包含项集 X 的事务中,同时包含项集 Y 的事务所占百分比。对于一个给定的事务集 D,关联规则挖掘任务是产生所有不小于用户给定的最小支持度(minsup)与最小置信度(minconf)的关联规则。

寻找频繁项集(支持度不小于 minsup 的项集)并不是一件轻松的事,因为计算过程涉及的组合爆炸会造成无法接受的计算复杂度。只要得到了频繁项集,就容易生成置信度不小于 minconf 的关联规则。由 R. Agrawal 和 R. Srikant 提出的 Apriori 和 AprioriTid 算法,特别适合大型交易数据集的挖掘算法。

2. Apriori

Apriori 算法的作用是找出所有支持度不小于 minsup 的项集。项集的支持度指的是包括该项集的事务所占所有事务的比例。频繁项集指的是满足给定条件的最小支持度的项集。Apriori 的关键在于,它运用了一种分层的完备搜索算法(深度优先搜索),该搜索算法运用了项集的反向单调性,即如果一个项集是非频繁的,则它所有的超集也是非频繁的,我们也称这个性质为向下闭合性。该算法会对数据集进行多次遍历:首次遍历,对全部单项的支持度进行计数并确定频繁项;在之后的每次遍历中,利用上一次遍历所得频繁项集作为种子项集,生成新的潜在频繁项集——候选项集,并对候选项集的支持度进行计数,在此次遍历结束时统计出满足最小支持度的候选项集,此次遍历对应的频繁项集就基本确定了,这样频繁项集又被当作下一次遍历的种子;重复此遍历过程,直到无法发现新的频繁项集为止。

依例,Apriori 假设已经预先按词典对事务或项集里的各项进行排列。称项集里项的数量为项集的大小,称大小为 k 的项集为 k-项集。用 F_k 表示大小为 k 的频繁项集的集合,用 C_k 表示对应候选项集的集合,F_k 和 C_k 都包括一个计数支持度的字段。

算法 4.4 给出了 Apriori 的算法描述。首次遍历只统计每个单项的出现次数并确定频繁 1-项集。之后的遍历有两个阶段:第一阶段调用 apriori-gen 函数,从 $k-1$ 次遍历产生的

频繁项集 F_{k-1} 中获得 C_k；第二阶段扫描事务集，用函数 subset 计算 C_k 中每个候选项集的支持度。

函数 apriori-gen 把频繁 $(k-1)$ 项集的集合 F_{k-1} 当作参数，将包含所有频繁 k-项集的集合的超集返回。

首先是链接步骤，需要两个 F_{k-1}：

Insert into C_k

Select p. fitemset$_1$, p. fitemset$_2$, $\cdots$, p. fitemset$_{k-1}$, q. fitemset$_{k-1}$

from F_{k-1} **p**, F_{k-1} **q**

where Select p. fitemset$_1$ ＝ q. fitemset$_1$, $\cdots$, p. fitemset$_{k-2}$ ＝ q. fitemset$_{k-2}$

p. fitemset$_{k-1}$ ＜ q. fitemset$_{k-1}$

F_k p 指项集 p 是一个频繁 k-项集，p. fitemset$_k$ 指频繁项集 p 的第 k 个项。

然后是约减步骤，考察每个项集 $c \in C_k$，若 c 有一个 $(k-1)$-子项集，且该子项集在 F_{k-1} 里未曾出现，就把项集 c 删除。

函数 subset 把 C_k 合事务 t 当作参数，将事务 t 中包含的全部候选项集返回。为加快计数速度，Apriori 把 C_k 中的候选项集存储在哈希树的叶节点中。当叶节点中的项集数量超出预定的阈值后，叶子节点就被转换为一个内部节点。深度为 d 的内部节点指向深度为 $d+1$ 的若干内部节点，通过在深度为 d 的项集上用哈希函数，计算出该选哪条分支。所以，每个叶节点包含的项集数不超过某个最大值（确切地说，该最大值仅在创建一个深度为 $d<k$ 的内部节点时才达到），为找到叶节点中的项集，需从根开始，对项集里的每个项逐一哈希。一旦构建了哈希树，函数 subset 就能够从根节点开始，寻找事务 t 中包括的所有的候选项集。在根节点，对 t 中所有的项都进行哈希，每次哈希都与深度为 1 的一个分支对应。若已到达叶节点，搜索事务 t 在叶节点中的项集就得到了答案集；若哈希项 i 达到一个内部节点，就继续循环哈希事务 t 中项 i 之后的项直到达到叶节点。所以那些无法达到叶节点的项集就不在 t 中。

显然，任意一个频繁项集的子集也都满足最小支持度。链接操作相当于用数据集里的每个项对 F_{k-1} 进行扩充，条件 p. fitemset$_{k-1}$ ＜ q. fitemset$_{k-1}$ 的目的是防止项集里出现重复的项。约减操作就是从 C_k 中，删除不包含在 F_{k-1} 中的含有 $(k-1)$-子项集的项集，所有应在 F_k 中的项集则不会被删除。所以，$C_k \supseteq F_k$，即 Apriori 是对的。

算法 4.4.1　Apriori 算法

```
F1 = {frequent 1-itemsets};
for(k = 2; Fₖ₋₁ ≠ ∅; k + +)do begin
  Cₖ = apriori-gen(Fₖ - 1);
  foreach   transaction t ∈ D do begin
    Cₜ = subset(Cₖ, t);
    foreach  candidate c ∈ Cₜ do
      c. count + + ;
    end
  Fₖ = {c ∈ Cₖ|c. count ≥ minsup};
end
Anser = ⋃ₖFₖ;
```

剩余的任务为根据频繁项生成关联规则。这项任务的直接算法如下:枚举每个频繁项集 f 的全部非空子集 a,若 support(f)除以 support(a)不小于 miconf,即生成一条规则 $a \rightarrow (f-a)$。任意规则的置信度不可能大于规则 $a \rightarrow (f-a)$ 的置信度,这也就意味着若规则 $(f-a) \rightarrow a$ 成立,则所有形成的规则都将成立。运用这个对偶性质,算法 4.4.2 给出了关联规则的生成算法。

算法 4.4.2　关联规则生成算法

H1$=\varnothing$　　　　　　　　　　　　//初始化

　　foreach;frequent k-itemset f_k,$k \geqslant 2$ **do begin**

　　A$=(k\text{-}1)$-itemsets a_{k-1} such that $a_{k-1} f_k$;

　　foreach $a_{k-1} \in$ A **do begin**

　　　conf$=$support(f_k)/support(a_{k-1});

　　　if(conf$\geqslant$minconf)**then begin**

　　　　output the rule $a_{k-1} \rightarrow (f_k - a_{k-1})$

　　　　　with confident$=$conf and support$=$support(f_k);

　　　　add($f_k - a_{k-1}$)to H_1;

　　　　　　end

　　end

　　call ap-genrules(f_k,H_1);

　　end

　　procedure ap-genrules(f_k:frequent k-itemset,H_m:set of m-item consequents)

　　if($k > m+1$)**then begin**

　　$H_{m+1}=$apriori-gen(H_m);

　　foreach $h_{m+1} \in H_{m+1}$ **do begin**

　　　conf$=$support(f_k)/support($f_k - h_{m+1}$);

　　　if(conf$\geqslant$minconf)**then**

　　　　output the rule $f_k - h_{m+1} \rightarrow h_{m+1}$

　　　　　with confidence$=$conf and support$=$support(f_k);

　　　else

　　　　delete h_{m+1} form H_{m+1};

　　end

　　call ap-genrules(f_k,H_{m+1});

　　end

Apriori 利用减少候选集的大小来得到良好的性能。然而,在频繁项集很多或最小支持度很低的状况下,算法必须生成数量庞大的候选项集,并需要反复扫描数据库以检查数量庞大的候选项集,付出的代价仍然很大。

3. AprioriTid

AprioriTid 为 Apriori 的一个变体,它不会努力去将候选项集的数量减少,而是在第一

次遍历后,计算支持度时不会使用数据集 D 而使用新的数据集 $\overline{C_k}$。$\overline{C_k}$ 中每个元素都有 $<\text{TID},\{\text{ID}\}>$ 的形式,其中的 TID 为事务的标识符,每个 ID 为事务 TID 中一个潜在频繁 k-项集(除了 $k=1$)的标示符。若 $k=1$,$\overline{C_k}$ 实际上就是数据集 D,不过把原来 D 中每一项 i 用项集 $\{i\}$ 的形式取代。$\overline{C_k}$ 的一个元素与一个事务 t 即 $<t.\text{TID},\{c\in C_k|c$ 在 t 中$\}>$ 对应。

直观上讲,当 k 值很大时,$\overline{C_k}$ 将变得比数据集 D 小,因为一些事务也许不包括任何候选 k-项集,这种情况下,$\overline{C_k}$ 就不包含该事务,或该事务尽管包含极少候选项集,但 $\overline{C_k}$ 的每个元素有可能小于该事务包含项的数量。算法 4.4.3 给出了 AprioriTid 算法,此处 $c[i]$ 代表 k-项集 c 中的第 i 项。

算法 4.4.3　AprioriTid 算法

$F_1 = \{\text{frequent 1-itemsets}\};$

$\overline{C_1} = \text{database } D;$

for$(k=2;F_{k-1} \neq \emptyset;k++)$**do begin**

$C_k = \text{apriori-gen}(F_{k-1});$　　　　//新的候选集

$\overline{C_k} = \emptyset;$

foreach entry $t \in \overline{C_{k-1}}$ **do begin**

　　//确定 C_k 中的候选集包含在标识符为 t,TID 的事务中

　　$C_t = \{c \in C_k | (c - c[k]) \in t.\text{set-of-itemsets} \wedge (c - c[k-1]) \in t.\text{set-of-item-}$

　　　　sets$\};$

　　foreach candidate $c \in C_t$ **do**

　　　　$c.\text{count}++;$

　　if$(C_t \neq \emptyset)$**then** $\overline{C_k} += <t.\text{TID},C_t>;$

end

$F_k = \{c \in C_k | c.\text{count} \geqslant \text{minsup}\};$

end

Answer $= \bigcup_k F_k$

每个 $\overline{C_k}$ 都在一个顺序结构中储存。C_k 中的每个候选 k-项集 c_k 除支持度外还有两个附加字段:生成器与扩展。生成器字段存储两个频繁$(k-1)$-项集的 IDs,这两个项集经链接可以生成 c_k,所有扩展 c_k 得到的$(k+1)$-候选项集的 IDs 都被扩展字段储存。当 f_{k-1}^1 和 f_{k-2}^1 链接生成一个候选项集 c_k,它们的 ID 会在 c_k 的生成器字段中保存,c_k 的 IDs 则添加到 f_{k-1}^1 的扩展字段中。$\overline{C_{k-1}}$ 中给定事务 t 的项集的集合 $\{\text{ID}\}$ 字段,给出了包含在 $t.\text{TID}$ 中的所有 $k-1$ 项集候选项集的 IDs。对于每个这种的候选集 c_{k-1},扩展字段给出 T_k,即所有由 c_{k-1} 扩展来的 k-候选项集的 IDs 集合。对于每个 T_k 中的 c_k,生成器字段会给出生成 c_k 的两个项集的 ID。若这些项集出现在项集的集合 $\{\text{ID}\}$ 中,c_k 就出现在事务 $t.\text{TID}$ 中,则 c_k 就被添加在 C_t 中。

虽然 AprioriTid 有几段 $\overline{C_k}$ 的额外开销,但它的优点是:当 k 比较大时存储 $\overline{C_k}$ 的空间较小。所以,在早期遍历(k 较小)时 Apriori 优势较大,在后期遍历(k 较大)时则 AprioriTid

效果更好。因为 Apriori 和 APrioriTid 使用的候选项集生成过程相同,所以可以对相同的项集进行计数,这样就能够把两种算法结合起来使用。AprioriHybrid 在最初的遍历中使用 Apriori,当它预计 C 适合存储在内存中时就使用 AprioriTid 算法。

4.4.2 挖掘序列模式

Agrawal 和 Srikant 对 Apriori 算法进行了扩展,使其拥有了处理序列模式挖掘问题的能力,Apriori 算法当中并没有序列的概念,目的为寻找哪些项出现在一起,实质为挖掘事务内部的模式。我们关注和寻找序列模式的时候,也就是在寻找事务之间的模式。

每个事务都是由序列标识、事务时间与项集构成,规定拥有同一标识的序列不能含有多个具有相同事务时间的事务。序列即为项集的有序列表,但仅仅是字符列表这么简单。序列长度指的是序列中项集的个数,把长度为 K 的序列记为 k 序列。为保证一般性,可把项集映射到连续整数集,那么一个项集 i 可记为 $(i_1 i_2 \cdots i_m)$,其中 i 标识一个项。进而,一个序列 s 可被记作 $<s_1 s_2 \cdots s_n>$。我们称一个序列 $<a_1 a_2 \cdots a_n>$ 包含于另一个序列 $<b_1 b_2 \cdots b_n>$ $(n \leqslant m)$,指的是存在 $i_1 < i_2 < \cdots < i_n$ 使得 $a_1 \subseteq b_{i1}, a \subseteq b_{i2}, \cdots, a \subseteq b_{in}$。所有拥有同一序列标识的事务按照事务时间排序成一个序列(事务序列),一个序列标识支持序列指的是 s 包含于该标识对应的事务序列中。我们定义一个序列的支持度为支持该序列的序列标识的数量与所有序列标识的数量之比。同样,我们定义一个项集 i 的支持度为,在任意事务中含有项集 i 的序列标识的数量与所有序列标识的数量之比,要注意,此定义与在 Apriori 给出的项集的定义不一样。项集 i 和 1-序列 $<i>$ 的支持度相同。

给定一个事务数据集 D,则序列模式挖掘任务就是:从全部满足用户指定的最小支持度的序列中找出那些最大序列,每个这样的最大序列代表一个序列模式。把满足最小支持度的序列变成频繁序列(不一定是最大),把满足最小支持度的项集变成频繁项集,简记为 fitmset。显然,所有频繁序列都是频繁项集的列表。

序列模式挖掘算法有五步:①排序;②频繁项集;③转换;④序列;⑤最大化。前三个阶段为预处理,最后一个阶段为后处理。

预处理工作:第一步为排序,以序列标识为主键以事务时间为次键,对数据集 D 中的事务进行排序。第二步为频繁项集,修改 Apriori 算法的支持度技术方法,再运行算法得到频繁项集,最后把频繁项集映射成连续整数集,这样做就能够在常数时间内,完成对两个频繁项集是否相等的运算的判断。注意到,这个阶段同时也将所有的频繁 1-序列找出来了。第三步为转换,每个事务都被替换成该事务包含的全部频繁项集。若一个事务中任何频繁项集都没有,那么变换后的序列中也不再包含该事务,进而如果一个事务序列中任何的频繁项集都没有,那么就从整个数据集中把这个序列删除,不过该序列仍将用在计数运算(即数据集的序列总数不变)。完成转换过程后,用频繁项集的集合列表替换原来的事务序列,而频繁项集的集合记为 $\{f_1, f_2, \cdots, f_n\}$,其中 f 表示一个频繁项集。这个转换的目的为提高给定的频繁序列包含于某一个事务序列中的效率。用 D 表示转换后的数据集。

核心的工作:序列阶段,要将所有的频繁序列都枚举出来。有两大类算法可以处理这个问题,全部计数(count-all)与部分计数(count-some),区别为计数频繁序列的方式不同。全部计数型的算法要将所有的频繁序列都统计出来,后来必须被抛弃的那些非最大序列也包括在内;而部分计数型算法考虑到最终目标是获得最大序列,因此对包含于更长序列中的序列不再进行计数。Agrawal 与 Srikant 发明了一种全部计数型算法 AprioriAll 和两种部分计数型算法 AprioriSome 和 DynamicSome。由于篇幅有限,本文只对 AprioriAll 算法做介绍。

后处理工作:最大化阶段,要把最大序列从所有频繁序列中提取出来。这里主要是利用哈希树(类似于 Apriori 算法中的 subset 函数),快速找到给定序列中的所有子序列。

1. AprioriAll

该算法的概要在算法 4.4.4 给出。每一轮都利用上一轮得到的频繁序列来生成候选序列,然后通过对数据集进行一轮遍历把这些序列的支持度计算出来。在最后一轮中,用候选序列的支持度来决定频繁序列。

算法 4.4.4　AprioriAll 算法

$F_1 = \{\text{frequent 1-sequences}\}$;　　　　　　　　 //频繁项集阶段的结果

for$(k=2; F_{k-1}=\varnothing; k++)$**do begin**

$C = \text{apriori-gen-2}(F_{k-1})$;　　　　　　　　　　 //新的候选序列

foreach transaction sequence $t \in D_T$ **do begin**

　　$C_t = \text{subseq}(C_k, t)$;　　　　　　　　　　　 //$t$ 包含的候选序列

　　foreach candidate $c \in C_t$ **do**

　　　　$c.\text{count}++$;

　　end

　　$F_k = \{c \in C_k \mid c.\text{count} \geqslant \text{minsup}\}$;

end

　　Answer = maximal sequences in $\bigcup_k F_k$;

算法 4.4.4 中的 Apriori-gen-2 函数以频繁$(k-1)$-序列 F_{k-1} 作为参数,首先,需要执行如下的链接操作:

insert into C_k

select $p.\text{fitemest}_1, p.\text{fitemest}_2, \cdots, p.\text{fitemest}_{k-1}, q.\text{fitemest}_{k-1}$

　　　form $F_{k-1}p, F_{k-1}q$

where $p.\text{fitemest}_1 = q.\text{fitemest}_1, \cdots, p.\text{fitemest}_{k-2} = q.\text{fitemest}_{k-2}$

然后考察每个序列 $c \in C_k$,若 c 含有不属于 F_{k-1} 的$(k-1)$-子序列,就把 c 从 C_k 里去掉。算法 4.4.4 中的 subseq 函数的功能与 Apriori 的 subset 函数类似。候选序列在哈希树中 C_k 存储,这样可以迅速找到事务序列中所有的候选序列。要注意的是,转换后的事务序列是个频繁项集的集合列表,要求同一集合中所有频繁项的事务时间相同,而同一序列标示对应的事务序列中,不允许出现具有相同事务时间的事务,这个约束已经隐含在 subseq 函数当中了。

2. 讨论

Apriori 算法与 AprioriTid 算法预先都需要指定 minsup 和 minconf,一旦这些值发生改变,算法就必须重新运行,而前面运行得到的所有结果都要抛弃掉。如果我们确实无法事先确定适当的阈值,也想在不运行算法的情况下,知道结果是如何随阈值变化而变化的,那

么最佳方法即为生成和计数那些至少在数据集中出现一次的项集,并用一个有效的方法将它们保存起来。需要注意,原始数据集里不存在的候选项集,Apriori 算法也会生成。

Apriori 算法与 AprioriTid 算法在存储候选项集的时候都用到了哈希树,还有另一种常用的数据结构 trie 结构。它的每个深度为 k 的节点与一个候选 k-项集对应,该节点储存了第 k 个项和项集的支持度。以 trie 中深度为 k-1 的节点为父节点的两个频繁 k-项集共享了前$(k-1)$-项集,只需将这两个兄弟节点链接起来就能生成候选项集,然后经过约减操作就能在频繁 k-项集下再加深一级。为找出事务 t 中的候选 k-项集,把事务中的每个项依次传递给树,从根开始经过若干分支直到第 k 项。很多 Apriori 算法的实现,不仅仅用 trie 结构存储候选项集,也利用它来存储事务。

更进一步,我们甚至能够做到,既不去生成候选项集,也无须枚举所有频繁项集。这些主题我们将在相关研究里讨论。

Apriori 几乎与绝大多数其他关联规则挖掘算法一样,都使用两阶段策略:第一阶段挖掘频繁模式,第二阶段生成关联规则,但这并不是唯一的做法。Webb 的 MagnumOpus 采用另一种策略,能够在挖掘频繁模式的同时,立即生成所有关联规则的一个大子集。

还有一些对 Apriori 算法族的直接扩展。例如,将概念体系和时间约束引入算法中。广义关联规则(Generalized association rules)生成算法将一个用户指定的概念体系引入了进来,这样即使是基本概念只能生成非频繁项集,也可以用高层概念来得到频繁项集。基本思想为把每个事务项的所有祖先都加到事务中,然后运行 Apriori 算法。再有,采取多种优化措施来提高计算效率,如包含项 x 及其祖先$\hat{x}$的项集 X 的支持度和项集 X-$\hat{x}$ 的支持度相同,这样就无须再算一遍了。广义序列模式(Generalized Sequential Patterns,GSP)挖掘算法不但运用了概念体系,还将时间约束引入进来。时间约束一方面对序列模式中相邻元素(即项集)间的最短和/或最长的时间段进行了限制,另一方面将"序列元素中所有项必须来自同一事务"的限制放宽了,允许同一序列标识下,多个事务中的项用于一个元素中,只要其事务时间在用户指定时间窗口内。该算法还可以发现所有的频繁序列模式(不限于最大序列模式)。与 AprioriAll 相比,GSP 算法运行速度要快 20 倍左右,其中一个原因是 GSP 比 Apriori 计数的候选集更少。

4.4.3　软件实现

Apriori 算法已被许多软件实现。本节将对三个知名的实现作介绍,它们都可以在网上下载。

首先介绍 Waikato 大学开发的著名开源机器学习与数据挖掘工具 Weka,这套工具中包含 Apriori 算法实现。通过 Weka 的通用图形用户界面,可将 Apriori 算法与 Weka 中许多其他算法结合在一起使用。该实现同样包括 Weka 自身的扩展。例如,minsup 从上界 U_{minsup} 到下界 L_{minsup} 以区间宽度 δ_{minsup} 迭代下降。除置信度外,还可以用 lift、leverage 和 conviction 等指标对关联规则进行评估。lift、leverage 将在相关研究中介绍。conviction 将用作度量关联规则的独立程度。在使用这些指标时,都必须将其最低值作为阈值。

接下来介绍 Christian Borglet 的实现,该实现依据 GNU Lesser(Library)General Public License 进行分发,以命令的形式交互,也有一些独立图形用户界面。它不仅严格遵循原始

Apriori 算法系列,还进行了一些拓展,使得该软件运行速度更快,也更省内存。该实现用前缀树(一种 Trie 树)存储事务和项集,来实现高效的支持度计数。前缀树和上节提到的 Trie 树没有太大差别,用户也可以简单地用列表代替前缀树来存储事务。此外,该实现不但寻找频繁项集和关联规则,还能够寻找闭合项集与最大项集。在后面会介绍闭合项集与最大项集。此外,除置信度外,该实现还可使用信息增益等指标来评估和选择关联规则。

最后要介绍的是 Frence Bodon 的实现,这是个用作研究的免费软件。该实现同样基于 Trie 树的数据结构且更为简单,并且只处理频繁项集与关联规则。这是一种命令行程序,有四个输入参数。前三个参数分别是:包含事务的输入文件、输出文件和 minsup 值。第四个参数 minconf 是可选的,该参数若为空,程序只把频繁项集输出,若设定该参数,则需执行关联规则的挖掘。这个实现用面向对象语言 C++编写,对于快速建立基于 Apriori 算法的应用程序来说很方便。

4.4.4　应用示例

20 世纪 90 年代,沃尔玛的超市管理人员在分析销售数据时,发现了一个令人费解的现象:啤酒与尿布两件风马牛不相及的商品经常在同一个购物篮中出现,管理人员注意到了这种独特的销售现象。后经调查发现此现象出现在年轻父亲身上,在美国有婴儿的家庭中,婴儿一般由母亲在家照看;年轻的父亲去超市购买尿布,父亲在购买尿布的同时,常会顺便购买啤酒,所以就产生了上述现象。

沃尔玛发现了这一独特现象,于是把啤酒和尿布摆放在相同区域,让年轻父亲能够同时找到这两种商品,从而更好地提高商品销售收入。

这就是典型的关联规则在现实中的应用,假如沃尔玛的管理人员知道 Apriori 算法,可能这个结论出现的时间还能提早几十年。

下面再举一个例子,表 4.4.1 为某商场的交易记录,包含 9 个事务。

表 4.4.1　商场交易记录

交易 ID	商品 ID 列表
T100	I1,I2,I5
T200	I2,I4
T300	I2,I3
T400	I1,I2,I4
T500	I1,I3
T600	I2,I3
T700	I1,I3
T800	I1,I2,I3,I5
T900	I1,I2,I3

设定支持度阈值为 2。

利用 Apriori 寻找所有频繁项集的过程如下:

(1)扫描所有记录,生成表 4.4.2 候选 1 项集。

表 4.4.2　候选 1 项集

候选 1 项集 C1	
项集	支持度计数
I1	6
I2	7
I3	6
I4	2
I5	2

（2）剔除支持度计数＜2 的项集，生成表 4.4.3 频繁 1 项集。

表 4.4.3　频繁 1 项集

频繁 1 项集 L1	
项集	支持度计数
I1	6
I2	7
I3	6
I4	2
I5	2

（3）扫描 L1，生成表 4.4.4 候选 2 项集。

表 4.4.4　候选 2 项集

候选 2 项集 C2	
项集	支持度计数
I1,I2	4
I1,I3	4
I1,I4	1
I1,I5	2
I2,I3	4
I2,I4	2
I2,I5	2
I3,I4	0
I3,I5	1
I4,I5	0

（4）剔除支持度计数＜2 的项集，生成表 4.4.5 频繁 2 项集。

表 4.4.5　频繁 2 项集

频繁 2 项集 L2	
项集	支持度计数
I1,I2	4
I1,I3	4
I1,I5	2
I2,I3	4
I2,I4	2
I2,I5	2

（5）扫描 L2 进行项与项的连接,生成表 4.4.6 候选 3 项集。

表 4.4.6　候选 3 项集

候选 3 项集 C3	
项集	支持度计数
I1,I2,I3	2
I1,I2,I5	2

（6）剔除支持度计数<2 的项集,生成表 4.4.7 频繁 3 项集。

表 4.4.7　频繁 3 项集

频繁 3 项集 L3	
项集	支持度计数
I1,I2,I3	2
I1,I2,I5	2

由于{I1,I2,I3,I5}的支持度计数为 1<2,所以没有频繁 4 项集。由此得到交易记录的频繁 1 项集、频繁 2 项集和频繁 3 项集。

4.4.5　相关研究

Agrawal 和 Srikant 提出第一个频繁模式和关联规则挖掘算法之后,涌现出了很多种改进、扩展和应用,涵盖面向大规模数据集的高效挖掘方法、多样数据类型的处理、新型挖掘任务的扩展,乃至各式各样的新应用。本节将对一些重要的高级主题作简单的探讨。Han 和 Goethals 撰写的频繁模式挖掘的综述及其引用的大量参考文献都很有价值。

1. 改进 Apriori 类型的频繁模式挖掘

在 Apriori 算法的框架下,很多技术都可以被引入来改进频繁项集挖掘算法的效率,主要包括哈希、分治、采样和垂直数据格式等技术。

哈希技术可用来缩减候选项集的数量。每个项集被一个合适的哈希函数散列到一个对应的桶中。由于一个桶可以包含不同的项集,假如一个项集的计数小于最小支持度,就从这个桶中把它移除掉。DHP 就是这个思想。

划分指的是把一个整体的挖掘问题转化成 n 个更小的问题。这里仅把数据集分成互不

重叠的 n 部分,每个部分都能在内存中存放,这样就可以对每个部分数据分别进行挖掘。任何可能的频繁项集必定至少在一个部分上表现为频繁项集,根据这个思路找到的频繁项集都是候选项集,检验工作仅需把整个数据集遍历一次。

采样指的是从整个数据集里随机选出数据子集,在该子集上进行挖掘。因为这种方法不能确保所有的频繁项集都被找到,所以实践中一般选取较低的支持度阈值。使用这种方法必须权衡精度和效率。

垂直数据格式指的是将 TID 与每个项集关联。Apriori 使用水平数据格式,即将频繁项集关联到每个事务上。若使用垂直数据格式,挖掘中就能对 TID 集合进行求交集的运算。项集的支持度计数即为 TID 集合的长度,采用垂直数据格式表示时,该长度能够直接得出而无须扫描整个数据集。这个技术要求,对于给定候选项集的集合,其 TID 必须能全部放入内存,但一般情况下,内存是放不下它们的。对此,可以利用深度优先搜索来把这一规模显著缩减,Eclat 使用的就是这种策略。在深度优先方法中,内存中至多需要存储具有相同的前 k-1 项(k-1 前缀)的那些 k-项集的 TID 列表,搜索深度是 $d(k \leq d)$。

2. 无候选的频繁模式挖掘

对 Apriori 算法的改进最出色当属 FP-growth(频繁模式增长)算法。该算法压根无须生成候选项集,而采用的是"分而治之"的策略:(1)压缩数据集并把频繁项放进 FP-tree(频繁模式树),所有必要的信息都被它保留;(2)把压缩数据集分成多个条件数据集,每个条件数据集关联到一频繁项集上,分开来对其进行挖掘。该算法只需对数据库进行两次扫描:首次扫描,得到全部频繁项集的支持度计数(即频率),并在每个事务中按照支持计数将频繁项进行降序排列;第二次扫描,把每个事务的项都并入 FP-tree,对在不同事务中出现的公共项(即节点)进行计数。每个节点与一个项及其计数相关联,称为 node-link 的指针把具有相同标签的节点链接在一起。由于项是以频率降序排列的,FP-tree 上接近根节点的那些节点可以被更多的事务共享,如此就把所有必要信息按照一种非常紧凑的方式表示了。模式增长算法在 FP-tree 上运行,按频率递增的顺序选定一个项并提出包含该项的频繁项集,具体说就是模式增长算法在条件 FP-tree(条件数据集)上递归调用自身,就是说 FP-tree 是项的条件。FP-growth 速度比 Apriori 算法快一个数量级。FP-growth 算法请参考算法 4.4.5。用 $F[\varnothing]$(FP-tree)可返回所有的频繁项集。可以很容易看出,Han 等人提出的分而治之策略相当于没有候选项集的深度优先搜索。称 D^i 为 i-projected 数据集,一般情况下,它比 FP-tree 表示的整个数据集小很多,能够放进内存(通常整个数据集无法放入内存)。模式增长这一思想也在闭合项集挖掘和顺序模式挖掘中有所体现。

算法 4.4.5　FP-Growth Algorithm：$F[I]$（FP-tree）

$F[I] = \varnothing$;
foreach i $\in$ I that is in D in frequency increasing order **do begin**
F[I]=F[I]∪{I∪{i}} ;
$D^i = \varnothing$;
$H = \varnothing$;
foreach j $\in$ I in D such that $j < I$ **do begin**
//(j is more frequent that i)

Select j for which support $(I\bigcup\{i,j\})\geqslant$minsup;

$H=H\bigcup\{j\}$;

end

foreach$(\mathrm{Tid},X)\in D$ with $i\in X$ **do**

$D^{i}=D^{i}\bigcup\{(\mathrm{Tid},\{X\backslash\{i\}\}\bigcap H)\}$;

Construct conditional FP-tree from D^{i};

Call $F[I]\bigcup\{i\}$(conditional FP-tree);

$F[I]=F[I]\bigcup F[I\bigcup\{i\}]$(conditional FP-tree);

end

---

3. 增量式方法

有些情况下数据集是不固定的,会不断地加进新事物来,此时一些原来频繁的项可能变得不再频繁了(失败者),而一些原来不频繁的项却变得频繁起来(成功者)。每当更新数据集发生时,Apriori 或其他频繁模式挖掘算法就需被重新运行,而这种做法效率很低。一种名为 FUP 的算法可以在 Apriori 算法的框架下实现对频繁项集的增量式更新。因为增量数据集 D 一般比原始的数据集 D 小很多,因此该算法的处理效率很高。

记 F_k,F'_k 分别为 D 和 $D\bigcup\Delta D$ 中的频繁 k-项集,C 为 $D\bigcup\Delta D$ 中的候选频繁项集。在第 K 次迭代中,apriori-gen 函数从 F'_{k-1} 生成 C。

首先,考察 F_k 中的项集:

(1) F_k 中的任何项集,若它含有大小为 $k-1$ 的失败者(在 F_k-1 中而不在 F'_{k-1} 中),就不必再检查 ΔD 即可从 F_k 中将该项集滤除。

(2) 除此之外 F_k 中的其他项集要在 ΔD 计数,从而识别出 $D\bigcup\Delta D$ 上的频繁项集(记为 A),并把它们从 C_k 中排除,因为我们已经知道它们是频繁的了。然后,再考察不在 F_k 中的项集:

(a) 把它们在 ΔD 上进行计数,从 C_k 中移除那些在 ΔD 上不频繁的项集,因为我们知道它们在 D 中是不频繁的。

(b) 把 C_k 中剩余项集在 $D\bigcup\Delta D$ 上进行计数,从而识别出那些频繁的项集(记为 B)。F'_k 即为 $A\bigcup B$。从上面能够看出,尽管对于每个 k 算法,FUP 都必须扫描更新数据集 $D\bigcup\Delta D$,但实际上 C 都很小,因此能保证高效。实验证明,在有 2%~5% 增量的更新数据集 $D\bigcup\Delta D$ 上重新运行 Apriori 算法,FUP 要比它快 2~16 倍。

4. 稠密表示:闭合模式和最大模式

称一个项集(模式)X 为一个最大项集,指的是存在另一个项集 X' 为 X 的真超集。称一个项集(模式)X 为一个闭合项集,指的是不存在另一个项集 X' 为 X 的真超集,而且每个包含 X 的事务一定包含 X'。若它们的支持度不少于最小支持度,则为频繁的。闭合项集具有性质 $I(T(X))=X$,此处 $T(X)=\{t\in D|X\subseteq t\}$;$I(S)=\bigcap t\in s;S\subseteq D$。对于任意两个项集 X 和 Y,若 $X\subset Y$ 且它们支持度相同,那么 X 一定不为闭合项集。闭合项集是无损的,而最大项集不一定,所以,只要找到了闭合项集,就可以将所有频繁项集导出。称一个规则 $X\Rightarrow Y$ 是闭合项集上的一个关联规则,指的是:(1) X 和 $X\bigcup Y$ 都为频繁闭合项集;(2) 不存在一个频繁闭合项集 Z,能够使 $X\subset Z\subset(X\bigcup Y)$ 成立;(3) 该规则的置信度不低于 minconf。

只要找到了频繁闭合项集,就能够生成关联规则的完整集合。

CLOSTE 算法对数据集进行划分,并将原始挖掘问题分解为子问题的集合。每一个子问题有一个条件数据集与之对应,这是一个人们已知的高效的方法。首先,导出全部频繁项,并根据支持度降序排成 $f\_list=<i_1,i_2,\cdots,i_n>$。第 $j(1\leq j\leq n)$ 个子问题,是要找到包含 i_{n+1-j} 但不包括 $i_k(n+1-j<k\leq n)$ 的所有频繁闭合项集。条件数据集 i_{n+1-j} 为包含项 i_{n+1-j} 的事务子集,且将 f_list 中的非频繁项、项 i_{n+1-j} 及其后的项全部舍弃。然后,生成对应的 FP-tree 并用于搜索。若有必要,可以把每个子问题都递归分解。利用一些性质,可以把频繁闭合项集从条件数据集里辨识出来:若 X 为一个频繁闭合项集,则不会有(X 之外的)项在 X-条件数据集的每个事物中出现;若项集 Y 为出现在 X-条件数据集里的每个事物中的最大项集,并且 $X\cup Y$ 也未被一些已知的具有相同支持度的频繁闭合项集包含,那么 $X\cup Y$ 就为频繁闭合项集。例如,FP-growth 算法,还可优化其他的一些方面。

另一个算法 LCM 是目前已知最有效的闭合模式(项集)发现算法。该算法利用闭包运算将频繁闭合项集导出,而且无须生成非闭合项集。把项集 X 的闭包记作 $CLo(X)$,表示包含 X 的唯一最小闭集,即为 $I(T(X))$。为不失一般性,我们用连续的自然数来索引事务数据集里的所有项。这样,称 $X(i)=X\{1,\cdots,i\}$ 为 X 的 i-前缀,也就是索引不大于 i 的那些元素所构成的子集。将闭合项集 X 的核心索引记作 $Core\_i(X)$,也就是满足 $T(X(i))=T(X)$ 的最小索引。LCM 算法能从频繁闭合项集 X 生成频繁闭合项集 Y,当中 $Y=Core\_i(X\{i\})$;$X(i-1)=Y(i-1)$,i 满足 X 和 $i>Core\_i(X)$ 的项。Y 被称为 X 的保留前缀的闭包扩张(或简称 ppc-扩张)。LCM 算法按照深度优先的方式,从空项集开始递归执行这种闭包运算来生成更大的项集。LCM 算法的闭合项集枚举算法是完整且非冗余的,这是因为:若 Y 为非空闭合项集,则仅有一个闭合项集 X,使得 Y 是 X 的 ppc-扩张。由于 LCM 算法是从 $T(X)$ 和 I 的一个子集来生成一个新的频繁闭合项集 Y 的,因此为 X 枚举出所有频繁闭合项集的时间复杂度为 $O(\|T(X)\|\times|I|)$,此处 $\|T(X)\|$ 为 $T(X)$ 中全部事务大小的总和。令 C 为 D 中所有频繁闭合项集的集合,那么,LCM 算法具有关于 $|C|$ 的线性时间复杂度,线性因子取决于 $\|T\|\times|I|$。实际上,LCM 用了三种技巧来改进计算时间与内存用量,:事件交付、数据集随时缩减和快速前缀保留测试。事件交付指的是只需对 $T(X)$ 扫描一次就能为所有 i 构建出 $T(X\cup\{i\})$,而不是为每个 i 都执行一遍扫描。数据集随时缩减指的是,在执行当前闭合项集的迭代处理前,从数据集里除去不必要的事务和项,以此降低计算时间和内存用量。快速前缀保留测试指的是,在执行 ppc-扩张时,只对满足 $j<i$,$j\notin X(i-1)$ 的那些项 j 进行检查,它们都包含在 $T(X\cup\{i\})$ 中的最小事务里而无须真地生成闭包,这样测试等式 $X(i-1)=Y(i-1)$ 所需访问的项的数量就显著减少了。若一个项 j 包含在 $T(X\cup\{i\})$ 的每一个事务中,那它就包括在 $CLo(X\cup\{i\})$ 中,则就有 $X(i-1)\neq Y(i-1)$。

5. 量化的关联规则

若项的取值是连续型的,那么经典的频繁项集挖掘算法就不再适用,必须先把这些连续值离散化并且确定适当的区间,这就是所谓的量化频繁项集(QFI)挖掘。项的取值既可以是类别型,也可以是数值型。例如,项集{<年龄:[30,39]>,<房主:是>,<结婚:是>},项的描述为<属性:取值(定义域)>。最早被提出的量化关联规则挖掘算法为 QFI 挖掘,但后来提出的基于密度的子空间聚类算法才被真正地广泛使用。QFI 能够被看作是数值属性空间中包含事务聚类的轴平型超矩形,SUBCLUE 和 QFIMiner 为这种类型的两个算法。

QFIMiner 能够在数值属性与分类属性构成的所有子空间中,把所有支持度不低于 minsup 的密集聚类都找到,该算法的时间复杂度为 $O(N \log N)$,N 代表事务的数量。每个频繁项集的每个项的最优取值区间,是由一个类似于 Apriori 的分层处理算法确定的。该算法的关键为用到了稠密聚类的反单调性。QFIMiner 比 SUBCLUE 更快且具有更好的可扩展性。

6. 其他的重要性/兴趣度度量方法

支持度-置信度框架的问题是未确定 minsup 与 minconf 合适取值的有效方法。若 minsup 设置得过高会丢失重要的规则;若设置得过低会产生太多规则。实际上,对于一些应用,也许一条具有非频繁项集的规则反而是很有意义的。另外,这一框架无法有效对关联性进行刻画。例如,某个规则 XY 能同时满足 minsup 约束与 minconf 约束,但其实 X 和 Y 之间并不相关,即 $support(X) \times support(Y) = support(X \bigcup Y)$。

所以,人们想到了度量规则的重要性或兴趣度,规则的选取按照度量的得分来进行,度量措施有提升(lift)、杠杆(leverage)、冗余(redundancy)、产出(productivity)以及一些著名的统计量(如卡方、相关系数和信息增益)等。这里依旧可以讲支持度和置信度(只需将 minsup 和 minconf 设为 0,就能够让它们不起作用)。

提升与杠杆分别表示规则支持度与 XY 独立情况下支持度之间的比值和差值。这两种度量方法都旨在发现 X 与 Y 之间具有很强关联性的规则。

$$\text{lift}(X {\Rightarrow} Y) = \frac{\text{confidence}(X {\Rightarrow} Y)}{\text{confidence}(\Phi {\Rightarrow} Y)} = \frac{\text{support}(X {\Rightarrow} Y)}{\text{support}(X) \times \text{support}(Y)}$$

$$\text{leverage}(X {\Rightarrow} Y) = \text{support}(X {\Rightarrow} Y) - \text{support}(X) \times \text{support}(Y)$$
$$= \text{support}(X) \times (\text{confidence}(X {\Rightarrow} Y) - \text{support}(Y))$$

冗余(redundancy)指的是,把满足 $\exists Z \in X$:$support(X {\Rightarrow} Y) = support(X - [Z] {\Rightarrow} Y)$ 的规则 $X {\Rightarrow} Y$ 删除掉。产出(productivity)比冗余更强有力,它要求一条规则的推进(improvement)必须大于 0,推进的定义如下:

$$\text{improvement}(X {\Rightarrow} Y) = \text{confidence}(X {\Rightarrow} Y) - \max(\text{confidence}(Z {\Rightarrow} Y))$$

因为冗余规则的推进不可能大于 0,所以产出约束将会把所有冗余规则删除掉,此外,若给定前件中的保留项,产出约束还能把前件与后件独立的规则删除掉。

统计度量对于寻找判别模式(项集)来说是很有用的。然而,因为上述统计度量方法不具备反单调性,所以寻找最佳 k 个模式(或规则)十分困难。但是,这些统计度量方法关于自身参数是凸的,那么,就可以估计出与给定结论 Y(一般是某个类别值)对应的模式 X 的超集的上界,这样做就可以缩减搜索空间。

Webb 的 KORD 算法在 XY(Y 不固定)构成的整个空间上搜索 k-最优规则,并且运用杠杆来对各种约减策略的优化效果进行度量。

7. 使用更丰富的形式:序列、树和图

最初,频繁项集挖掘是在简单的事务数据集上做的,后来又被推广到序列、树和图等丰富的表达形式上。前面已经对 Agrawal 和 Srikant 关于序列模式挖掘的开创性工作做了介绍。PrefixSpan 是另一个代表性的频繁序列模式挖掘算法,这种模式增长型算法采用与 FP-growth 相似的分而治之策略,以此避免了在寻找更大模式中对较小候选的无用枚举。首先,PrefixSpan 找到仅含一个项的序列模式,并对每个项 i_k 抽取出含有该项的序列的集

合,即$<i_k>$-投影数据集。然后,PrefixSpan 从每个投影数据集上发现以$<i_k>$为前缀的长度为 2 的频繁序列模式,并为每一个新发现的长度为 2 的模式生成一个投影数据集,用以发现长度为 3 的序列模式。这一过程是重复进行的,直到没有更多的序列模式被发现为止。

树是由顶点集 V 与边集 E 定义的,标签树是把一组标签赋给顶点(和/或)边,一条边把一个顶点和另一个顶点连接在一起。在树中,任意两个顶点间存在一条或多条通路,但不可以有环。TreeMinerV 与 FREQT 是两个从树集合中挖掘频繁子树的典型算法。这两个算法的出现是独立的,但它们有同样的频繁子树分层枚举策略,即为了从 k-子树生成有 $k+1$ 个顶点($(k+1)$-子树)的频繁子树,要在 k-子树的最右路径的所有可能位置上加一条边,这条边的另一端与 k-子树中的某个顶点对应。Dryade 是种可以得到频繁闭合子树的树挖掘算法。闭合子树是指具有相同频率的子树中的最大子树。深度为 1 的闭合子树被称为为"砖",Dryade 算法以"砖"为最基础层次来逐层组装生成频繁闭合子树,这是 Dryade 算法的特色。

图为树的超类,可以有环。AGM 是首个通过完全搜索从图集合中挖掘频繁子图的算法。该算法以 Apriori 为基础,用两个共享同一$(k-2)$-子图的已知的频繁$(k-1)$-子图生成一大小为 k 的候选子图(k-子图)。由于两个第$(k-1)$顶点之间的边的情况,所以要充分考虑各种可能。AGM 从一对$(k-1)$-子图生成两个 k-子图,其中一个 k-子图的两个$(k-1)$-子图之间有一条边,另一个无边(边上无定义标签就是这种情况)。基于 Apriori 的方法可以对频繁子图进行系统完整搜索,但它将产生大量在给定图集合中并不存在的候选子图。AGM 用邻接矩阵来表示图,并引入一种规范行使类求解子图同构的问题,但这是一个 NP 完全问题。gSpan 是种典型的基于模式增长的子图挖掘算法,它在寻找频繁子图过程中采取深度优先的方式,在已知频繁子图的最右路径上的每个可能的位置都加一条边。gSpam 只考虑给定图集里已存在的边,因此不会生成在图集里不存在的候选子图。GBI 和 SUBDUE 采用贪婪算法寻找频繁子图。以递归的方式,把一个典型子图在图中的每次出现替换为一个新顶点。典型度的概念定义在基于频率的度量方法之上。例如,GBI 用的是信息增益,SUBDUE 用的是最小描述长度。DT-CIGBI 可以从已知类别的图训练集生成一个决策树,进而对类别未知的图进行分类。该算法要在决策树的每个测试节点上调用图形挖掘算法 CI-GBI(GBI 算法的扩展),得到的频繁子图被用作图的属性,选择具有最大判别能力的频繁子图把图集分裂成两个分支:包含该子图的图和不包含该子图的图。

4.4.6 小结

用 Apriori 系列的算法进行实验对于从事数据挖掘的人来说是一件应该首先被做的事情。本章首先介绍了相关的基本概念与 Apriori 算法族(Apriori,AprioriTid,AprioriAll),然后通过一些示例对这些算法的工作机制进行了描述,接着利用一个典型的免费 Apriori 完成对该算法进行性能评估试验。因为 Apriori 算法非常基本且实现起来也容易,所以产生了许多变体。本章还对 Apriori 方法的一些局限性做了讨论,并对近年来频繁模式挖掘方法的重要发展做了综述。当然,有些主题,如限制的使用、巨大模式、噪声处理和 top-k 代表等,本章暂未提到。

4.5　EM

期待最大化(EM)算法是一种被广泛用于极大似然(ML)估计的迭代型计算方法,它对处理大量的数据不完整性问题特别有用。尤其是,EM 算法可以大幅度简化对有限混合模型 ML 拟合问题的处理,而混合模型是对聚类分析、模式识别等任务中的异质性进行建模的重要手段。EM 算法有许多特别诱人的性质,如数值计算的稳定性、实现上的简单性、可靠的全局收敛性等。为能够处理数据挖掘中遇到的各种复杂问题,有必要对 EM 算法进行恰当的扩展,但精髓依旧是保持其简单性和稳定性。

4.5.1　引言

在数据挖掘、机器学习与模式识别等领域的算法研究中,EM 算法引起了人们的广泛关注。最初由 Dempster 等人发表的关于 EM 算法的论文,极大地激起了人们利用有限混合分布对异质性数据进行建模的兴趣。混合模型的极大似然拟合是个经典的问题,EM 算法把它抽象成更一般的不完整数据 ML 估计问题,从而将该问题的求解大大简化。极大似然估计与基于似然度的推断在统计理论和数据分析任务里处在中心地位。极大似然值估计方法特别通用而且拥有许多吸引人的特质。有限混合分布是一种极其灵活的数学方法,可用于对随机现象生成的数据进行建模与聚类。本章我们把重点放在 ML 框架下,如何运用 EM 算法估计有限混合模型。

为能够阐明基于混合模型的聚类方法,我们假设存在观测数据 $y_1,\cdots,y_n$,其维数为 p,这些观测数据来自一个含有 g 的(已知参数)分量的混合分布,该混合分布的分量权重(未知参数)记作 $\pi_1,\cdots,\pi_g$,其和为 1,那么观测数据 y_j 的混合密度能够表示为

$$f(y_j,\phi) = \sum_{i=1}^{g} \pi_i f_i(y_j;\theta_i) \quad (j=1,\cdots,n) \tag{4.5.1}$$

其中,分量密度 $f_i(y_j;\theta_i)$ 由参数向量 θ_i(未知参数)确定,这样,全部未知参数的向量就是:

$$\phi = (\pi_1,\cdots,\pi_{g-1},\theta_1^{\mathrm{T}},\cdots,\theta_g^{\mathrm{T}})^{\mathrm{T}}$$

其中,上标 T 表示向量转置。

那么有限混合模型的估计就归结为对参数向量 ϕ 的估计,通常可以借助于 ML 估计方法。数学上这是一个最优化问题,其优化的目标函数是似然度 $L(\phi)$ 或者等价对数似然度 $\log L(\phi)$,其定义域是整个参数取值空间。根据最优化原理,参数 ϕ 的 ML 估计 $\hat{\phi}$ 是对数似然度一阶导方程的根:

$$\partial \log L(\phi)/\partial \phi = 0 \tag{4.5.2}$$

其中,$\log L(\phi) = \sum_{j=1}^{n} \log f(y_j;\phi)$ 是对数似然函数,这里需要假设 $y_1,\cdots,y_n$ 是互相独立的。

对于每一个 n,ML 都能够确定一个估计 $\hat{\phi}$,因此就能够得到式(4.5.2)的一致、渐进和有效的根序列。只需满足一些适当的规则条件,就能确保该序列的存在。这些根以趋近于 1 的概率对应于参数空间内的局部极大值点。对于模型估计问题来说,似然度在参数空间内一般会存在一个全局极大值点。若让估计 $\hat{\phi}$ 在每一个 n 上都能使得 $L(\phi)$ 取得全局最大

值,则式(4.5.2)的根序列就将拥有良好的渐进收敛性,这种情况下,$\hat{\psi}$ 就是一个极大似然估计 MLE。在后面我们提到的估计 $\hat{\psi}$ 都是 MLE,即便它未能得到似然度的全局极大值。实际上,即便在混合模型似然度无界的情形下,只要满足一些常见的规格条件,式(4.5.2)的一致、有效和渐进正态的根序列就依然可以存在。

4.5.2 算法描述

文献对 EM 算法的历史作了简述,该算法是一种处理数据不完整问题的迭代型算法,每次迭代都有两个步骤:期望步骤(E-Step)与最大化步骤(M-Step)。这里用 $(y=y_1^T,\cdots,y_n^T)^T$ 表示观测数据向量,用 z 表示缺失数据向量,用 $x=(y^T,z^T)^T$ 表示完整数据向量。EM 算法通过对"含完整数据"的对数似然函数值 $\log_{L_c}(\Psi)$ 的逐步迭代计算来求解"含不完整数据"的式(4.5.2)。因为 $\log_{L_c}(\Psi)$ 依赖于不可观测的缺失数据 z,所以在 E-Step 中用所谓的 Q 函数来代替 $\log_{L_c}(\Psi)$,也就是基于当前 ψ 值以 y 为条件时的差别尽量大。更准确地说,在 EM 算法的第 $k+1$ 次迭代中,E-Step 执行的计算为

$$Q(\psi;\psi^{(k)})=E_{\psi^{(k)}}\{\log L_c(\psi)\,|\,y\}$$

其中,$E_{\psi^{(k)}}$ 表示使用参数向量 $\psi^{(k)}$ 的期望。M-Step 的任务为更新 ψ 的估计值 $\psi^{(k+1)}$,从而使得在 ψ 的整个参数空间上 $Q(\psi;\psi^{(k)})$ 函数取最大值。如此,E-Step 与 M-Step 交替循环执行直到对数似然度的变化小于某些预定的阈值。如 4.5.1 小节提到的,EM 算法的每一次迭代都将稳定地增加似然度的值:

$$L(\psi^{(k+1)})\geqslant L(\psi^{(k)})$$

若"含完整数据"的概率密度函数指的是数簇分布,那么 E-Step 与 M-Step 的形式更简单。在许多实际问题当中,M-Step 存在封闭形式的解。不过一些情况下给出解的封闭形式很困难,难以找到使 $Q(\psi;\psi^{(k)})$ 函数全局最大的解。此种情况下,人们提出一种称为广义 EM(GEM)的算法,该算法放松了对 M-Step 的要求,只要求 $\psi^{(k+1)}$ 能增加 $Q(\psi;\psi^{(k)})$ 函数的值即可,即:

$$Q(\psi^{(k+1)};\psi^{(k)})\geqslant Q(\psi^{(k)};\psi^{(k)})$$

EM 算法的不足之处:

(1) 它无法自动生成参数估计值的协方差矩阵。不过,只需结合一些合适的方法就能够避免这个问题;

(2) 一些情况下,算法收敛特别缓慢;

(3) 在有些问题中,E-Step 或 M-Step 是不可解析的。

我们将在 4.5.5 小节中对最后两个点进行简要讨论。

4.5.3 软件实现

EMMIX 程序:McLachlan 等人针对混合多变量正态分布或混合多分量 t-分布的 ML 拟合问题,开发了一个基于 EM 算法的通用工具 EMMIX。该软件多用于处理连续型多变量数据,包括很多对混合模型拟合非常必要的支持,如为 EM 算法提供初始值;通过很多方法给混合模型的参数拟合提供标准误;具体见下文。

初始值:当对数似然度有多个对应局部极大值的根时,EM 算法应从大范围多次选择初

始值以搜索全部可能的局部极大值。对于有限混合模型的情况,初始参数值的获取可使用 k-means 聚类算法、层次聚类算法或随机的数据分区等方法。EMMIX 程序提供一个随机初始值的选项,每次选初始值,用户先对数据进行欠采样,之后据此确定随机初始值。这样做的目的是限制中心极限定理的效应,否则大样本中的每个分量的随机选择的初始值都相近。

标准误:在 EM 算法的一些文献中,有很多增强 EM 的方法,重点是计算 ML 估计的协方差矩阵。此外,还可以利用 EMMIX 程序的自举重采样(参数化或非参数化版本)来计算标准误。

分量数:我们可以考察似然函数,以此来选择一个适当的分量(聚簇)数 g。当没有任何关于数据中的聚簇数目的先验信息时,我们可以在增大 g 的过程中监测对数似然函数的增大情况。在任意阶段,都能够依据似然比检验或基于信息论的判别准则,如贝叶斯信息准则(BIC),来决定选择 $g=g_0$ 还是 $g=g_0+1$。然而不幸的是,对于似然比检验方法的统计量 λ,无法保证其卡方分布的零假设的自由度,等于分别有 $g=g_0+1$ 和 $g=g_0$ 个分量的混合模型的参数数量的差值 d。EMMIX 程序提供了一种自举重采样方法来评估零(假设)分布(也就是 p-值)的统计量($-2\log\lambda$)。此外,尽管从理论上保证 BIC 的有效性不可行,我们仍然会使用这一准则,即如果 $-2\log\lambda$ 大于 $d\log n$,就选择 $g=g_0+1$,否则就选 $g=g_0$。

其他混合建模软件:还有一些用 EM 算法求解的基于 ML 估计的混合建模软件。例如,Fraley 和 Raftety[9] 开发的 MCLUST 程序,该工具通过对分量-协方差矩阵进行多种形式的参数化,从而实现了基于正态分布分量的层次聚类。该工具被移植到商业软件 S-PLUS 中,而且还有建模背景(泊松)噪声的可选功能。同学可以在 McLachlan 和 Peel 提供的参考文献附录中,找到更多拟合混合模型的软件。

4.5.4 应用示例

先举个简单的例子:一天你闲来无事,突然想了解图书馆里男同学多,还是女同学多,由于你忘记带校园卡,所以你只能蹲在图书馆的门口。蹲了五分钟,突然走出来一个女生,你欣喜地跑回去告诉舍友,图书馆里女同学比较多。你这就是运用最大似然估计了。你观察到了女同学先出来,那么什么情况下,女同学会先出来呢?当然是女同学出来的概率最大的时候,那什么时候女生出来的概率最大?当然是女同学比男同学多的时候,这个就是你估计到的参数。

再举个例子:有三个男同学=[A,B,C],三个女同学=[甲,乙,丙]。你感觉这些男同学和女同学里有情侣。为验证你的猜想,你进行了细致的观察。

观察数据:

(1) A、甲、丙一起吃饭了;

(2) B、甲、乙一起吃饭了;

(3) B、乙、丙一起吃饭了;

(4) C、丙一起吃饭了。

数据收集完成后,你开始了 EM 计算:

初始化:你觉得三个男同学身高、相貌水平基本相当,三个女同学也同样漂亮,每个人都可能和另一个人有联系。所以,每个男同学和每个女同学是情侣的概率都为 1/3。

这样,(E step):

(1) A 跟甲吃饭了 1/28 ＊ 1/3 ＝ 1/6 次,跟丙也吃饭了 1/6 次;

(2) B 跟甲、乙也都吃饭了 1/6 次;

(3) B 跟乙、丙又吃饭了 1/6 次;

(4) C 跟丙吃饭了 1/3 次。

总计,A 跟甲吃饭了 1/6 次,跟丙也吃饭了 1/6 次;B 跟甲、丙吃饭了 1/6 次,跟乙吃饭了 1/3 次;C 跟乙吃饭了 1/3 次。

你开始重新进行猜测(M step),

A 跟甲、丙是情侣的概率都是 1/6 / (1/6 ＋ 1/6) ＝ 1/2;

B 跟甲、丙是情侣的概率是 1/6 / (1/6+1/6+1/6+1/6) ＝ 1/4;跟乙是情侣的概率是 (1/6+1/6)/(1/6 ＊ 4) ＝ 1/2;

C 跟丙是情侣的概率是 1。

然后,你又开始根据最新的概率计算(E-Step):

(1) A 跟甲吃饭了 1/2 ＊ 1/2 ＝ 1/4 次,跟丙也吃饭 1/4 次;

(2) B 跟甲吃饭了 1/2 ＊ 1/4 ＝ 1/12 次,跟乙吃饭了 1/2 ＊ 1/2 ＝ 1/4 次;

(3) B 跟丙吃饭了 1/2 ＊ 1/4 ＝ 1/12 次,跟乙又吃饭了 1/2 ＊ 1/2 ＝ 1/4 次;

(4) C 跟丙吃饭了 1 次。

重新反思你的猜测(M-Step):

A 跟甲、丙是情侣的概率都是 1/4/ (1/4 ＋ 1/4) ＝ 1/2;

B 跟甲、丙是 1/12 / (1/12 ＋ 1/4 ＋ 1/4 ＋ 1/12) ＝ 1/8;跟乙是 3/4;

C 跟丙的概率是 1。

通过不断地计算和猜测最后会得到 A 很可能是单身,B 和乙很可能是情侣关系,C 和丙一定是情侣。这里只是举个例子,因为样本很少,所以判断不一定和现实相符,但在一定程度上可以展示出 EM 算法的作用。

4.5.5   相关研究

本节当中,我们将对 EM 算法进行一些扩展,使其有能力去处理一些更困难的问题(涉及 E-Step 或 M-Step 的计算),以及加快算法收敛速度。此外,我们还将对 EM 算法在隐马尔可夫模型(HMM 模型)上的应用做简要介绍,该方法提供了一种将混合模型推广到非独立数据的简单途径。

在 EM 算法用于广大线性混合模型等场合时,E-Step 计算很复杂,而且无法保证 Q 函数存在封闭形式的解。这种情况下可以运用蒙特卡洛(MC)过程计算 E-Step。在进行 $(k+1)$ 次迭代时,E-Step 涉及:

(1) 用条件分布 $g(z \mid y; \boldsymbol{\psi}^{(k)})$ 模拟出缺失数据 Z 的 M 份独立数据集;

(2) 近似 Q 函数

$$Q(\boldsymbol{\psi}; \boldsymbol{\psi}^{(k)}) \approx Q_M(\boldsymbol{\psi}; \boldsymbol{\psi}^{(k)}) = \frac{1}{M} \sum_{m=1}^{M} \log L_c(\boldsymbol{\psi}; y, z^{(m_k)})$$

其中,$z^{(m_k)}$ 为基于 $\psi^{(k)}$ 的第 m 个缺失值。在 M-Step 中,计算使得 Q 函数取最大值的 $\psi^{(k+1)}$。上述这种 EM 变体被称为蒙特卡洛期望最大化(MCEM)算法。因为该算法会把 MC 错误引入到 E-Step 中,因此会导致其单调性丧失。但是一般情况下,该算法能够以很高的概率趋近极大值点。该算法中 M 值的确定,以及收敛判定对于实际使用来说是极其重要的。

EM 算法的 M-Step 只涉及完整数据的 ML 估计,因此计算一般都比较简单。不过在混合因子分析等应用中对应的 M-Step 是相当复杂的。此时,若可以对被估计参数的某个函数进行计算,就能够简化 M-Step,ECM 算法就是基于这个思路对 EM 算法进行的扩展。ECM 算法用几个简单的 CM-Step 替换掉 EM 算法的一个复杂 M-Step,整理数据条件最人化计算的简单性得到了保持。值得一提的是,EM 算法的收敛性 ECM 算法也很好地保持了。AECM 算法在此基础上更进一步,允许在一次迭代内或迭代间的不同 CM-Step 上使用的“完整数据”的定义不一样。这种灵活的数据增强和模型约减的框架非常适合参数数量大的混合因子分析一类的应用。

目前,以百万计的大规模多维数据集已经很常见了,因此加快 EM 算法的收敛速度已成为大数据处理的一个急需解决的问题。但同时要注意,只有能保留其简单性和稳定性才有意义。Neal 和 Hinton 提出了一个增量式 EM(IEM)算法使 EM 算法的收敛速度加快。该算法现把数据划分为 B 个块,然后每次只对一个块执行(部分)E-Step 和对全部数据执行一个(完整)M-Step。也就是说,IEM 算法一次“扫描”包括 B 个“部分 E-Step”与 B 个“完整M-Step”。IEM 算法收敛一般仅需要较少的扫描遍数,所以速度通常比 EM 算法快。IEM算法每一次扫描同样为增加的似然度值。

在混合框架下,有观测数据用 $y_1, \cdots, y_n$ 和一般被称为“隐变量”的不可观测的分量指示向量 $z = (z_1^T, \cdots, z_n^T)^T$。在语音识别应用中,未知的 z_j 是串行依赖的典型频谱,而可观测的语言信号 $y_j (j = 1, \cdots, n)$ 则依赖于它。所以值序列(或值集)中的 z_j 不能被视为相互独立。在自动语言识别(AVR)或自然语言处理(NLP)中,一般使用一个基于有限状态空间的马尔可夫模型描述隐变量 z 的分布。因为 z 是一个隐含的依赖结构,y_j 的密度就不再像式(4.5.1)那样,被简单表示成独立分量混合的形式。但是,可以假设 $y_1, \cdots, y_n$ 在给定 $z_1, \cdots, z_n$ 条件下是独立的:

$$f(y_1, \cdots, y_n \mid z_1, \cdots, z_n; \theta) = \prod_{j=1}^{n} f(y_j \mid z_j; \theta)$$

其中,每个条件分布是不一样的,θ 表示所有条件分布的未知参数向量。在 HMM 的一些文献中,此类问题的求解算法被称为 Baum-Welch 算法,最初由 Baum 和他的合作者提出并证明其收敛性,这些工作开始的时间比 Dempster 等人提出 EM 算法要早。Baum-Welch 算法的 E-Step 是确切型的,但它要求在数据上进行前向和后向的递归运算,其 M-Step 存在封闭形式的解,即把多项式分布参数的极大似然估计和马尔可夫链的转移概率进行组合。

4.5.6　小结

在统计计算中,最大期望(Expectation Maximization,EM)算法是一种在概率(probabilistic)模型中寻找参数最大似然估计的算法。其中概率模型依赖于无法观测的隐藏变量(Latent Variable)。

最大期望在机器学习和计算机视觉的数据集聚(Data Clustering)领域经常被用到。

4.6 PageRank

Web 搜索获得了巨大的成功,其背后的基于链接的排序方法所起到的作用可谓是居功至伟。最有名的基于链接的排序算法莫过于 PageRank,在某种程度上甚至可以说是它成就了 Google 搜索引擎的辉煌。Google 在商业上取得了巨大成功,PageRank 也因此被视为主流的 Web 链接分析模型。

PageRank 算法由 Sergey Brin、Larry Page 于 1998 年 4 月在第七届国际 WWW 大会(the International World Wide Web Conference)上首次提出。在此之前,搜索引擎采用的排序算法是基于内容的。简单来说,搜索引擎主要的依据是用户查询和(被索引)网页之间的内容相似度,并根据这种相似度排序把相关网页返给用户。其实,这种方法就是把传统信息检索的方法直接拿来实现,而没有针对性考虑和挖掘 Web 检索任务的特性。从 1996 年开始,人们意识到了以内容相似度为核心的搜索算法,在两个重要的方面存在着不足:第一方面,从 20 世纪 90 年代中晚期开始网页的数量增长极其迅速,几乎对于任何查询,相关网页的数量都是非常巨大的。例如,给定搜索查询"classification technique",谷歌搜索引擎就可以检索到约 1 000 万个相关网页,数量如此巨大以至于排序变得极其困难——如何才能从中选择 10～30 个网页? 怎样排序以展现给用户? 第二方面,内容相似性方法也很容易被垃圾信息困扰。编写页面的人为提高页面的排名,往往会在网页中重复一些重要的词语,或针对大量查询,在网页中添加很多相关词语,以使该页面和很多查询高度相关。这些做法会造成搜索结果垃圾化。

因此从 1996 年开始,学术界以及搜索引擎公司开始着手研究解决这些问题的方法,研究中他们发现超链接对解决这些问题很有效。在传统信息检索中,集合中的文档被当作相互独立的个体,但互联网的网页情况有所不同,它们是通过超链接联系起来的,而这些超链接蕴含着重要的信息。可以把互联网上的链接分成两类:一类用来组织站点的大量信息,因此这些链接就指向同一站点内的页面;另一类则指向其他站点的页面,这种外向型超链接起到一种向目标网页隐式传递权威性的作用。例如,用户的网页指向外部的一个站点网页,这表明该用户相信这个外部站点存在对他有帮助且有一定质量的信息。因此,那些被许多网页指向的网页,相对而言含有高权威性或说高质量的信息的概率更大。显然,这些链接信息有助于搜索引擎评估和网页排序。PageRank 就是非常巧妙地利用这些链接形成的一个强大的排名算法。从本质上讲,PageRank 依靠的是 Web 内在的民主性,该算法的关键在于借助整个 Web 的庞大链接结构去度量每个单独网页的质量。该算法把超链接形象地比作投票,比如一条从网页 x 到网页 y 的超链接可以认为是网页 x 投给了网页 y 一票。深入地看,PageRank 不仅考虑网页获得的绝对票数(入链数目),投票的那些网页它也进行区别对待。本身"重要"的那些网页投出的票权有较大的权重,则得到它们投票的那些网页也就变得更加"重要"。这正是社会网络中排序声望(rank prestige)的核心思想。本章主要介绍 PageRank 算法,同时会提及 Timed-PageRank 算法,Timed-PageRank 算法是标准 PageRank 算法的扩展,其主要特色是为搜索增加一个时间维度,从而有效处理 Web 信息的动态特性和老化过程。

4.6.1　算法描述

PageRank 生成的 Web 网页排序是静态的,指的是每个网页的排序值是通过离线计算得到的,且该值与查询无关。也就是说,网页排序值的计算纯粹基于 Web 上现有的链接,而无须考虑任何用户的任何查询。在讨论 PageRank 的公式之前,先阐述几个相关的概念:

- 网页 i 的入链(in-links)。那些指向网贞 i 的来自其他网页的超链接,一般来自同一站点内网页的超链接并不包括在内。
- 网页 i 的出链(out-links)。那些从网页 i 指向其他网页的超链接,一般连到同一站点内网页的超链接并不包括在内。

接下来我们阐述一些源于排序声望的思想,从而自然导出 PageRank 算法:

(1) 从一个网页指向另一网页的超链接是一种权威性的隐式传输,这样,网页 i 的入链越多,表示它得到的声望越高。

(2) 指向网页 i 的网页也有自己的声望分数。对应网页 i 来说,指向它的网页中,那些高声望网页比低声望网页更重要。换句话说,一个被其他重要网页指向的网页是重要的。

根据社会网络的排序声望原理,网页 i 的重要程度(PageRank 值)由指向网页 i 的全部网页的 PageRank 值的总和决定。要注意,一个网页可能会指向其他多个网页,该网页的声望分值就应该被它指向的所有网页分享。

为将上述思想形式化表示,我们可以把 Web 抽象成一个有向图,其中 V 表示图的节点集合(节点对应网页),E 是图的有向边集合(有向边对应超链接)。设 Web 上的网页总数为 n(即,$n=|V|$)。网页 i 的 PageRank 分值用 $P(i)$ 表示:

$$P(i) = \sum_{(j,i)\in E} \frac{P(j)}{O_j} \tag{4.6.1}$$

其中,$P(j)$ 是网页中出链的数量。此时,用数学的观点看,就存在一个包含 n 个未知量的线性方程组,可用一个矩阵来表示。首先作一个符号的约定,用粗体表示矩阵。矩阵 $\boldsymbol{P}$ 是表示 PageRank 值的 n 维行向量:

$$\boldsymbol{P}=(P(1),P(2),\cdots,P(n))^{\mathrm{T}}$$

再用矩阵表示有向图的邻接矩阵,并按如下规则为每条有向边赋值:

$$A_{ij}=\begin{cases} \dfrac{1}{O_i} \\ 0 \end{cases} \tag{4.6.2}$$

基于这两个矩阵,我们可以得到一个 n 维方程组:

$$\boldsymbol{P}=\boldsymbol{A}^{\mathrm{T}}\boldsymbol{P} \tag{4.6.3}$$

这个等式为数学中的矩阵特征方程,该方程的解 $\boldsymbol{P}$ 对应于特征值为 1 的那个特征向量。因为这是一种循环定义,所以能够利用迭代算法进行求解。从数学上来说,若满足一定的条件(会在后面简单提及),那么 PageRank 向量的 $\boldsymbol{P}$ 就是对应矩阵 $\boldsymbol{A}$ 的最大特征值 1 的那个主特征向量。著名的幂迭代方法可用来求 $\boldsymbol{P}$。

此处提到的条件是:$\boldsymbol{A}$ 应是一个随机矩阵且是不可约和非周期的。然而,Web 图并不满足条件。实际上,式(4.6.3)也可以从马尔科夫链理论导出,如此就能利用马尔科夫链的一些理论成果,但前提仍是以上的三个条件。

可以将整个 Web 图用马尔科夫链进行建模,这样每一个网页(或者节点)都能被看作是马尔科夫链的一个状态,而超链接(或者有向边)表示状态转移,就是指马尔科夫链会按照一定的概率从一个状态转到另一个状态。这样,Web 冲浪就被该分析框架表示成一种随机过程——马尔科夫链,其状态转移的直观解释就是 Web 冲浪者的网上冲浪行为。

现在我们来对 Web 图进行观察,看看为何它无法满足上述三个条件?我们先来分析第一个条件是否成立?答案是否定的,即 A 不为随机(转移)矩阵。有限马尔科夫链的状态转移矩阵是随机矩阵,它要求每个元素必须是非负实数,且每行加起来和为 1。这也就意味着每个 Web 网页必须至少有一个出链。但事实上 Web 并不是这样,很多网页压根没有出链,这种情况在状态转移矩阵 A 中表现为有些行全由 0 组成,这样的网页被称作悬挂网页。

例 1   图 4.6.1 展示了一个超链接图。

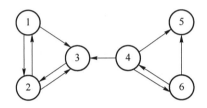

图 4.6.1   网页连接图

假设 Web 冲浪者会等概率双击网页上的超链接,那么从图 4.6.1 所示的超链接就可以得到如下的一个状态转移矩阵:

$$A = \begin{bmatrix} 0 & 1/2 & 1/2 & 0 & 0 & 0 \\ 1/2 & 0 & 1/2 & 0 & 0 & 0 \\ 0 & 1 & 0 & 0 & 0 & 0 \\ 0 & 0 & 1/3 & 0 & 1/3 & 1/3 \\ 0 & 0 & 0 & 0 & 0 & 0 \\ 0 & 0 & 0 & 1/2 & 1/2 & 0 \end{bmatrix} \tag{4.6.4}$$

例如,节点 1 拥有两个出链(分别链向节点 2 和节点 3),所以有 $A_{12} = A_{13} = 1/2$。我们看到 A 的第 5 行全是 0,即网页 5 是一个悬挂网页,所以 A 不是随机矩阵。

那怎么办呢?我们可以从每一个悬挂网页 i 向每个网页引一条链接,这样就可以解决这个问题。再具体些,将网页 i 到每个网页的转换概率都设为 $1/n$,相当于均匀分布。也就是,把每一个全 0 的行都用 e/n 来替换(e 是元素全为 1 的 n 维向量),这样就得到以下矩阵:

$$\bar{A} = \begin{bmatrix} 0 & 1/2 & 1/2 & 0 & 0 & 0 \\ 1/2 & 0 & 1/2 & 0 & 0 & 0 \\ 0 & 1 & 0 & 0 & 0 & 0 \\ 0 & 0 & 1/3 & 0 & 1/3 & 1/3 \\ 1/6 & 1/6 & 1/6 & 1/6 & 1/6 & 1/6 \\ 0 & 0 & 0 & 1/2 & 1/2 & 0 \end{bmatrix} \tag{4.6.5}$$

在接下来的部分,我们都假设矩阵 A 已经完成这一修正,所以它是随机矩阵。

现在我们可以考察第二个条件,即 A 是不可约的吗?答案也是否定的,因为 Web 图 G 不是全连通的。

强连通图的定义是:有向图 $G=(V,E)$ 是强连通当且仅当对每一个节点对 $(u,v) \in V$, 存在从 u 到 v 的路径。

Web 图在一般情形下是可约的,因为图中通常存在一些节点对 (u,v),没有从 u 到 v 的路径。例如,在图 4.6.1 中,从节点 3 到节点 4 就没有路径。式(4.6.5)的调整不能确保图是不可约的。这个问题和下一个问题可以用一个策略处理。这一策略之后会讲到。

考察最后一个条件,即"A 是非周期的"也不成立。如果马尔科夫链中有周期的状态 i,那就意味着该链存在有向环路。

周期图的定义:说状态 i 是周期的并且具有周期 $k>1$,是指存在一个最小的正整数 k,使得所有从状态 i 出发又回到状态 i 的路径的长度都是 k 的整数倍。如果一个状态不是周期的(或者 $k=1$),那它就是非周期的。如果一个马尔科夫链的所有状态都是非周期的,那么就说这个马尔科夫链是非周期的。

例 2 图 4.6.2 所示为一个周期为 3 的马尔科夫链。A 为转换矩阵。该链的每一个状态的周期都是 3,例如,如果从状态 1 开始,回到状态 1 的唯一路径是 1-2-3-1,如果走的次数为 h,回到状态 1 的路径需要的转移次数就是 $3h$。在 Web 中,类似的情形很多。

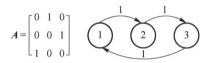

$$A = \begin{bmatrix} 0 & 1 & 0 \\ 0 & 0 & 1 \\ 1 & 0 & 0 \end{bmatrix}$$

图 4.6.2 周期为 3 的马尔科夫链

这里,我们使用一个策略就能够轻松解决以下两个问题(可约,周期):

从任一页面出发,到每个页面都加上一条链接,并分配一个由参数 d 控制的微小转换概率给这一链接。

经过这种修正的状态转移矩阵就变成不可约和非周期的了。这样我们能够得到一个改进后的 PageRank 模型:

$$\boldsymbol{P} = \left((1-d)\frac{\boldsymbol{E}}{n} + d\boldsymbol{A}^{\mathrm{T}}\right)\boldsymbol{P} \tag{4.6.6}$$

此处的 $\boldsymbol{E}$ 表示 $\boldsymbol{ee}^{\mathrm{T}}$($\boldsymbol{e}$ 是一个元素全为 1 的列向量),因此 $\boldsymbol{E}$ 是一个 $n \times n$ 的元素全为 1 的矩阵。n 代表 Web 图的节点总数,$1/n$ 是跳转到一个随机网页的概率。式(4.6.6)中的 $\boldsymbol{A}$ 已经是随机矩阵了,化简该式得

$$\boldsymbol{P} = (1-d)\boldsymbol{e} + d\boldsymbol{A}^{\mathrm{T}}\boldsymbol{P} \tag{4.6.7}$$

这样,任一网页 i 的 PageRank 公式为

$$P(i) = (1-d) + d\sum_{j=1}^{n} A_{ji} P(j) \tag{4.6.8}$$

这和 PageRank 原始文献中的公式是一样的:

$$P(i) = (1-d) + d\sum_{(j,i) \in E} \frac{P(j)}{O_j} \tag{4.6.9}$$

其中,参数 d 也称为阻尼因子,范围可设定在 0 和 1 之间。原始文献中设置 $d=0.85$。

能够用幂迭代方法来计算 Web 网页的 PageRank 值,该方法可以生成和特征值 1 对应的主特征向量。这个算法特别简单(见图 4.6.3),可以赋予任意的 PageRank 初始值。当

PageRank 值不再显著变化或趋近于收敛时,迭代算法就可结束。在图 4.6.3 中,差值向量的 1 阶范数小于一个预先指定的阈值 ε 后算法迭代会结束。

PageRank-Iterate(G)

$P_0 \leftarrow e/n$

$k \leftarrow 1$

repest

    $p_k \leftarrow (1-d)e + dA^T p_{k-1}$

    $k \leftarrow k+1$

until $\| p_k - p_k \| < \varepsilon$

return p_k

图 4.6.3　PageRank 的幂迭代求解算法

对于 Web 搜索这种应用,我们关注的重点还是网页排序。因此,并不刻意追求特别严格的收敛,而是需要的迭代次数尽可能地少一些。一个有 3.22 亿条链接的数据集上,该算法大概用 52 次迭代,得到的结果就基本达到了应用能够接受的程度。

自从 PageRank 被提出后,研究者提出了许多强化模型、替代模型和改进其求解算法的方法。Liu、Langville 和 Meyer 的书深入分析了 PageRank 以及其他若干种基于链接的算法,如另一种很著名的算法——HITS。

4.6.2　扩展:Timed-PageRank

经典的 PageRank 算法没有考虑搜索结果的时效性。但实际上,Web 环境是动态的,它处于持续的变化中。过去被认为高质量的网页,在当前或未来就未必是高质量的了。对搜索而言,时效性还是很重要的,因为用户更关注新信息。除去极少量既成事实和永恒经典能够得以保持外,占 Web 大部分比重的内容是时常变化的。我们看到,在 Web 上新网页或新内容在不断增加。过时的东西理应被摒弃,然而,事实上会有很多过时的网页和链接不会被删掉。这将给搜索引擎带来麻烦,因为这些过时的网页在过去很长一段时间里积累了大量入链从而排序很高,而那些载有新信息的高质量新页面却因没有足够的入链而排序偏低,这将造成用户难以借助搜索引擎发现 Web 上的新信息。

Timed-PageRank 算法在 PageRank 算法基础上增加了一个时间维度,它的思想其实特别简单,主干上仍然沿用 PageRank 的随机冲浪和马尔科夫链模型,不同点在于 Timed-PageRank 不再使用常量阻尼因子 d,而是引入一个时间函数 $f(t)(0 \leqslant f(t) \leqslant 1)$ 来"惩罚"陈旧的链接和网页(此处的 t 指的是当前时间和网页上次更新时间的差值)。函数 $f(t)$ 被定义成网页冲浪者双击网页上链接进而前行的概率,而 $1-f(t)$ 就是网民不借助于网页上的链接而直接跳到一个随机选择的外部网页的概率。那么,对于一个特定的网页 i,网上冲浪者有两种选择:

(1) 以 $f(t_i)$ 的概率随机选择一个外链跳出。

(2) 以 $1-f(t_i)$ 的概率不通过链接跳到某个随机网页。

直观地讲,假如一个网页的上一次更新(或创建)发生在很久之前,那它所指向的网页就更老了,甚至已经该被废弃了。那么该网页对应的 $1-f(t)$ 值应该大,表示网上冲浪者更可能跳到一个随机网页。若一个网页是新的,那对应的 $1-f(t)$ 值就应该小,表示网上冲浪者更可能选择该网页的出链前行。对于站点中不存在入链的新网页,可以使用该站点过去网页的平均 TPR 值。这样做的合理性在于一个过去有质量的站点发布的新网页同样应该是有质量的。Timed-PageRank 算法使用研究出版领域的检索语料进行了评估,性能表现优异。

4.6.3 小结

基于链接的排序已成为 Web 搜索的关键技术。在这方面,PageRank 算法的名气最大,它理论根据坚实,实践行之有效。这里只对 PageRank 算法作简单介绍,更多的细节可以参阅其他文献。我们还对一种能考虑时间维度的 PageRank 算法变体作了简单介绍。最后,我们要强调的是基于链接的排序并非搜索引擎使用的唯一排序策略,还需结合传统信息检索与数据挖掘的方法以及一些基于网页内容、用户点击等的启发式方法进行排序。

4.7 AdaBoost

泛化能力位于机器学习的中心地位,它能够对从给定训练数据集中学得的学习器处理未知新数据的能力进行描述。为获得拥有高度泛化能力的学习器,研究人员付出了极大的努力,集成学习就是其中最成功的一种泛型。一般的机器学习方法都是从训练数据中学得一个学习器,而集成学习构建一组基学习器,并把它们进行集成。基学习器是通过神经网络、决策树和其他各种学习算法从数据集中训练得到的。好比于"三个臭皮匠,抵得过诸葛亮",集成学习的泛化能力通常明显优于单一学习器。事实上,集成学习最引人注目的地方,是它能够把稍优于随机猜测的弱学习器提升成预测精度很高的强学习器。一般假设基学习器是弱学习器。

1988 年,Kearns 和 Valiant 提出了一个名为"弱学习和强学习这两种复杂性类别是否等价"的有趣问题。若二者等价就意味着性能略优于随机猜测的弱学习器能被"推举"为具有任意精度的强学习器!显然,这个问题对机器学习来说极为重要。Schapire 给出的答案是肯定的,他给出的构造证明成为最早的推举算法。该算法的一大缺点是需要预先知道基学习器的错误界,然而实际应用中,这常常是未知的。后来 Freud 与 Schapire 又提出一种称为 AdaBoost 自适应推举的算法,该算法无须预先知道错误界等信息。AdaBoost 的提出对机器学习社区和统计学社区,对集成学习方法的理论研究起到了极大的促进作用。值得一提的是,AdaBoost 论文让 Schapire 和 Freud 获得了 2003 年度理论计算机科学界最高奖——哥德尔奖(Godel Prize),AdaBoost 也成为最具影响力的集成学习方法之一。

AdaBoost 及其变体因为理论基础坚实,预测准确和算法简单,被广泛应用于不同领域,并且获得了巨大成功。例如,Viola 和 Jones 用级联过程将 AdaBoost 和人脸检测算法结合在一起,以矩形特征为弱学习器,通过 AdaBoost 加权弱学习器获取人脸检测所需的直观特征,此外还使用了一个级联过程来同时确保高性能和高精度,得到一个很强的人脸检测器:在一台 466 MHz 的计算机上对一幅 384×288 像素图像进行人脸检测仅需 0.067 s,这比当时最先进的人脸检测技术快了大约 15 倍,而且精度还差不多。所以"推举"成为计算机视觉以及其他应用领域的一个流行词。

下面我们将对该算法及其实现做介绍,阐述该算法的运作过程,还会介绍一些理论成果与相关研究。

4.7.1 算法描述

1. 符号

首先,我们介绍本章使用的一些符号。设 X 为实例空间(或称特征空间);Y 为待学习的隐含概念的标签集合,例如 $Y=\{-1,+1\}$ 表示二元分类;D 为包含 m 个实例的训练集,每个实例都关联了标签 $D=\{(x_i,y_i)\}(i\in\{1,\cdots,m\})$。测试实例的标签是未知的需要被预测,我们假设训练实例与测试实例都是从同一潜在分布 D 独立抽样得到的。

学习算法 L 经过一个训练数据集 D 训练后,输出一个从 X 到 Y 的映射,称为假设 h 或分类器。学习可以看作是从假设空间中挑选最优假设的过程,此处依据的是一个损失函数。分类任务对应于 0/1 损失函数:

$$\text{loss}_{0/1}(h\mid x)=I[h(x)\neq y]$$

其中,$I[\cdot]$ 是一个指示函数,即如果输入表达式正确则输出 1,否则输出 0。也就是说,一旦错分一个实例就产生一个错误计数。这里默认使用 0/1 损失函数,但要知道推举算法也会使用其他损失函数。

2. 通用推举过程

实际上,推举算法是一族算法,AdaBoost 是当中影响力最大的一个。因此,我们从较为简单的一般推举过程开始讨论。

假设我们面临的是二元分类问题,也就是把实例分成正类和负类。我们假设存在一个未知的目标概念,它能够把那些属于该概念的实例标记成"正",把其余实例标记成"负"。这个未知的目标概念即为我们期望学到的东西,通常把它称作 ground-truth。对于二元分类问题,一个随机猜测分类器存在 50% 的 0/1 损失。

如果我们仅有一个弱分类器,对于潜在实例分布 D,它的分类性能与随机猜测相比略有优势,比如它有 49% 的 0/1 损失,该弱分类器记作 h_1。显然 h_1 并非我们希望得到的。自然而然地,我们想到了通过对 h_1 所犯的错误进行改正以此来提高它。

我们尝试从分布 D 派生出分布 D',在 D' 上 h_1 的错误更加明显,比如 D' 主要由被 h_1 分错的实例构成(在后面会介绍如何生成 D')。这样,就可以用 D' 训练得到分类器 h_2。不过 h_2 也许仍是个弱分类器。如果 D' 满足一些条件,在 D 中 h_1 表现不足的地方 h_2 会有更好的性能,同时在 h_1 表现好的地方 h_2 也能与之基本持平。因此,只要找到一种合适的方法对 h_1 和 h_2 集成,得到的分类器就将比只使用 h_1 的损失小。重复上述步骤,我们将获得一个在 D 上有非常小(理想情况是 0)的 0/1 损失的集成分类器。

简单来说,推举算法顺序地训练一系列分类器,并把它们集成。分类器序列中后面的分类器更加关注前面分类器的错误。

算法 4.7.1 一般推举算法

输入：实例分布 D

基学习方法 L

学习的循环次数 T

过程：

1. $D_1 = D$ //初始分布

2. **for** $t = 1, \cdots, T$:

3. $H_t = L(D_t)$;   //从分布 D_t 中训练弱学习器

4. $\varepsilon_t = \Pr_{x \sim D_{t,y}} I[h_t(x) \neq y]$;   //度量 h_t 的损失

5. $D_{t+1} = \mathtt{AdjustDistribution}(D_t, \varepsilon_t)$

6. **end**

输出：$H(x) = \mathtt{CombineOutputs}(\{h_t(x)\})$

3. AdaBoost 算法

上面的算法并不完整，它还存在一些待定的部分，如过程 AdjustDistribu-tion 和 CombineOutputs。AdaBoost 算法可被看作是通用推举算法的一个实例化，算法概要如下：

算法 4.7.2 AdaBoost 算法

输入：实例分布 $D = \{(x_1, y_1), (x_2, y_2), \cdots, (x_m, y_m)\}$;

基学习方法 L

学习的循环次数 T

过程：

1. $D_1(i) = 1/m$ //权重分布的初始化

2. **for** $t = 1, \cdots, T$:

3. $h_t = L(D, D_t)$;   //从 D 中利用分布 D_t 训练学习器 h_t

4. $\varepsilon_t = \Pr_{x \sim D_{t,y}} I[h_t(x) \neq y]$;   //$h_t$ 的错误度量

5.   if $\varepsilon_t > 0.5$, then break

6. $\alpha_t = \dfrac{1}{2} \ln\left(\dfrac{1 - \varepsilon_t}{\varepsilon_t}\right)$;   //计算 h_t 的权重

7. $D_{t+1}(i) = \dfrac{D_t(i)}{Z_t} \times \begin{cases} \exp(-\alpha_t) & \text{if } h_t(x_i) = y_i \\ \exp(\alpha_t) & \text{if } h_t(x_i) \neq y_i \end{cases}$

$$\dfrac{D_t(i) \exp(-\alpha_t y_i h_t(x_i))}{Z_t}$$

8. **end**

输出：$H(x) = sign\left(\displaystyle\sum_{t=1}^{T} \alpha_t h_t(x)\right)$

现在我们对该算法的细节作介绍。AdaBoost 构造了一系列假设并且对它们进行加权组合：

$$H(x) = \sum_{t=1}^{T} \alpha_t h_t(x)$$

在这里能够看到，AdaBoost 需要解决两个问题——怎样构造一系列假定 h_t？怎样确定合适的权重 α_t？

为得到高效的错误消减过程，我们尝试最小化一个指数损失：

$$\text{loss}_{\exp}(h) = E_{x \sim D, y}[e^{-yh(x)}]$$

其中，$yh(x)$ 称为给定假设的分类间隔。

我们来考虑推举算法的一轮迭代。已经获得了一系列假设和它们的权重以及组合假设 H。现在，又有一个假定 h 与 H 合并为 $H+ah$，相应的损失为

$$\text{loss}_{\exp}(H+ah) = E_{x \sim D, y}[e^{-y(H(x)+ah(x))}]$$

这个损失能够被分解到每一个实例上，称为逐点损失：

$$\text{loss}_{\exp}(H+ah \mid x) = E_y[e^{-y(H(x)+ah(x))} \mid x]$$

其中，y 和 $h(x)$ 取值是 $+1$ 或 -1，该期望可以展开为

$$\text{loss}_{\exp}(H+ah \mid x) = e^{-yH(x)}(e^{-a} \mid P(y=h(x) \mid x) + e^{-a}P(y \neq h(x) \mid x))$$

设我们已经得到 h，再令损失函数关于权重 α 的导函数为 0，即可最小化损失：

$$\frac{\partial \text{loss}_{\exp}(H+ah \mid x)}{\partial \alpha} = e^{-yH(x)}(-e^{-a}P(y=h(x) \mid x) + e^{-a}P(y \neq h(x) \mid x)) = 0$$

得到解：

$$\alpha = \frac{1}{2} \ln \frac{P(y=h(x) \mid x)}{P(y \neq h(x) \mid x)} = \frac{1}{2} \ln \frac{1 - P(y \neq h(x) \mid x)}{P(y \neq h(x) \mid x)}$$

再解方程 $\dfrac{\partial \text{loss}_{\exp}(H+ah)}{\partial \alpha} = 0$，令 $\varepsilon = E_{x \sim D, y}[y \neq h(x)]$，我们可以得到

$$\alpha = \frac{1}{2} \ln \frac{1-\varepsilon}{\varepsilon}$$

这正是 AdaBoost 中计算 α_t 的方法。

接下来，我们考虑怎样得到 h。AdaBoost 通过调用一个基学习算法从一个特定的实例分布中生成一个假设。因此，我们仅需考虑下一轮迭代需要什么样的假设，之后生成一个实例分布来构建这个假设。

我们可以把逐点损失扩展为关于 $h(x)=0$ 的二阶形式，固定 $\alpha=1$：

$$\text{loss}_{\exp}(H+h \mid x) \approx E_y[e^{-yH(x)}(1 - yh(x) + y^2 h(x)^2 / 2) \mid x]$$
$$= E_y[e^{-yH(x)}(1 - yh(x) + 1/2) \mid x]$$

其中，$y^2 = 1$ 和 $h(x)^2 = 1$。所以，一个好的假设是

$$h^*(x) = \arg\min \text{loss}_{\exp}(H+h \mid x) = \arg\max E_y[e^{-yH(x)} yh(x) \mid x]$$
$$= \arg\max e^{-H(x)} P(y=1 \mid x) \cdot 1 \cdot h(x) + e^{H(x)} P(y=-1 \mid x) \cdot (-1) \cdot h(x)$$

其中，$e^{-yH(x)}$ 是常量。对期望部分进行归一化得到：

$$h^*(x) = \arg\max \frac{e^{-H(x)} P(y=1 \mid x) \cdot 1 \cdot h(x) + e^{H(x)} P(y=-1 \mid x) \cdot (-1) \cdot h(x)}{e^{-H(x)} P(y=1 \mid x) + e^{H(x)} P(y=-1 \mid x)}$$

改用 $w(x, y)$ 来表示期望，$w(x, y)$ 可以从 $e^{-yH(x)} P(y \mid x)$ 抽取：

$$h^*(x) = \arg\max E_{w(x,y) \sim e^{-yH(x)} P(y \mid x)}[yh(x) \mid x]$$

其中，$h^*(x)$ 取 $+1$ 或 -1，所以 $h^*(x)$ 和 $y \mid x$ 符号相同时得到最优解：

$$h^*(x) = E_{w(x,y) \sim e^{-yH(x)} P(y|x)}[y|x]$$
$$= P_{w(x,y) \sim e^{-yH(x)} P(y|x)}[y=1|x] - P_{w(x,y) \sim e^{-yH(x)} P(y|x)}[y=-1|x]$$

可以看出,在分布 $e^{-yH(x)}P(y|x)$ 下得到 x 的最优分类。所以,$e^{-yH(x)}P(y|x)$ 是最小化 0/1 损失的理想假设。

所以,当假设 $h(x)$ 已经被学到,$\alpha = \frac{1}{2}\ln\frac{1-\varepsilon}{\varepsilon}$ 也已经在这一轮迭代中被定下来,那下一轮分布就应该是:

$$D_{t+1}(x) = e^{-yH(x)+ah(x)}P(y|x) = e^{-yH(x)}P(y|x)e^{-ayh(x)} = D_t(x) \cdot e^{-ayh(x)}$$

这就是 AdaBoost 算法更新实例分布的方法。

为什么对指数损失的优化就能最小化 0/1 损失呢? 这是因为:

$$h^*(x) = \operatorname{argmin} E_{x \sim D, y}[e^{-yh(x)}|x] = \frac{1}{2}\ln\frac{P(y=1|x)}{P(y=-1|x)}$$

所以,我们有

$$\operatorname{sign}(h^*(x)) = \operatorname{argmax} P(y|x)$$

这意味着对于分类问题,指数损失的最优解达到了最小贝叶斯错误,而且,最小化指数损失的函数 $h^*(x)$ 就是逻辑回归模型再乘上因子 2。所以,忽略因子 1/2,AdaBoost 就可以看成加法逻辑回归模型。

值得注意的是数据分布实际上是未知的。而 AdaBoost 算法只能在有限实例的训练集上学习。因此,上述推导中的期望和权重的计算都只能基于训练实例。如果基学习器不能直接处理加权实例,则可以用重采样机制来代替,该机制根据特定实例的权重来采样训练实例。

4.7.2　软件实现

AdaBoost 是最先进的机器学习算法之一,该算法及其变体的实现比较容易,而且有 Java、Matlab、R 和 C++等编码版本。

AdaBoost 的 Java 版本可以在 Weka 上找到。Weka 是著名的机器学习和数据挖掘的开源包,它的 AdaBoost.M1 算法提供了一些选项,用户可以选择基学习算法、设置基学习器的数量以及允许在重加权和重采样上切换。Weka 还包括了其他推举算法,如 Logit-Boost、MultiBoosting 等。

Spider 提供了 AdaBoost 的 Matlab 实现;R-Project 提供了 AdaBoost 的 R 实现。也可以在 Sourceforge 上找到 AdaBoost 的 C++实现。当然,可以在互联网上找到许多其他实现。

4.7.3　应用示例

现在,给定表 4.7.1 的训练样本,用 AdaBoost 算法学习一个强分类器。

表 4.7.1　训练样本

序号	1	2	3	4	5	6	7	8	9	X
X	0	1	2	3	4	5	6	7	8	9
Y	1	1	1	−1	−1	−1	1	1	1	−1

求解过程：初始化训练数据的权值分布，令每个权值 $W_{1i} = 1/N = 0.1$，其中，$N = 10$，$i = 1, 2, \cdots, 10$，然后分别对 $m = 1, 2, 3, \cdots$ 等值进行迭代。

得到这 10 个数据的训练样本后，根据 X 与 Y 的对应关系，将这 10 个数据分成两类：一类是"1"，另一类是"－1"。根据数据的特点发现："0 1 2"这 3 个数据对应的类为"1"，"3 4 5"这 3 个数据对应的类为"－1"，"6 7 8"这 3 个数据对应的类为"1"，9 是比较单独的，对应类"－1"。抛开单独的 9 不讲，"0 1 2""3 4 5""6 7 8"这是 3 类不同的数据，分别对应的类是 1、－1、1，直观上推测可知，可以找到对应的数据分界点，比如 2.5、5.5、8.5 把那几类数据分成两类。当然，这只是主观臆测，下面实际计算一下这个具体过程。

1. 迭代过程 1

对于 $m=1$，在权值分布为 D_1（10 个数据，每个数据的权值都初始化为 0.1）的训练数据上，经过计算可得：

阈值 v 取 2.5 时误差率为 0.3（$x < 2.5$ 时取 1，$x > 2.5$ 时取 －1，则 6 7 8 分错，误差率为 0.3）。

阈值 v 取 5.5 时误差率最低为 0.4（$x < 5.5$ 时取 1，$x > 5.5$ 时取 －1，则 3 4 5 6 7 8 都分错，误差率为 0.6，大于 0.5，不可取。故令 $x > 5.5$ 时取 1，$x < 5.5$ 时取 －1，则 0 1 2 9 分错，误差率为 0.4）。

阈值 v 取 8.5 时误差率为 0.3（$x < 8.5$ 时取 1，$x > 8.5$ 时取 －1，则 3 4 5 分错，误差率为 0.3）。

能够看到，不管阈值 v 取 2.5，还是 8.5，总得分错 3 个样本，故可任取其中一个，如 2.5，则第一个基本分类器为

$$G_1(x) = \begin{cases} 1, & x < 2.5 \\ -1, & x > 2.5 \end{cases}$$

上面说阈值 v 取 2.5 时，6 7 8 分错，因此误差率为 0.3。更加详细的解释如下：

- 0 1 2 对应的类（Y）是 1，由于它们本身都小于 2.5，所以被 $G_1(x)$ 分在了相应的类"1"中，分对了。
- 3 4 5 本身对应的类（Y）是 －1，由于它们本身都大于 2.5，所以被 $G_1(x)$ 分在了相应的类"－1"中，分对了。
- 6 7 8 本身对应的类（Y）是 1，却因它们本身大于 2.5 而被 $G_1(x)$ 分在了类"－1"中，所以这 3 个样本被分错了。
- 9 本身对应的类（Y）是 －1，由于它本身大于 2.5，因此被 $G_1(x)$ 分在了相应的类"－1"中，分对了。

从而得到 $G_1(x)$ 在训练数据集上的误差率（被 $G_1(x)$ 误分类样本"6 7 8"的权值之和）$e_1 = P(G_1(x_i) \neq y_i) = 3 * 0.1 = 0.3$。

然后根据误差率 e_1 计算 G_1 的系数：

$$\alpha_1 = \frac{1}{2} \log \frac{1 - e_1}{e_1} = 0.423\,6$$

这个 α_1 代表 $G_1(x)$ 在最终的分类函数中所占的权重，为 0.423 6。接着更新训练数据的权值分布，用于下一轮迭代：

$$D_{m+1} = (w_{m+1,1}, w_{m+1,2}, \cdots, w_{m+1,i}, \cdots, w_{m+1,N})$$

其中,

$$w_{m+1,i} = \frac{w_{mi}}{Z_m} \exp(-\alpha_m y_i G_m(x_i)), \quad i=1,2,\cdots,N$$

值得一提的是,由权值更新的公式可知,每个样本的新权值是变大或变小,取决于它是被分错还是被分正确。

若某个样本被分错了,则 $y_i * G_m(x_i)$ 为负,负负得正,结果使得整个式子变大(样本权值变大),否则变小。

第一轮迭代后,最后得到各个数据新的权值分布 $D_2 = (0.071\,5, 0.071\,5, 0.071\,5, 0.071\,5, 0.071\,5, 0.071\,5, 0.166\,6, 0.166\,6, 0.166\,6, 0.071\,5)$。由此能够看出,因为样本中数据"6 7 8"被 $G_1(x)$ 分错了,因此它们的权值由前面的 0.1 增大到 0.166\,6,反之,其余数据全部被分正确,所以它们的权值都由之前的 0.1 减小到 0.071\,5。

分类函数 $f_1(x) = \alpha_1 * G_1(x) = 0.423\,6 G_1(x)$。

此时,得到的第一个基本分类器 $\text{sign}(f_1(x))$ 在训练数据集上有 3 个误分类点(即 6 7 8)。

从上述第一轮的整个迭代过程能够看出:被误分类样本的权值之和影响误差率,误差率影响基本分类器在最终分类器中所占的权重。

2. 迭代过程 2

对于 $m=2$,在权值分布为 $D_2 = (0.071\,5, 0.071\,5, 0.071\,5, 0.071\,5, 0.071\,5, 0.071\,5, 0.166\,6, 0.166\,6, 0.166\,6, 0.071\,5)$ 的训练数据上,经计算可得:

阈值 v 取 2.5 时的误差率为 $0.166\,6 * 3$($x < 2.5$ 时取 1,$x > 2.5$ 时取 -1,则 6 7 8 分错,误差率为 $0.166\,6 * 3$),

阈值 v 取 5.5 时的误差率最低为 $0.071\,5 * 4$($x > 5.5$ 时取 1,$x < 5.5$ 时取 -1,则 0 1 2 9 分错,误差率为 $0.071\,5 * 3 + 0.071\,5$),

阈值 v 取 8.5 时的误差率为 $0.071\,5 * 3$($x < 8.5$ 时取 1,$x > 8.5$ 时取 -1,则 3 4 5 分错,误差率为 $0.071\,5 * 3$)。

所以,阈值 v 取 8.5 时的误差率最低,故第二个基本分类器为

$$G_2(x) = \begin{cases} 1, & x < 8.5 \\ -1, & x > 8.5 \end{cases}$$

面对的还是表 4.7.1 的样本:

显然,$G_2(x)$ 把样本"3 4 5"分错了,根据 D_2 可知,它们的权值为 0.071\,5, 0.071\,5, 0.071\,5,所以 $G_2(x)$ 在训练数据集上的误差率 $e_2 = P(G_2(x_i) \neq y_i) = 0.071\,5 * 3 = 0.214\,3$。计算 G_2 的系数:

$$\alpha_2 = \frac{1}{2} \log \frac{1-e_2}{e_2} = 0.649\,6$$

更新训练数据的权值分布:

$$D_{m+1} = (w_{m+1,1}, w_{m+1,2}, \cdots, w_{m+1,i}, \cdots, w_{m+1,N})$$

其中,

$$w_{m+1,i} = \frac{w_{mi}}{Z_m} \exp(-\alpha_m y_i G_m(x_i)), \quad i=1,2,\cdots,N$$

$D_3 = (0.045\,5, 0.045\,5, 0.045\,5, 0.166\,7, 0.166\,7, 0.016\,67, 0.106\,0, 0.106\,0,$

0.106 0,0.045 5)。被分错的样本"3 4 5"的权值变大,其他被分对的样本的权值变小。

$$f_2(x) = 0.423\ 6G_1(x) + 0.649\ 6G_2(x)$$

此时,得到的第二个基本分类器 $\text{sign}(f_2(x))$ 在训练数据集上有 3 个误分类点(即 3 4 5)。

3. 迭代过程 3

对于 $m=3$,在权值分布为 $D_3 = (0.045\ 5,\ 0.045\ 5,\ 0.045\ 5,\ 0.166\ 7,\ 0.166\ 7,\ 0.016\ 67,$ $0.106\ 0,0.106\ 0,\ 0.106\ 0,\ 0.045\ 5)$ 的训练数据上,经过计算后可得:

阈值 v 取 2.5 时的误差率为 $0.106\ 0*3$($x<2.5$ 时取 1,$x>2.5$ 时取 -1,则 6 7 8 分错,误差率为 $0.106\ 0*3$),

阈值 v 取 5.5 时的误差率最低为 $0.045\ 5*4$($x>5.5$ 时取 1,$x<5.5$ 时取 -1,则 0 1 2 9 分错,误差率为 $0.045\ 5*3 + 0.071\ 5$),

阈值 v 取 8.5 时的误差率为 $0.166\ 7*3$($x<8.5$ 时取 1,$x>8.5$ 时取 -1,则 3 4 5 分错,误差率为 $0.166\ 7*3$)。

所以阈值 v 取 5.5 时误差率最低,故第三个基本分类器为

$$G_3(x) = \begin{cases} 1, & x<5.5 \\ -1, & x>5.5 \end{cases}$$

依然还是表 4.7.1 的样本:

此时,被误分类的样本为:0 1 2 9,这 4 个样本所对应的权值都为 0.045 5,因此 $G_3(x)$ 在训练数据集上误差率为 $e_3 = P(G_3(x_i) \neq y_i) = 0.045\ 5*4 = 0.182\ 0$。

计算 G_3 的系数:

$$\alpha_3 = \frac{1}{2}\log\frac{1-e_3}{e_3} = 0.751\ 4$$

更新训练数据的权值分布:

$$D_{m+1} = (w_{m+1,1}, w_{m+1,2}, \cdots, w_{m+1,i}, \cdots, w_{m+1,N})$$

其中,

$$w_{m+1,i} = \frac{w_{mi}}{Z_m}\exp(-\alpha_m y_i G_m(x_i)), \quad i=1,2,\cdots,N$$

$D_4 = (0.125, 0.125, 0.125, 0.102, 0.102, 0.102, 0.065, 0.065, 0.065, 0.125)$。被分错的样本"0 1 2 9"的权值变大,其余被分对的样本的权值变小。

$$f_3(x) = 0.423\ 6G_1(x) + 0.649\ 6G_2(x) + 0.751\ 4G_3(x)$$

此时,得到的第三个基本分类器 $\text{sign}(f_3(x))$ 在训练数据集上有 0 个误分类点。至此,整个训练过程全部结束。

现在,我们总结 3 轮迭代下来,各个样本权值与误差率的变化,如下所示(其中,样本权值 D 中加了下划线的表示在上一轮中被分错的样本的新权值):

训练前,各样本的权值被初始化为 $D_1 = (0.1, 0.1, 0.1, 0.1, 0.1, 0.1, 0.1, 0.1, 0.1, 0.1)$。

第一轮迭代中,样本"6 7 8"被分错,对应的误差率为 $e_1 = P(G_1(x_i) \neq y_i) = 3*0.1 = 0.3$,此第一个基本分类器在最终的分类器中所占的权重为 $\alpha_1 = 0.423\ 6$。第一轮迭代过后,样本新的权值为 $D_2 = (0.071\ 5, 0.071\ 5, 0.071\ 5, 0.071\ 5, 0.071\ 5, 0.071\ 5, \underline{0.166\ 6},$ $\underline{0.166\ 6}, \underline{0.166\ 6}, 0.071\ 5)$。

第二轮迭代中,样本"3 4 5"被分错,对应的误差率为 $e_2 = P(G_2(x_i) \neq y_i) = 0.071\ 5 *$

3 ＝0.214 3,此第二个基本分类器在最终的分类器中所占的权重为 $\alpha_2 = 0.649 6$。第二轮迭代过后,样本新的权值为 $D_3 =$ (0.045 5, 0.045 5, 0.045 5, 0.166 7, 0.166 7, 0.016 67, 0.106 0, 0.106 0, 0.106 0, 0.045 5)。

第三轮迭代中,样本"0 1 2 9"被分错,所对应的误差率为 $e_3 = P(G_3(x_i) \neq y_i) = 0.045$ 5 * 4 ＝ 0.182 0,此第三个基本分类器在最终的分类器中所占的权重为 $\alpha_3 =$ 0.751 4。第三轮迭代后,样本新的权值为 $D_4 =$ (0.125, 0.125, 0.125, 0.102, 0.102, 0.102, 0.065, 0.065, 0.065, 0.125)。

在上述的过程中,我们能够发现:如果某些样本被分错,在下一轮迭代中,它们的权值将被增大。反过来,其余被分对的样本在下一轮迭代中的权值将被减小。就这样,分错的样本权值增大,分对的样本权值减小,而下一轮迭代当中,总会选择让误差率最低的阈值来对基本分类器进行设计,因此误差率 e(所有被 $G_m(x)$ 误分类样本的权值之和)不断降低。

综上所述,将上面计算得到的 α_1、α_2、α_3 各值代入 $G(x)$ 中, $G(x) = \text{sign}[f_3(x)] = \text{sign}$ [$\alpha_1 * G_1(x) + \alpha_2 * G_2(x) + \alpha_3 * G_3(x)$],得到最终的分类器为

$$G(x) = \text{sign}[f_3(x)] = \text{sign}[0.423 6 G_1(x) + 0.649 6 G_2(x) + 0.751 4 G_3(x)]$$

4.7.4　相关研究

1. 多类别 AdaBoost

上述内容中,我们只关注二元分类上的 AdaBoost 算法。对于多类别的任务,实例能够属于多类别中的一个(而不只限于两个类别中的一类)。例如,每一个手写数字属于 10 类中的一个,即 $Y = \{0, 1, \cdots, 9\}$。有很多种方法可以处理多分类的问题。

AdaBoost. M1 对算法 4.7.2 采取了非常直接的扩展,基学习器为多类学习器而非二元分类器。该算法无法使用二元基分类器,并要求每一个基学习器都有低于 1/2 的多类 0/1 损失,不过这个约束有些太强了。

SAMME 是对 AdaBoost. M1 的改进,它把算法 4.7.2 中的第五行替换为

$$\alpha_t = \frac{1}{2} \ln \frac{1 - \varepsilon_t}{\varepsilon_t} + \ln(|Y| - 1)$$

此修改是从最小化多类指数级损失推导来的。已经证明,优化多类指数和二元分类的情况相似,损失会达到最优贝叶斯错误,也就是:

$$\text{sign}(h^*(x)) = \text{argmax} P(y|x)$$

其中, $h^*(x)$ 为多类指数损失的最优解。

另外还有一种常见的解决多类分类问题的方法:把任务分解成多个二元分类问题。直接分解的常见方法有"一对其他"和"一对一"。"一对其他"是把一个含有 $|Y|$ 个类别的多类任务分解成 $|Y|$ 个二元分类任务,其中,第 i 个任务是确定一个实例是否属于第 i 类。"一对一"是把含有 $|Y|$ 个类别的多类任务分解为 $\frac{|Y|(|Y|-1)}{2}$ 个二元分类任务,其中每个任务要确定一个实例是属于第 i 类还是第 j 类。

AdaBoost. M2 算法采用"一对一"的方法,此方法将伪损失最小化。后来该算法被推广成 AdaBoost. MR 算法,这个算法最小化的是排序损失,这是由于常规排序靠前的类有可能是正确的类。

2. 其他研究方向

对于用户,在许多实际应用中学习模型的可理解性都是特别重要的。与其他集成学习

方法类似,AdaBoost 和它的变种的一个严重缺陷是缺乏可理解性,甚至基学习器为可理解的模型(如小的决策树)时也如此。不过它们集成后就成了黑盒模型。所以提高集成学习方法的可理解性是特别重要的研究方向。

绝大多数的集成学习方法会集成所有生成的基学习器。研究表明,可以通过选择集成的方法用数量更少的基学习器获得强集成学习器。早期的一些研究表明,对集成算法的裁剪可能会对泛化性能造成损害,因此就要探索号的选择或裁剪算法。

在许多应用中,会出现某个类的训练样本远多于别的类的情况。若不考虑类的不平衡性,整个学习算法很容易被大类主导。但是,小类却往往是人们关心的重点。AdaBoost 算法发展了很多处理类不平衡问题的变体。近期的研究显示,AdaBoost 可用于判断任务是否存在类不平衡问题。

如之前所述,除了 0/1 损失之外,推举算法也可以用其他损失函数。例如,通过构造排序损失函数,已经把 RankBoost 和 AdaRank 用到信息检索中了。

4.7.5　小结

AdaBoost 是迭代算法之一,其核心思想是针对同一个训练集训练不同的分类器(弱分类器),接着将这些弱分类器集合起来,构成一个更加强大的最终分类器(强分类器)。通过改变数据分布来实现其算法,它依据每次训练集中每个样本的分类是否正确和上次的总体分类的准确率,来确定每个样本的权值。

把修改过权值的新数据集送给下层分类器进行训练,最后把融合每次训练得到的所有分类器,作为最终的决策分类器。

4.8　k-最近邻

最简单的初级分类器莫过于"死记硬背"分类器了,所有训练数据都被它记录下来,当测试对象的属性和某个训练对象的属性完全匹配时就能够对其分类。这种方法有一个明显的问题:部分测试对象可能和任何训练对象都无法准确匹配,从而无法对其进行分类。此外,这种方法还遇到另一个问题:可能遇到两个及两个以上具有相同属性的训练对象却具有不同的类别标记。

k-最近邻(k-Nearest Neighber,KNN)分类法比这个方法稍复杂一些。KNN 方法指的是从训练集里找出 k 个与测试对象最接近的训练对象,再从这 k 个训练对象里找出居于主导的类别,把它赋给测试对象。因此,上面提到的分类任务中两个常见的问题,这种分类方法都能够有效地避开:第一,很多数据集中,一个对象与另一个对象完全匹配基本上是不可能的(KNN 计算对象间距离,不进行对象匹配);第二,属性相同的对象的类别标记不同(KNN 依据总体占优的类别进行决策,而非根据单一对象的类别进行决策)。KNN 方法需考虑几个关键要素:

(1) 用于决策一个测试对象类别的已被标记对象集合。

(2) 用于计算对象间临近程度的距离或其他相似性指标。

(3) 最近邻的个数 k。

(4) 基于 k 个最近邻及其类别来判定目标对象类别的方法。最简单的做法是把与目标对象最近的一个邻居的类别赋给目标对象,也可以从邻居中选择占多数的那个类别,当然改进的方法还有很多,我们会在下面进行讨论。

从更普遍的角度看,KNN 是基于实例的学习方法(基于案例推理同样是基于实例的学习方法,不过主要处理的是符号数据)。同时,KNN 也是一种惰性学习方法,就是说直到回答查询(预测阶段)时它才去处理训练数据。

KNN 分类方法的理解与实现都很容易,在很多情况下它的表现都特别良好。Cover 与 Hart 的研究表明,一定的条件下,最近邻规则的分量错误率最多不会超过贝叶斯错误率的两倍,因为一般情况下 KNN 方法的错误率会渐进收敛到贝叶斯错误率,所以可以将 KNN 方法用作贝叶斯的近似。

因为 KNN 很简单,很容易对它进行改进而把它用到处理更复杂的分类问题。例如,KNN 非常适合多模分类问题与多标签分类问题。举个多标签分类任务的例子:在基于微阵列表达的基因功能分配研究中,研究人员发现 KNN 要比支持向量机(SVM,一种比 KNN 复杂得多的分类方法)更加优越。

接下来将介绍基本的 KNN 算法(包括影响分类性能和计算性能的各种问题),介绍一些 KNN 的软件实现,提供一个使用 Weka 机器学习包来进行最近邻分类的事例,再对一些高级主题进行讨论。

4.8.1 算法描述

1. 宏观描述

算法 4.8.1 为 KNN 分类方法的高度概括。给定一个训练集 D 与一个测试对象 z,该测试对象是由属性值与未知的类别标签组成的向量,该算法需要计算 z 与每个训练对象之间的距离(或相似度),这样就能够确定最近邻的列表。然后,把最近邻中实例数量占优的类别赋给 z,当然这并非唯一的策略,比如,甚至可以从训练集中随机选择一个类或者选择最大类。

该算法的存储复杂度为 $O(n)$,其中 n 表示训练对象的数量,时间复杂度同样为 $O(n)$,因为需要计算测试对象与每个训练对象间的距离,需要注意,该算法无须花费任何时间做模型的构造。而其他大多数分类方法,如决策树或分类超平面等一般都需要一个模型构造的阶段,且该阶段耗时不小,但在分类时它们又非常省时,一般只需要常数级的复杂度 $O(l)$。

算法 4.8.1 基本的 kNN 算法

输入:D 是训练集;z 是测试对象,它是属性值构成的向量;L 是对象的类别标签集合

输出:c_z 属于 L,即 z 的类别

foreach y 属于 D **do**

计算 $d(y, z)$,即 y 和 z 的距离;

end

从数据集 D 中选出子集 N,N 包含 k 个距 z 最近的训练对象

$$c_z = \operatorname*{argmax}_{v \in L} \sum_{y \in N} I(v = \text{class}(c_y))$$

$I(\cdot)$ 是一个指标函数,当其值为 true 时,返回值为 1,否则返回 0。

---

2. 若干议题

KNN 算法的性能受几个关键因素的影响,k 值的选择是其中之一,如图 4.8.1 所示,存在一个未标记的测试对象 x 和一些训练对象(分属于"+"或"-"类)。假如 k 值选得过小,结果就对噪声点的影响非常敏感;反之,假如 k 值选得太大,在邻近中就可能包括太多别的类的点。可借助交叉的方法验证最佳 k 值的估计。不过需要指出的是,取 $k=1$ 得到的结果往往会比选其他值好,尤其是在习题和研究中遇到的那些小数据集,这个现象更显著。值得注意的是,在样本特别充足的情况下,选择较大的 k 值能提高抗噪能力。

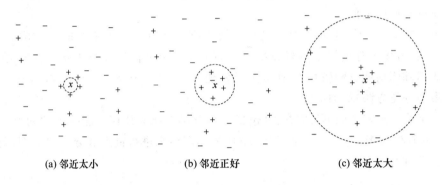

(a) 邻近太小   (b) 邻近正好   (c) 邻近太大

图 4.8.1 分别选用小、中、大的 k 值进行 k-最近邻分类

另一个问题是类别标签的综合,采取投票的办法最为简单,但是,如果不同近邻对象与测试对象间的距离差异很大,则距离近的那些对象的类别对判定测试对象所属的类作用应该更大。因此,一个稍复杂的方法为对每个投票依据距离进行加权,这个方法还附带一个好处:k 值的选择变得相对不敏感。有很多方法可以实现加权。例如,经常用距离平方的倒数作为权重因子:$w_i = 1/d(y,z)^2$。这相当于用下面式 4.8.1 对算法 4.8.1 的最后一步进行了替换。基于距离权重的投票:

$$C_z = \operatorname*{argmax}_{v \in L} \sum_{y \in N} w_i * I(v = \text{class}(c_y)) \tag{4.8.1}$$

距离测量的选择同样是 KNN 算法的一个重要因素。通常情况下,经常会使用欧几里得或曼哈顿距离。对于给定的具有 n 个属性的两点 x 和 y,欧几里得距离和曼哈顿距离分别由下列公式计算:

$$d(x,y) = \sqrt{\sum_{k=1}^{n} (x_k - y_k)^2} \tag{4.8.2}$$

$$d(x,y) = \sqrt{\sum_{k=1}^{n} |x_k - y_k|^2} \tag{4.8.3}$$

其中,x_k 和 y_k 分别代表 x 和 y 的第 k 个属性(部件)。

从原则上讲,能够用各种测量方法计算两点之间的距离。从概念上说,最理想的距离测量方法应具有这样的性质:对象间的距离越小,它们属于同一类别的可能性越大。举例说明:假如把 KNN 算法应用到文本分类,选择余弦距离就比欧几里得距离更适合。还有,通过为具有类别型属性值或"类别-数值型混合"属性值的对象定义一个合适的距离测量方法,KNN 算法就能够用于挖掘这类数据。

一些距离测量方法会被数据维数影响,尤其是欧几里得距离在属性数增加时判别能力

会变弱。此外,可能需要对属性进行缩放以防止距离测量结果被单个属性主导。例如,在一个数据集中,人的身高区间为 1.4~1.9 m;体重区间为 40~150 kg;收入区间为 1 万~100 万元。假如测量距离未对属性进行缩放,则距离计算和最终的分类结果会被收入所主导。

4.8.2　软件实现

算法 4.8.1 特别简单,几乎用哪一种编程语言都很能轻易实现。但是在这里,我们仍要简单介绍几种已可直接使用的实现版本以及一些变体,便于大家直接使用。Weka 就是最容易获得的一个可用的 KNN 算法的实现,该系统的 IBK 函数实现了算法 4.8.1,IBK 允许用户从多种距离加权方法中进行选择,并提供了一个选项以借助交叉验证来对 k 值自动确定。

有些距离测量方法会受到数据维数的影响,特别是欧几里得距离在属性数增加时判别能力会减弱。此外,可能需要对属性进行缩放,以防止距离测量结果被单个属性主导。例如,在一个数据集中,人的身高区间是 1.5~1.8 m;体重区间是 90~300 磅;收入区间是 1 万~100 万元。如果距离测量没有对属性进行缩放,则收入将会主导距离测量和最终的分类结果。

4.8.3　相关研究

研究人员提出了一些方案来解决与距离函数相关的问题。例如,计算每一个属性的权重,或面向特定数据集,寻求与之适应的更有效的距离测量方法。此外,人们也考虑对训练对象自身进行加权,如此能够起到加强高可信训练对象的作用,同时把不可靠训练对象的影响降低。由 Cost 和 Salzberg 开发的 PEBLS 系统就是应用这种方法的典型例子。如之前所述,KNN 分类器是一种惰性学习机,它并不构建明确的模型,这点和那些积极学习方法(如决策树、支持向量机等)不同。这样虽然省去了构建模型的时间,但对未知对象的分类却要耗费更多时间,因为它需要通过计算来确定被预测对象的 k 个最近邻。因此,经典的 KNN 算法是需要计算在训练集中每个已标记对象同待预测对象之间的距离。这样做的计算成本对有着大量训练对象的数据集来说特别高昂。对此,人们已经发展了诸如多维访问方法 (Multidimensional Access Methods)或快速逼近相似性搜索(Fast Approximate Similarity Search)等技术,实现了对 k 最近邻距离的高效计算。这些技术尤其适用于低维数据,它既能够有效降低计算成本又不影响分类的精度。Weka 的 IBK 例程同样提供了一些多维访问方法。

最基本的 KNN 算法以及它的一些变体,如属性加权和给对象加权等都是很有名气的。但是还有些相对来说,不太为人所知的 KNN 技术改进。例如,以保持 KNN 算法分类精度为前提,大幅度消解需要存储的数据一般来说是能够做到的,这种被称为"凝缩"的技术能够极大地加速对新对象分类的速度。此外,还可通过删除训练对象来提高分类的准确性,这个办法称为"编辑"。针对 KNN 算法,研究人员基于邻近图(包括最近邻图、最小生成树、相对近邻图、Delaunay 三角化以及 Gabriel 图等)做了很多研究工作。Toussaint 在论文中对邻近图的观点做了强调,对相关工作进行了综述并且指出了一些有待研究的开放性问题。

此外,还有其他一些重要的资源,包括 Dasarathy 的论文集,Devroye、Gyorfi 和 Lugosi 写的书,Bezdek 提出的模糊 KNN 算法,在线资源 Annotated Computer vision Bibliography (该在线资源为 KNN 算法提供了特别丰富的参考书目)。

4.8.4　小结

k-最近邻分类算法,在理论上较为成熟,也是最简单的机器学习算法之一。此方法的思路是:假如一个样本在特征空间中的 k 个最相似(即特征空间中最邻近)的样本中的大部分属于某一个类别,则该样本也属于这个类别。

4.9　Naive Bayes

给定一个对象的集合,每个对象用一个(已知的)向量表示并且属于一个(已知的)类型,我们的目标为:构造出一个规则,使得对于未曾见过的一个对象(仅有已知的向量,不知其所属类别),该规则能为它确定类别。这类被称为"有监督分类"的问题特别普遍,对应的规则构造方法也比较很成熟。朴素贝叶斯(Naive Bayes)就是其中一个比较重要的方法,有时也称为傻瓜贝叶斯或独立贝叶斯。这个方法很受重视,原因如下:首先,它比较容易构造,模型参数的估计无须任何复杂的迭代求解框架,所以该方法尤其试用于规模巨大的数据集;第二,它易于解释,因此即使用户不熟悉分类技术也可以理解此方法是怎样运作的;第三,更重要的一点是它的分类效果非常好,对于任何应用,朴素贝叶斯即使不是最好的分类方法,一般也是非常稳健的。例如,在一个比较监督分类方法的经典研究中,Titterington 等人(1981)发现这个独立性模型产生的整体效果最好,Mani 等人(1997)发现了这个独立模型对预测乳腺癌复发极其有效。此后,Hand 和 Yu(2001)基于许多案例报告了朴素贝叶斯方法惊人的效果,Domingos 和 Pazzani(1997)在一些深入的实证比较中也得到相同的结论。当然,也有一些研究表明这个方法的性能相对较低,关于此类研究的评述可参考 Jamain 和 Hand(2008)。

为方便起见,本章描述的大部分案例只涉及两个类别。但事实上,许多时候最重要的情形是自然分成两类的(对/错,是/否,好/坏,隐/现等)。不过,朴素贝叶斯本身允许类别数多于两个。

把类别记成 $i=0,1$,我们的目标为利用类别已知的初始对象(及训练数据)构造一个打分器,使得获得较大分值的对象与类别 1 关联,获得较小分值的对象与类别 0 关联。打分器会给新对象会打出其分值,将该对象的得分通过某个预定的"分类阈值"进行比较就可以实现分类,若得分大于阈值,就分到类别 1;得分小于阈值就会被分到类别 0。有监督分类任务有两种基本范型——诊断型和采样型。诊断型关注的焦点集中在两个类别的不同——即对两个类别进行判别。采样型关注的焦点集中在两个个体分布的不同,通过对个体分布的比较间接实现对类别的比较。当然,也可以从其他角度来观察朴素贝叶斯。

4.9.1　算法描述

这里基于采样范型来阐述朴素贝叶斯模型,首先对一些量做定义:$P(i|x)$ 为一个测量向量为 $x=(x_1,\cdots,x_p)$ 的对象属于类别 I 的概率;$f(x|i)$ 为 x 关于类别 i 的条件分布;$P(i)$ 为不知道对象自身任何信息的情况下该对象属于类别 i 的概率(即类别 i 的先验概率),$f(x)$ 为两个类别的总的混合分布:

$$f(x)=f(x|0)P(0)+f(x|1)P_{(1)}$$

显然，如果对 $P(i|x)$ 的估计可以获得一个合适的分数，就可以把它用于分类规则。此外，我们还需要一个恰当的分类阈值，这样分类就能够完成了。例如，使用最平凡的阈值为 $1/2$，为处理一些不同类型的分类错误，还需经常使用一些更加复杂的阈值选择方法。

由贝叶斯定理得到 $P(i|x)=f(x|i)P(i)/f(x)$，我们只要能估计出每个 $P(i)$ 与每个 $f(x|i)$ 的值，就能够获得 $P(i|x)$ 的估计。假如训练集是从总体分布 $f(x)$ 中抽取的简单随机样本，则根据属于类别 i 的对象在训练集里的比例就可以直接估计出 $P(i)$。但是某些时候，获得训练集的办法较为复杂，譬如一些问题中类别不均衡，一个类别比另一个大很多（在信用卡欺诈检查任务中，仅有千分之一的交易存在欺诈，在罕见疾病检查任务中，该比例更为极端）。一般在这种情况下要对类别进行欠采样，譬如只把大类的十分之一或百分之一的可用数据放到训练集里。这样就有必要对直接观测到的训练集里的类别的比例进行加权，以此对 $P(i)$ 的估计值做矫正。一般若不是用简单随机样本获得观测，就需要仔细研究怎样获得 $P(i)$ 的最佳估计。

朴素贝叶斯方法的核心是对 $f(x|i)$ 的估计。朴素贝叶斯方法假定对于每个类别，x 的分量都相互独立，因此有 $f(x|i)=\prod_{j=1}^{p}f(x_j|i)$，正因为如此该方法也被称为"独立贝叶斯"。那么对 $f(x|i)$ 的估计也只需估计每个单变量的边际分布 $f(x_j|i)$，$(j=1,\cdots,p;i=0,1)$。这样，p 维多变量估计问题就被约减为 p 个单变量估计问题。与多变量分布相比，单变量分布估计更简单也被研究得更深入，达到同一估计精度需要的训练集规模更小。

假如边际分布 $f(x_j|i)$ 是离散的且 x_j 仅含有少量取值，可用简单的多项式直方图估计每个 $f(x_j|i)$。这种方法很直接，却是朴素贝叶斯最常用的估计算法，许多软件实现采用此种方法处理离散变量。事实上，一些软件实现还直接把连续变量（年龄、体重和收入等）的定义域分割为小的单元，这样就能够把多项式直方图估计方法应用到全部变量上了。表面上看这种策略可能不强，因为直方图相邻单元间的任何连续性都丧失了，同时，单元覆盖必须足够宽以包括足够多的数据点，这样得到的概率估计才准确。但从另一方面来看，这种方法能够作为任何单变量分布的通用非参数估计方法，因此避免了引入任何分布假设。这是一种非线性变换，因此不同 $f(x_j|i)$ 估计之间的关系不一定是关于 x_j 单调的。

假如我们愿意付出更大的计算代价（抛弃以计算过程简单见长的直方图估计方法），完全能够拟合出比仅使用一元变量边际分布更有力的模型。比如，可以假定具有特定参数形式的分布（正态、对数正态等），进而能够用标准和常见的估计方法来对参数进行估计，甚至使用核密度估计等复杂的非参数方法。尽管这些复杂方法计算起来比直方图估计方法慢，但对于现代计算机来说差别不会很大。偏向于使用直方图方法的一个理由是我们常常需要把全部变量离散化，这个问题我们后面还会讨论。

处于朴素贝叶斯方法核心位置的独立性假设貌似有些过头，因为在绝大多数实际问题中，完全的独立性存在的可能性不大（只需想想从实际应用的真实数据中，计算出的协方差矩阵是对角阵的可能性有多大就会明白，事实上这种可能性几乎没有）。人们的思维往往是先入为主，认为这个方法的根本性假设都不对，那它的效果也应该很差。然而事实是，在很多实际应用上该方法表现都很卓越。我们会在后续讨论中介绍造成这种违反直觉结果的原因。

到目前为止,我们用采样范型来阐述朴素贝叶斯,对类条件分布的估计做了讨论,假设每个分布的变量之间是独立的。朴素贝叶斯方法还有个吸引人的地方:我们能找到另一个与基本模型等价的形式,那就是我们使用严格单调变换对 $P(i|x)$ 和分类阈值同时变换,而分类结果不变。零 T 是严格单调递增变换,则有

$$P(i|x)>t \Leftrightarrow T(P(i|x))>T(P(i|y))$$

进而,$P(i|x)>t \Leftrightarrow T(P(i|x))>T(t)$。这意味着,若 t 是 $P(i|x)$ 用以比较的分类阈值,则把 $T(P(i|x))$ 与 $T(t)$ 来比较得到的分类结果也相同(我们此处仅假设单调递增变换,其实对其扩展也很容易)。

如下的比率变换就是这样一种单调递增变换:

$$P(1|x)/(1-P(1|x))=P(1|x)/P(0|x) \tag{4.9.1}$$

朴素贝叶斯方法假设在每个类中变量间是独立的,依据类别 i 的分布的形式是 $f(x|i)=\prod\limits_{j=1}^{p} f(x_j|i)$,可将比率 $P(1|x)/(1-P(1|x))$ 重写为

$$\frac{P(1|x)}{1-P(1|x)}=\frac{P(1)\prod\limits_{j=1}^{p}f(x_j|1)}{P(0)\prod\limits_{j=1}^{p}f(x_j|0)}=\frac{P(1)}{P(0)}\prod\limits_{j=1}^{p}\frac{f(x_j|1)}{f(x_j|0)} \tag{4.9.2}$$

另外,对数变换也是单调递增的(多个单调函数的组合仍然是单调的),所以可以得到另外一个打分器是:

$$\ln\frac{P(1|x)}{1-P(1|x)}=\ln\frac{P(1)}{P(0)}+\sum_{j=1}^{p}\ln\frac{f(x_j|1)}{f(x_j|0)} \tag{4.9.3}$$

如果我们定义 $w_j(x_j)=\ln(f(x_j|1)/f(x_j|0))$ 和 $k=\ln\{P(1)/P(0)\}$,就可以将式(4.9.3)化为分离变量的简单求和:

$$\ln\frac{P(1|x)}{1-P(1|x)}=k+\sum_{j=1}^{p}w_j(x_j) \tag{4.9.4}$$

分值 $S=k+\sum\limits_{j=1}^{p}w_j(x_j)$ 是直接由 $P(1|x)$ 的估计算出来的,这是一种诊断范型的形式。现在就能很清楚地看出:朴素贝叶斯模型其实就是对原始 x_j 的变换的简单求和。

若每个变量都是离散的或把连续变量分割成小的单元来离散化,式(4.9.4)的形式就非常简单。记变量 x_j 的取其 k_j 个单元的值是 $x_{jj}^{(k)}$,那么 $w_j(x_{jj}^{(k)})$ 就是"两个份额"之比的对数,即:类别 1 的点在变量 x_j 上取值落入的第 k_j 个单元的份额比上类别 0 的点在变量 x_j 上取值落入的第 k_j 个单元的份额。这个 $w_j(x_{jj}^{(k)})$ 被一些应用称为证据权重,即第 j 个变量对总分值的贡献,或是说第 j 份额变量为把对象归为类别 1 提供的证据。根据这些证据权重,能够识别出哪些变量对于判断任一特定对象的类别归属是重要的(这在部分应用中非常重要,如在个人银行业务中的信用打分环节,法律规定若拒绝放贷就必须给出理由)。

4.9.2 独立变量

关于每个类中变量的独立性假设,暗示了朴素贝叶斯模型可能是过度受限的。毕竟在实际问题中变量独立的情形是极少的。但反过来说,正是因为各种因素混杂在一起,反而使得该假设并不像看上去的那样不妥(Hand 和 Yu,2001)。

首先，p 个一元变量边际分布的复杂性要比一个 p 元变量的联合分布要小很多。这意味着，为达到相同的模型精度，独立模型比非独立模型需要的数据点更少。换句话说，假如把模型限制为变量具有类内独立性，则基于给定可用样本的估计的方差就相对较小。当然，假如该假设与实际不符，将存在偏差更大的风险。体现了经典的"偏差－方差"均衡原理，该原理不仅仅适用于朴素贝叶斯模型，还适用于所有数据分析模型。

为减少独立性假设带来的偏差风险，人们提出了对基本朴素贝叶斯模型的一个简单的修正。为理解这个修正背后的原理，先对一种极端特殊的情形进行分析：所有变量具有同样的边际分布且它们是完全相关的。这意味着，给定一个类，第 x_j 个变量取值为 r 的概率和其他所有变量一样，在这种完全相关的情况下，朴素贝叶斯的估计是

$$\frac{P(1|x)}{P(0|x)} = \frac{P(1)}{P(0)} \left[\frac{f(x_k|1)}{f(x_k|0)} \right]^P$$

此处 $k = \{1, \cdots, p\}$ 可以任意选择。此时，真实优势比（odds ratio）是

$$\frac{P(1|x)}{P(0|x)} = \frac{P(1)}{P(0)} \left[\frac{f(x_k|1)}{f(x_k|0)} \right]$$

如果 $f(x_k|1) / f(x_k|0)$ 大于 1，相关性的存在就使得朴素贝叶斯估计倾向于高估 $P(1|x)/P(0|x)$；反之，如果 $f(x_k|1)/f(x_k|0)$ 小于 1，相关性的存在就会使朴素贝叶斯估计更倾向于低估 $P(1|x)/P(0|x)$。从这个现象立刻就得出一个修改朴素贝叶斯估计的策略，就是对 $P(1|x)/P(0|x)$ 取小于 1 的幂，把整体估计向真实优势比收缩。这就形成了一种改良后的朴素贝叶斯估计：

$$\frac{P(1|x)}{P(0|x)} = \frac{f(x|1)P(1)}{f(x|0)P(0)} = \frac{P(1)}{P(0)} \prod_{j=1}^{p} \left[\frac{f(x_j|1)}{f(x_j|0)} \right]^{\beta}$$

此处 $\beta < 1$。一般要搜索 β 的全部可能取值，对每个取值对应的模型都要用交叉验证等方法进行评估。最后，确定出可以产生最好预测结果的 β 值。如果用式（4.9.4）分析，我们可以看出这相当于给 $w_j(x_j)$ 增加了一个收缩系数。

使得独立性假设看起来有道理的第二个原因：一般会先对数据执行一个变量选择过程，比如线性回归中的变量选择方法。该工程剔除掉了高度相关变量，这些变量对分类的贡献特别相似，其余变量间的关系可能接近于独立了。

独立性假设破坏力较小的第三个原因：对于分类任务来说，决策面才是重要的。尽管独立性假设可能造成比较差的概率估计或 $P(1|x)/P(0|x)$ 比率估计，但这并不意味着估计得到的决策面与真实的决策面的差别会很大（或不同）。例如，两个服从多变量正态分布的类别，有一样的（非对角）协方差矩阵，它们均值的差值向量平行于协方差矩阵的第一主轴，则对应的最优决策面为线性的，并且用真实协方差矩阵以及用独立性假设都能得到相同的结果。

最后说明，朴素贝叶斯模型所产生的决策面能具有复杂的非线性形状：决策面关于 $w_j(x_j)$ 是线性的，但关于原始变量 x_j 是高度非线性的，因此它可以拟合出相当复杂的曲面。

4.9.3　模型扩展

朴素贝叶斯模型一般是很有效的。计算简单是其最突出的优点，尤其是离散变量模型。这个模型的理解与解释都比较容易，式（4.9.4）逐点打分的形式特别凸显了这个特色，这是人们广泛使用该模型的重要原因。可是，它的简单性与独立性这一核心假设和很多真实情况不符，因此研究人员提出多种扩展试图提高它的预测准确性。

我们在前面看到,独立性假设能够被收缩概率估计抑制。此外,也可以把收缩用在改善过于粗糙的多项式估计。若第 j 个离散预测变量 x_j 有 c_r 种取值,记 n_{jr} 为所有 n 个对象在该变量取第 r 种取值的次数,则一个新对象在该变量上取第 r 种取值的概率原本应该为 n_{jr}(多项式估计),但实际应用中一般用它的一个校正值 $(n_{jr} + c_r^{-1})/(n+1)$,有时也称这个方法为拉普拉斯校正,用贝叶斯统计理论可以对此做一个直观的解释。当可用的样本大小与设定的单元宽度使得在一个取值上只有少量对象时,这种校正方法效果很好。

减弱独立性假设的最显然的途径是,为 x 在每个类中的分布模型引入额外的表示变量间相互作用的数学项。这种思路被很多改进方法所遵循,但要明白这么做必然引入复杂性,而牺牲贝叶斯模型的简单和优雅。当把 x 中两个变量的相互作用引入模型时,就不能仅基于单变量边际分布进行估计了。

类别 i 上 x 的(任意)联合分布都可以展开为

$$f(x|i) = f(x_1|i)f(x_2|x_1,i)f(x_3|x_1,x_2,i),\cdots,f(x_p|x_1,x_2,\cdots,x_{p-1},i) \qquad (4.9.5)$$

简化式中的各个条件概率项就可以得到近似结果。若对于所有的 j 都采取 $f(x_j|x_l,\cdots,x_{j-l},i) = f(x_j|i)$ 这种极端的简化方式,得到的就是朴素贝叶斯方法。显然,处于这两个极端之间的模型也是可用的。若所有变量都是离散的,可用对数线性模型对变量间任意程度的相互作用进行建模,对于连续变量的情形,使用图模型与条件独立建模语言较为合适。马尔可夫模型是比较常用的模型,它有多种应用:

$$f(x|i) = f(x_1|i)f(x_2|x_1,i)f(x_3|x_2,i),\cdots,f(x_p|x_{p-1},i) \qquad (4.9.6)$$

它与使用了二元边际分布的一个子集相等价,而不像朴素贝叶斯模型仅使用单个变量的边际分布。

另一种扩展是把朴素贝叶斯模型同树方法结合起来(Langley,1993 等)。例如,根据对象在一部分变量上的取值,把总体切分为若干子集。然后为每一个子集拟合对应的朴素贝叶斯模型。这种模型在某些应用中非常流行,我们也称它们为分段打分卡。分段是实现变量相互作用的手段,它把单一的整体独立模型在这方面的困难克服了。

把朴素贝叶斯模型嵌入高阶模型中的另一种方法为使用多分类器系统,比如随机森林与推举方法。

朴素贝叶斯模型与另一种特别重要监督分类模型——逻辑斯蒂回归模型的关系非常密切。这个模型出自统计社区,在银行、医药、市场等领域中使用得非常广泛。逻辑斯蒂回归模型和朴素贝叶斯模型相比,功能更强大,不过代价是需要更复杂的估计框架。尽管它也有和朴素贝叶斯模型相近的简单形式,但是参数估计(如 $w_j(x_j^{(k_j)})$ 不可以简单地使用比例估计,必须使用迭代算法。

在前面对朴素贝叶斯名称的探讨中,我们借助于独立性假设才得到分解式(4.9.2)的。如果我们用 $g(x)\prod_{j=1}^{p} h_1(x_j)$ 和 $g(x)\prod_{j=1}^{p} h_0(x_j)$ 分别对 $f(x|1)$ 和 $f(x|0)$ 进行建模,相应的比率形式的模型也能够得到这样的分解式(假设此处两个 $g(x)$ 是相同的)。假如 $g(x)$ 无法被分解成关于分量(每个分量对应一个变量 x_j)的乘积,则 x_j 就不是独立的,在 $g(x)$ 中能够蕴含任意复杂的依赖结构,唯一的限制是,这种依赖在两个类别中要一致,也就是说 $g(x)$ 必须为 $f(x|1)$ 和 $f(x|0)$ 的公因式。对 $f(x|i)$ 进行因式分解能够得出

$$\frac{P(1|x)}{1-P(1|x)} = \frac{P(1)g(x)\prod\limits_{j=1}^{p}h_1(x_j)}{P(0)g(x)\prod\limits_{j=1}^{p}h_0(x_j)} = \frac{P(1)}{P(0)} \cdot \frac{\prod\limits_{j=1}^{p}h_1(x_j)}{\prod\limits_{j=1}^{p}h_0(x_j)} \qquad (4.9.7)$$

这里的 $g(x)$ 被消掉了。把式(4.9.7)和式(4.9.2)作对比,尽管 $h_i(x_j)$ 和 $f(x_j|i)$ 不相等(除非 $g(x)\equiv1$),但其结果是一样的。要注意,在这个分解中,并不要求 $h_i(x_j)$ 必须是概率密度函数,只要 $g(x)\prod\limits_{j=1}^{p}h_i(x_j)$ 是密度函数就可以。

式(4.9.7)给出的模型与朴素贝叶斯模型一样都很简单,它们的形式完全相同。如果我们对其进行对数运算,就可以获得式(4.9.4)那样的逐点打分模型。式(4.9.7)给出的模型和朴素贝叶斯模型相比更为灵活,因为它未假设每个类中的变量 x_j 都是独立的。虽然逻辑斯蒂回归模型和朴素贝叶斯模型有相同的形式(当然参数值是不同的)并且更加灵活,但是它无法直接对单变量边际分布进行估计,必须使用一个迭代估计过程。标准统计教科书(如Collect,1991)通常会给出逻辑斯蒂回归模型的参数估计算法,一般是用迭代比例加权最小二乘法(Iiterative Proportional Weighted Least Squares)来最大化似然度。

朴素贝叶斯模型的基础是原始变量 x_j 的离散化,我们能够对此进行扩展。广义加法模型(Hastie and Tibshirani,1990)其实就是对原始变量 x_j 的变换再进行加性组合。

朴素贝叶斯模型的优越性体现在它的简单、优美、稳定以及模型构建过程和分类过程的快捷性。它是最早出现的形式化分类算法之一,其有着极尽简单的形式,分类效果却良好得令人惊讶。为将朴素贝叶斯模型变得更加灵活,统计、数据挖掘、机器学习和模式识别等领域专家提出了大量修改,但渐渐地,人们意识到这样的修改必定会导致模型复杂化,而损害它原有的优势。

4.9.4 软件实现

朴素贝叶斯算法特别简单,因此它有很多实现。在 Eeb 上的免费版本也很多,开源软件 Weka(http://www.waikato.ac.nz/ml/weka/)同样实现了朴素贝叶斯算法,并可以使用正态分布、核分布对单个变量进行建模,或把变量离散化成类别值。

对贝叶斯这个术语的解释有很多,它在"朴素贝叶斯分类器"(Naive Bayes classifier)中最常用,但这个词语可能会带来一些误解,需引起我们注意。其实,对于贝叶斯这个术语,我们应该特别了解"贝叶斯网络"(Bayes networks)这一通用模型,朴素贝叶斯模型是它的特例。贝叶斯网络能够对变量间的多种相互作用进行建模(朴素贝叶斯要求变量独立)。Jamain 和 Hand(2005)对各种容易与贝叶斯模型混淆的概念作了详细的剖析。

4.9.5 应用示例

朴素贝叶斯方法最新的应用是在垃圾邮件过滤这个领域。垃圾邮件指的是不请自来且用户不需要的电子邮件,一般是为了进行某种直销(如提供保险)或者"钓鱼"。垃圾邮件的机理是:尽管回应率相当低,但仍然有利可图。原因主要有:

(1) 发邮件的成本几乎可以忽略不计。

(2) 发送数量基本不受限制,垃圾邮件可被自动发送到数以百万计的邮箱地址,仅一个人一天可能收到的垃圾邮件就有几百封。因此研究人员开发了垃圾邮件过滤器,对传入的电子邮件进行检查,自动把它们分成垃圾邮件与非垃圾邮件两类。被分成垃圾的邮件可以被自动删除或被放到一个保留文件夹中等待以后检查,当然,采取其他合适的策略去处理垃圾邮件都是可以的。

最简单的垃圾邮件过滤器给电子邮件中的每个单词指定一个二值变量用来表示该词是否在目标邮件中出现过。Bayes 模型当然也允许用二进制变量表示一些句法特征是否出现,如标点符号、货币单位、词组等。此外,也有一些非二元变量用来作预测,比如邮件的源头、邮件主题中非字母数字的字符所占的比率等。潜在的变量数量非常巨大,因此必须进行特征选择。

错分代价的不平衡性是处理垃圾邮件中一个重要的问题,即把合法邮件错判为垃圾邮件付出的代价要比反向错判高得多。这种代价不均衡和两个类别大小的差异确定分类阈值都特别重要。

朴素贝叶斯模型用于计数变量和用于二值变量一样简单,这是其很大的一个优点。很容易把上述多变量二值垃圾邮件过滤器扩展为变量值有更复杂分布的模型。一些实验表明:在垃圾邮件过滤任务上,用多项式分布刻画邮件中单词出现频率要比仅用二值变量刻画单词是否出现效果更优。

接下来再对一个使用朴素贝叶斯分类解决实际问题的例子做一些讨论,为简单起见,例子中的数据被我们做了适当的简化。

问题如下:对于 SNS(社交)社区来说,不真实账号(使用虚假身份或用户的小号)是普遍存在的问题,这些 SNS 社区的运营商希望能检测出这些不真实账号,从而避免这些账号对一些运营分析的报告造成干扰,同样能够加强对 SNS 社区的了解与监管。

假如通过人工检测,需要耗费的人力非常巨大,效率非常低,要是能把自动检测机制引进来,工作效率必将大大提升。具体而言,就是要把社区中的所有账号分为真实账号与不真实账号两类,下面我们一步一步实现这个过程。

首先设 $C=0$ 表示真实账号,$C=1$ 表示不真实账号。

1. 确定特征属性及划分

这一步要把可以帮助我们区分真实账号与不真实账号的特征属性找出来,在实际应用中,特征属性的数量很多,划分非常细致。为简单起见,我们用少量的特征属性和较为粗糙的划分,并对数据做一些修改。

我们选择三个特征属性,a_1(日志数量/注册天数),a_2(好友数量/注册天数),a_3(头像是否为真实头像)。在 SNS 社区里这三项都能够直接从数据库里得到或计算出来。

下面给出划分,

$$a_1:\{a\leqslant0.05,\ 0.05<a<0.2,\ a\geqslant0.2\}$$
$$a_2:\{a\leqslant0.1,\ 0.1<a<0.8,\ a\geqslant0.8\}$$
$$a_3:\{a=0(\text{不是}),a=1(\text{是})\}$$

2. 获取训练样本

这里使用的样本为运维人员曾经人工检测过的 10 000 个账号。

3. 计算训练样本中每个类别的频率

用训练样本中真实账号与不真实账号数量分别除以 10 000,得到:

$P(C=0)=8\,900/10\,000=0.89$

$P(C=1)=1\,100/10\,000=0.11$

4. 计算每个类别条件下各个特征属性划分的频率

$P(a_1\leqslant0.05\,|\,C=0)=0.3;P(0.05<a_1<0.2\,|\,C=0)=0.5;$

$P(a_1\geqslant0.2\,|\,C=0)=0.2;P(a_1\leqslant0.05\,|\,C=1)=0.8;$

$P(0.05<a_1<0.2\,|\,C=1)=0.1;P(a_1\geqslant0.2\,|\,C=1)=0.1;$

$P(a_2\leqslant0.1\,|\,C=0)=0.1;P(0.1<a_2<0.8\,|\,C=0)=0.7;$

$P(a_2\geqslant0.8\,|\,C=0)=0.2;P(a_2\leqslant0.1\,|\,C=1)=0.7;$

$P(0.1<a_2<0.8\,|\,C=1)=0.2;P(a_2\geqslant0.8\,|\,C=1)=0.1;$

$P(a_3=0\,|\,C=0)=0.2;P(a_3=1\,|\,C=0)=0.8;$

$P(a_3=0\,|\,C=1)=0.9;P(a_3=1\,|\,C=1)=0.1。$

5. 使用分类器进行鉴别

下面我们使用上面训练得到的分类器鉴别一个账号,这个账号使用非真实头像,日志数量与注册天数的比率为0.1,好友数与注册天数的比率为0.2。

$P(C=0)P(x\,|\,C=0)=P(C=0)P(0.05<a_1<0.2\,|\,C=0)P(0.1<a_2<0.8\,|\,C=0)$

$P(a_3=0\,|\,C=0)=0.89*0.5*0.7*0.2=0.062\,3$

$P(C=1)P(x\,|\,C=1)$

$=P(C=1)P(0.05<a_1<0.2\,|\,C=1)P(0.1<a_2<0.8\,|\,C=1)P(a_3=0\,|\,C=1)$

$=0.11*0.1*0.2*0.9=0.001\,98$

可以看到,虽然这个用户没有使用真实头像,但是通过分类器的鉴别,更倾向于将此账号归入真实账号类别。这个例子也展示了当特征属性充分多时,朴素贝叶斯分类对个别属性的抗干扰性。

4.9.6　相关研究

朴素贝叶斯模型吸引人的地方在于它极为精简、易于估计(单变量)以及基于证据权重的直观意义。模型的简单性有助于增强其可靠性,使得它能够获得边际分布的稳健估计。若边际分布为类别型的,则每个单元就需要包括足够的数据点来产生精确的估计。为此,研究人员探索出了更加优化的变量单元划分方法。一种和贝叶斯模型较接近的方法是,对每个变量分别作处理,划分得到的单元数相同(这样做通常要好于划分成等长单元的方法)。更复杂的方法是按照每种类别在每个单元上的相对数量来进行单元划分。在划分单元时可考虑对每个类别(或两个类别)分布的整体拟合,但这种做法会偏离原来的简单边际方法。Hand 和 Adams(Hand and Adams 2000)总结了这方面的研究。

数据缺失是几乎所有的数据分析任务中潜在的问题。不能对缺失数据做处理的分类方法是有缺陷的。假如数据缺失的发生是随机的,朴素贝叶斯模型处理就不存在任何困难,因为它可以从观测数据简单地得到边际分布的有效估计。但是,若数据缺失是信息型的缺失,那处理过程就复杂了,这是值得做进一步研究的领域。

现在涉及动态数据和流数据集的问题越来越多,朴素贝叶斯方法依靠其简单直接的估计方法有时能很好地去适应这些问题。

在生物信息学、蛋白质学、基因组学以及微阵列数据分析等领域,被作"小 n 大 P ——样本少维数高"的问题都特别重要。这类题的特点是变量的数量比样本数量大很多,因此产生了奇异协方差矩阵、过拟合等困难问题。为了克服这类问题,有必要引入一些假设或(等效地)以某种方式对估计进行收缩。在有监督分类的任务中,应对该问题的一个可用方法是使用朴素贝叶斯模型。因为独立性这一内置的假设能够有效抵抗过拟合。这方面的改进思想越巧妙,得到的分类器就越复杂,因此应注意保持它们之间的平衡。

4.9.7 小结

在众多的分类模型中,决策树模型(Decision Tree Model)和朴素贝叶斯模型(Naive Bayes Model,NBC)是两种应用最为广泛的分类模型。朴素贝叶斯模型发源于古典数学理论,因此它的数学基础比较坚实。它的分类效率也比较稳定。同时,NBC 模型所需估计的参数较少,对缺失数据不是很敏感,算法也较为简单。理论上,与其他分类方法相比 NBC 模型的误差率最小。但是事实并非总是如此,这是由于 NBC 模型假设属性之间相互独立,实际应用中这个假设往往不成立,这给 NBC 模型的正确分类造成了一定影响。属性个数较多或属性间相关性较大时,NBC 模型的分类效率不如决策树模型;属性相关性较小时,NBC 模型的性能更优。

4.10 分类和回归树算法

分类和回归树(Classification and Regression Trees,CART)算法首次把决策树的研究置于概率论与统计学基础之上,它的表述与分析都特别严谨。CART 算法在很多行业都得到了广泛的应用,特别是在定向营销、信用风险、市场经济建模、质量控制、电子工程、化学、生物以及临床医学等研究领域。除此之外,在图像压缩领域,CART 算法中的树形向量量化技术同样起到了重要的作用。

4.10.1 算法描述

CART 决策树主要包括分裂、剪枝和树选择等基本过程。分裂过程为一个二叉递归划分的过程,预测属性与目标属性的类型既可以是连续型,又可以是标称型。应以数据的原始形式对其进行处理,无须对数据做分级(binning)变换。数据的分裂过程从根节点开始,最初的根节点的数据分裂出两个子集,之后每个子集继续分裂,直到无数据可分为止。因为 CART 算法中缺少停止准则,所以树会不断生长直到其最大尺寸。然后是剪枝过程,CART 采用一种称为代价复杂度剪枝(cost complexity pruning)的新剪枝方法,此方法以最大树为起点,每次选择训练数据上对整体性能贡献最小的(也可以选择多个)分裂作为下一个剪枝对象,直到仅剩根节点为止。这样,CART 就会产生一系列嵌套的剪枝树(而非一棵剪枝树),因此需要从里面选出一棵作为最优决策树。在进行树选择时,要用到一份单独的测试数据来对每棵剪枝树的预测性能作评估。要注意,在进行树选择时,CART 与 C4.5 运用的树预测性能评估方法完全不同:C4.5(与其他一些经典统计学方法)使用训练数据,而 CART 使用单独的测试数据(或使用交叉验证策略)。

如果要对 CART 算法进行全面阐述并理清全部的技术细节,那么所需的篇幅将很长且内容也比较繁杂。首先,在树生长的过程中:分类与回归用到的分裂准则有很多;连续型分裂器与类别型分裂器的处理方式不同,尤其是类别型分裂器通常要被分成多个层级;提供对缺失值的处理等。在树完成生长后对树的剪枝就要进行,而这又是另一个较为复杂的过程。最终,就是树的选择。下面,我们以伪代码形式给出一个简化的树生长算法。

4.10.1　简化生长树算法

开始:将所有的数据分配给根节点并将根节点定义为叶节点
分裂:
New_split = 0
For(树中每个叶节点)
　If(叶节点的样本数太少或者节点中所有点属于同一类)
　goto GETNEXT
　根据分裂准则找到最优分类属性和阈值,将节点分裂为两个新的子节点
　New_split + +
GETNEXT:

在树生长过程完成之后,接下来 CART 算法会生成一个嵌套的剪枝树序列。这里先给出一个简化的剪枝算法,此算法暂时不考虑先验信息与算法代价。当然,这与真正的 CART 算法是不一样的,这么做是为了形式简洁便于阅读。在该过程的开始步骤中,以先前获得的最大树(T_{max})为输入,把该树的那些在训练数据上无法提升预测精度的分裂减掉。在该过程的剪枝步骤中,每次迭代都把树中当前最弱的链接移除掉,即移除测试数据上性能提升最小的那些分裂。

4.10.1　简化剪枝算法

定义:$r(t)$ = 节点 t 中,训练数据被误分的比例
　　　$p(t)$ = 节点 t 中包含的训练实例数目
　　　$R(t) = r(t) * p(t)$
　　　t_left = 节点 t 的左子树
　　　t_right = 节点 t 的右子树
　　　$|T|$ = 树 T 中叶节点的总数
开始:T_{max} = 最大生长树
　　　Currrent_Tree = T_{max}
　　　For(所有叶节点的父节点 t)
将所有 $R(t) = R(t\_left) + R(t\_right)$的分裂点移除
　　　Currrent_tree = 剪枝后的 T_{max}
剪枝:If $|$Currrent_tree$|$ = 1 then goto DONE
　　　For(所有叶节点的父节点 t)
将所有 $R(t) = R(t\_left) + R(t\_right)$最小的那个点移除
　　　Currrent_tree = 剪枝后的 Currrent_Tree

而实际的 CART 算法与上面的简化算法有些区别,主要是应用了一种关于节点的惩罚机制,利用这一机制,能够在一次剪枝的动作中把整棵子树都移除掉。

4.10.2 深度讨论

1. 分裂准则

CART 算法的分裂规则一般采取如下形式：

An instance goes left if CONDITION, and goes right otherwise

其中，CONDTION 是一个条件表达式。对于连续值属性，表达式形如"（属性 $X_i \leqslant C$）"；对于类别型或者标称型属性，表达式是一种列表成员判定的运算。例如，基于变量 city 的分裂规则可以写作：

An instance goes left if city in (Chicago, Detroit, Nashville) and goes right otherwise

在分裂准则确定下来之后，CART 的最优分裂算法能够自动确定分裂器与分裂点。在未分组的(unbinned)原始数据上对属性实施保序变换（如取对数，取根号，取指数等操作）后，CART 算法的最优分裂是保持不变的。CART 的作者认为两路分裂要比多路分裂好很多，因为：

（1）两路分裂造成数据碎片化的速度要比多路分裂慢；

（2）允许在一个属性上重复分裂，这样能够在一个属性上产生足够多的分裂。两路分裂对树预测性能的提升足够弥补其相应的树易读性的损失。

2. 先验概率和类别均衡

确保类别均衡对于机器学习的实际应用来说意义非常重大，若训练集高度不均衡，许多数据挖掘方法都无法取得良好的效果。对训练数据集进行采样是最常规的做法，这种做法使得最终生成的类别大小相近。但如果感兴趣的类别特别小，进行样本均衡就会造成可用训练数据集相对于原始训练数据集很小。例如，在保险欺诈分析中，某公司识别出了 70 个存在诈骗的案例，如果必须让分析者使用均衡的样本，则只能得到 140 个势力样本（70 个诈骗案例、70 个非诈骗案例）。

值得庆幸的是，CART 算法的作者在 1984 年就对这一问题做了深入的研究并明确解决了这一问题，使得建模过程无须考虑样本均衡问题。不管训练数据集怎么失衡，CART算法都能够把它自动消除，无须建模人员采用其他操作、判别、采样和加权。总之，针对数据的均衡性无须进行任何预处理，直接可以拿来建模。

为实现这一重要特性，CART 算法用到了一种先验机制，它的作用相当于对类别进行了加权。这种机制不可见，因为 CART 算法报告的关于树的计数信息未曾体现出先验。先验被嵌入 CART 算法判别分裂优劣的运算当中了。在 CART 默认的分类模式中，总要计算每个节点关于根节点的类别频率的比值。这相当于是对数据自动重加权，对类别进行均衡。同时，也保证了树的选择所遵循的最小化错误率原则是建立在类别均衡的基础上的。重加权隐藏在所有关于概率与提升的计算中，无须用户干预。每个节点上样本含有的实例数量反映的是未加权的数据。对于一个二分类任务，节点 node 被分成类别 1，当且仅当：

$$\frac{N_1(\text{node})}{N_1(\text{root})} > \frac{N_0(\text{node})}{N_0(\text{root})}$$

经过对这种计算方式的观察我们可以发现，无论数据真实的类别分布是怎样的，假如有 K 个目标类别，就能确保根节点中每个类别的概率都为 $1/K$。我们称这种默认的模式为"先验相等"。它使得用户能够容易地处理任何失衡数据，而无须做任何特别的均衡类别操作或用人为的加权方法构造等概率预处理。只需利用 CART 软件的默认设置就足够对失衡数据做有效的处理。

3. 缺失值的处理

现实世界当中,缺失值的出现是很频繁的。尤其是商业数据库,这对于任何建模者来说,都是一个非常棘手但又必须要处理的问题。CART 算法的主要贡献之一是它采取了完全自动的机制高效地处理了缺失值问题。决策树在三个层面上需要对缺失值进行处理:

(1)分裂属性的评估;

(2)训练数据跨过节点;

(3)测试数据跨过节点并得到最终的类别赋值。

对于(1),在 CART 算法的首个版本中,严格要求在评估分裂属性时只能使用在该属性上不存在缺失值的那部分数据。在后续版本中,CART 算法使用了一组惩罚机制来抑制提升值,以此反映出缺失值的影响(例如,一个变量在节点 20% 的记录上存在缺失值,那么它对该节点的提升值将减少 20% 或 20% 的一半)。对于(2)和(3),CART 算法的机制为给树的每个节点都找到“代理”或替代分裂器,不管在训练数据中是否有缺失值出现都将这样做。代理分裂器特别管用,它确保了在无缺失训练数据上得到的树能够用来处理包括缺失值的新数据。这和那些不从包含缺失值的训练数据集中学习缺失值处理的机器形成了强烈的对比,同时也有别于那些必须从包含缺失值的训练数据集中学习缺失值处理的机器。

在 CART 算法中,缺失值处理机制是完全自动的,并与节点布局自适应。代理分裂器按关联分值进行排名,这个分值可看作是代理分裂器对于默认规则的增强,默认规则预测全部的实例都是分到一个大的节点中。一个量必须超过默认规则的性能,才拥有作为代理的资格。在 CART 树中遇到缺失值时,这个实例被划分到树的左边还是右边由排名最高的代理来决定。假如这个代理的值也缺失,则使用排名第二的代理,以此类推。若所有的代理值都缺失,那默认规则就把全部实例都分到较大的那个子节点当中。

4. 属性的重要度

一个给定的属性有可能被决策树的多个节点选作分裂器,在每个节点上,它都会一定程度地提升决策树的性能,提升的总量(需用各节点包含的训练数据的比例进行加权)就构成了该属性的重要度。这里同样包含对代理属性(surrogates)的重要度计算,哪怕一个变量从未用于节点分裂,仍有可能获得较高的重要度。这样一来,变量重要度的排名就可以揭示属性间隐蔽的、非线性的关联。虽然可以仅对分裂器的重要度做计算,但是把分裂器的重要度与全部属性的重要度(分裂器属性和代理属性)统一排序是特别管用的诊断方式。

5. 动态特征构造

Friedman 讨论过在每个节点上自动构造新特征的方法。例如,对于二分类任务,他建议加上一个形式如下的新特征:

$$x \times w$$

其中,x 为一个连续型预测属性向量的子集,w 为两个类别的均值向量的标量差。此类做法与对节点上的所有连续值属性执行对数回归的方法类似,利用估计得到的对数值来进行预测。尽管某些情况下,线性组合分裂器是发现数据内在结构最好的方法,但大多数情况下,我们发现这样做将增加过拟合的风险。因为在每个节点中的过度学习,最终会导致模型性能变得低劣。

6. 代价敏感学习

代价的概念处于统计决策理论中的中心地位,可定义一个实例被错误分类的代价为 $C(i,j)$,用来表示实例的类别为 i 但被预测为类别 j 的情况。在默认情况下,每一个错误分类的代价取值为 1,当然对于全部类别 $C(i,j)=0$。所有代价可用一个矩阵 C 来表示,每种类别都存在对应的行与列。一棵分类树的总代价即为每个叶节点上分类错误的代价总和。这种代价敏感学习机制的目的为:要在树的生长与剪枝过程中考虑代价因素。

最直接、最容易被想到的代价处理方法是加权:对每个类的所有实例都赋予一个相同的初始权重,当实例被误分时就把该实例的权重提高。加权在 CART 的实现中是透明的,即算法是按照最初未加权的形式报出所有节点的计数。对于多类分类问题来说,通常对错误分类代价矩阵按行进行汇总得到相对的类别权重,用作代价的近似。这种技巧无须考虑代价矩阵的内部细节,因为它非常简单,所以被大家广泛使用。

7. 停止准则、剪枝、树序列和树选择

最早期的决策树是不剪枝的,决策树会不断生长直到满足一定停止条件为止。但没有任何一种停止准则能够确保识别出重要的数据结构。因此,我们将不停止树的生长,而以足够大的结果树作为原始素材,利用剪枝提取出最优树。

剪枝机制严格基于训练数据。首先,给出所谓的代价复杂度的定义:

$$Ra(T)=R(T)+a|T|$$

此处 $R(T)$ 代表树的训练样本的代价,$|T|$ 为树的叶节点数目,a 代表在每个节点上施加的惩罚因子。如果 $a=0$,则最小代价复杂树即为最大树;如果 a 允许不断增加,则最小代价复杂度树将逐渐变小,因为那些树底部降低 $R(T)$ 幅度有限的分裂会被砍掉。参数 a 从 0 开始不断增加,总能达到一个能把所有分裂都剪掉的值。在有 Q 个叶节点的树中,用此方法去提取出的树有最小的代价 $R(Q)$。这在实际应用中是特别重要的,搜索最优树的过程中需要测试的树的数目被它大幅地减少。剪枝过程有两步:第一步,删除分裂(一个分裂产生两个叶节点);第二步,把两个叶节点吸收进它们的父节点,这样就能用一个节点代替两个叶节点了。使用这种剪枝方法,从最大树里提取的子树的数量很大,具体还要取决于该树的拓扑结构,有时还会超过 $|T|!/2$。但是基于代价复杂度剪枝,我们需要检验一棵树的数目将少很多。例如,我们有一棵包含 81 个叶节点的树,代价复杂度剪枝得到的子树序列仅含 28 棵子树,若要去查找所有可能子树,我们就必须去检查 25! 棵树。

最优树是指剪枝序列的测试数据代价最小的树。因为测试数据上的错误分类代价的度量受采样误差的影响,所以在一定程度上,选择剪枝序列中哪一棵树是最优树也具有不确定性。实际上,错误曲线(分类错误率是树规模的函数)有个有趣的特性,对于一个大的训练数据集,错误曲线在最小值附近趋于平坦。通常,推荐选择 1 标准差(1 SE)树,也就是相对于最小代价的 0 标准差(0 SE)树有 1 个标准差代价的树。我们青睐 1 标准差规则的理由是,模拟表明:在各种情况下,该规则生成的树的尺寸都比较稳定,而 0 标准差规则生成的树的尺寸,在不同情况下变化非常剧烈。

4.10.3 软件实现

我们可以从 Salford Systems 公司获取 CART 软件,访问网址为 http://www.salford systems.com,免费的评估版能够直接下载。该软件的可执行文件包含 32 位版与 64 位版,支持 Windows、Linux 和 UNIX 等操作系统。还有一些流行的开源系统（与其他商业化的专有系统）提供了决策树。Salford System 公司用 CART 赢取了不少国际上的数据挖掘竞赛的奖项，详细内容可从该公司网站获取。

4.10.4 相关研究

1. 概率树

概率树与分类树最关键的不同点为：有的分裂会把生成的两个叶节点分配给和它们父节点相同的类别。对于这类分裂，概率树选择保存下来，而分类树却不允许出现这种情况（因为这样的分裂对最终的分类精度没有贡献）。此外，概率树在剪枝方面也与分类树不同。因此，即便是基于完全相同的数据，CART 算法建立的分类树与概率树的最终结构仍可能存在一些差异（通常并不显著）。概率树有个明显的缺点：在叶节点中根据训练数据进行的概率估计是有偏向的（对于二元分类任务，就是偏向类别 0 或者偏向类别 1），并且叶节点的深度越深，这种偏差就越大。在最近的机器学习文献中，有研究推荐利用拉普拉斯校正（Laplace adjustment）来消减这种偏差。还有一种更为复杂的方法可以调整叶节点的概率估算方法——布雷曼校正（Breiman adjustment）。它上调了每一个叶节点的错误分类率估计 $r\times(t)$，如下：

$$r\times(t)=r(t)+e/(q(t)+S)$$

此处的 $r(t)$ 为节点内训练样本的估计，$q(t)$ 为节点内训练样本所占的比例，待定参数 S 和 e 为给定树的训练错误率与测试错误率之差的函数。和拉普拉斯校正的方法不同的是，布雷曼校正并不依赖于节点的初始预测概率，并且要是测试数据表明树没有过拟合的话，这种调整的幅度影响将是非常小的。

2. 其他相关研究

CART 算法在 1984 年发表后得到广泛的应用，相关的研究一直很多。作为 CART 算法创使人之一的 Breiman 一直致力于对 CART 方法的精度改进、应用范围拓展以及计算速度提升等方面。1994 年，Breiman 发现了"自举聚合"（bootstrap aggregation）现象：通过自举的方法从一个固定的训练集中生成大量样本，进而生成大量 CART，把这些树聚合起来就创建出组合预测的方法。1998 年，这个组合的思想被 Breiman 应用在了在线学习与针对开发的大规模数据分类器上。之后，他提出了一种称为随机森林（random forests）的思想，把原来对训练数据的行随机采样推广成对树的每个节点的列随机采样。Breiman 在自己生命的最后几年仍对随机森林作了深入研究，他与 Adele Culter 一起在缺失值的分派、异常的检查、聚类的发现，以及对随机森林算法的输出结果的可视化等诸多方面发展出许多成体系的新方法。

另一位作者 Richard Olshen 研究的重点集中于决策树在生物医学方面的应用。例如：他发明了第一种基于树的存活分析方法；他还成功地把决策树应用到了图像压缩任务上；近期，针对极高维数据分析问题，他引入了一种分裂器线性合并方法（针对复杂疾病的遗传）。

4.10.5 小结

在分类与回归树算法下有两个很关键的思想：第一个是关于递归地划分自变量空间的思想；第二个是用验证数据进行剪枝的思想。

第5章 数据可视化

我们在前面几章里学习了现代大数据技术的一些框架与算法。我们可以通过这些手段发现一些现象或得出某种结论。但怎样把这些现象或结论直观地展示在人们面前？这就要用到数据可视化技术了。

博览当今的可视化技术，极简主义几乎无处不在。在数字化和信息化的时代，我们只需轻敲几下鼠标，所需的大量信息就能从海量的信息里被挑选出来，以简单的形式呈现在面前。但是，这一切不是靠运气得来的，而是靠千千万万的前辈勇于创新，不懈努力才实现的。"前人栽树，后人乘凉"，正是有了前辈们的铺路，我们今天才能用上这美观便捷的可视化技术。

如今，大数据时代已经到来，在信息海量的今天，筛选并呈现复杂数据最有效的方式无疑就是数据可视化了。单张数据可视化图就有着极高的使用价值。它可以减少人们的研究时间，而且它们易读也便于理解。同时，若数据来源可靠的话，它们也特别准确。再有，因为具有很高的网络社交属性，数据能够以多种不同的方式轻松愉快、有趣地呈现。

5.1 基本可视化图表

大家可能会觉得大数据时代，可视化图表往往是多元的、复杂的。基本图表已经落后于时代，但其实"大道至简"。用基本图表就能表达准确的事情，为什么非要弄得复杂呢？而且每个基本图表所适合的条件和环境都不相同，掌握好它们，也可以为更深入地研究可视化技术打好基础。

本章节主要介绍柱状图、饼图、折线图、散点图、气泡图和雷达图。通过对这些基本图表的功能和适用条件的探讨，建立数据可视化的基本概念，以便之后更好地处理和展现数据。

1. 柱状图

柱状图一般表示的是二维数据，重点体现某一维随另一维的变化情况，通常是数量随时间的变化，或者多种属性数据的相互比较。图 5.1.1 是某家公司 2010—2016 年的盈利情况，从图中可以直观地看出公司在近年来的发展情况。

图 5.1.2 为条形图，其功能与柱状图相似，只是表现形式有所区别，所以在这里一起展示，方便理解。该图表现的是一个家庭月支出，从图中可以看到各项目的花费金额，能够帮助人们更好地了解自身的经济情况。

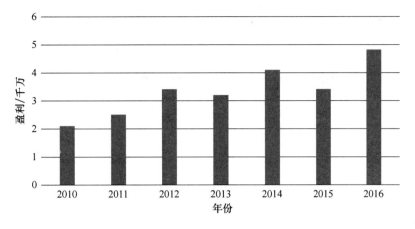

图 5.1.1　柱状图

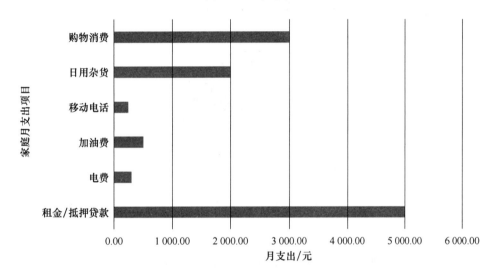

图 5.1.2　条形图

2. 折线图

折线图与柱状图相似的地方在于它也可以表现二维数据的增减情况,但它更适合表现趋势的变化。在图 5.1.1 数据的基础上,绘制折线图 5.1.3,通过折线图可以直观地看到这个公司的发展趋势。

3. 饼图

饼图适用的范围比较小,一般用于表现某种属性在总体中所占的比例。因为人们对面积的概念比较弱,所以应该尽量避免使用饼图展示多种属性。

图 5.1.4 在之前家庭支出的数据基础上,展示了租金/抵押贷款这一项占总支出的比例。

4. 散点图

散点图一般适用于三维数据,反应的是数据之间的关系,但在数据点较多时视觉上会觉得较为混乱,不够清晰。

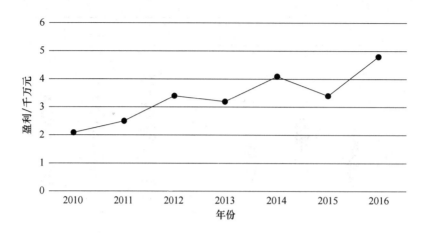

图 5.1.3　折线图

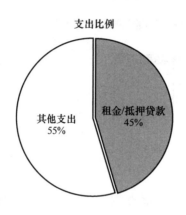

图 5.1.4　饼状图

图 5.1.5 是某一产业三家公司近年来的盈利情况。从图中可以看出市场对三家公司的作用以及三家公司相互之间的关系。

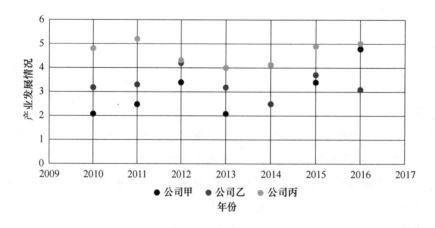

图 5.1.5　散点图

5. 面积图

面积图主要强调的是数量随时间的变化情况,从而发现某种规律或者某些现象。

图 5.1.6 是家庭第一季度的消费情况。从中可以看出,在三月,购物消费上升,电费、加油费、日用杂货消费下降,很有可能当月出去旅游了。

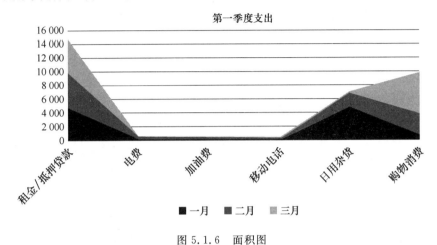

图 5.1.6　面积图

6. 雷达图

适用于四维以上的多维数据,每个维度必须是可以排序的,数据点最好不超过 6 个,不然会难以分辨。

玩游戏的同学对图 5.1.7 应该并不陌生,它展示了战士、法师、盗贼三个职业的属性。

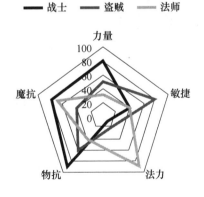

图 5.1.7　雷达图

除了上面介绍的 6 种基本数据表现类型,还有气泡图、漏斗图、词云、指标卡和瀑布图等可视化图表,有兴趣的读者可以再进行深入了解。但有一个原则一定要牢记,数据可视化只是一种表现数据的手段,它本身并没有那么重要,很多时候人们往往去追求漂亮的图表,但忽略了其后数据的价值,这是数据处理中的大忌。

5.2　示　　例

下面介绍一些实际中的例子,通过这些真实的数据让大家对数据可视化有一个更加深入的了解。

5.2.1 全国就业和薪酬分析

中国哪些城市赚钱最容易？哪些城市赚钱最难？2015 年上半年，人力资源和社会保障部发布了《薪酬发展报告(2013—2014)》，对近年来的地区工资水平发展状况做了分析。地区工资是收入分配关系的重要内容。因为地区经济发展不平衡，所以改革开放后相当长一段时间，中国地区间工资收入的差距不断拉大。

以下是由《投资时报》统计出的"中国最难赚钱的城市排行榜"与今年上半年由人力资源社会保障部发布的《薪酬发展报告(2013—2014)》统计出的"中国最容易赚钱的十大城市"。尽管数据不是最新的，但仍具有很高的参考价值。

从图 5.2.1 可以看到，赚钱较少的集中在了沿海和平原城市，这与人们对于沿海城市相对富裕的印象有所不符，尤其是江苏省，同时有两个城市入选。如果要探究这一现象背后的原因，就需要额外的数据进行支撑了。

图 5.2.1 全国最难赚钱十大城市

从图 5.2.2 可以看到，"北上广深"这些一线城市没有悬念地上榜了，其他的基本上都是省会城市，这与人们的普遍看法相同。

看完城市，下面看看自己的专业是否抢手吧。图 5.2.3 是 2015 年秋季全国需求最旺盛的十个行业。

由图 5.2.3 可以看到，互联网/电子商务行业所需人才数量最多，其次是基金/证券/期货/投资行业，然后是房地产/建筑/建材/工程行业。各行业对人才的需求量与各行业的发展状况有着密不可分的联系。中国互联网、金融业、房地产业目前仍是发展势头最强的三个行业。

图 5.2.2　全国十大最易赚钱城市

2015年秋季求职需求最多的十大行业	
排名	行业
1	互联网/电子商务
2	基金/证券/期货/投资
3	房地产/建筑/建材/工程
4	教育/培训/院校
5	计算机软件
6	专业服务/咨询（财会/法律/人力资源等）
7	贸易/进出口
8	广告/会展/公关
9	IT服务（系统/数据/维护）
10	快速消费品（食品/饮料/烟酒/日化）

图 5.2.3　求职需求最多的十大行业

图 5.2.4 是 2015 年秋季各城市的求职期平均薪酬。

从上面的图表可以看出,北京、上海这种超大规模城市的毕业生平均薪酬比较高,但同时生活成本也相对较高,那在不同的城市中拿多少月薪人们才有安全感?

国内一份调查显示,要在相应城市生活得"不惶恐",月薪就需要达到相应的数目。图5.2.5 对比了不同城市白领拿多少月薪才有安全感。本次统计依据不同的城市平均工资、物价涨幅以及不同城市消费水平综合计算得出。

从图 5.2.5 中可以看出,在大城市生活虽然薪酬较高但消费水平也很高,这也是为什么在大城市打拼的人虽然挣得不少,但还是感受到很大的危机。所以在毕业时是选择回家发展还是去大城市打拼,是需要反复权衡的一件事。

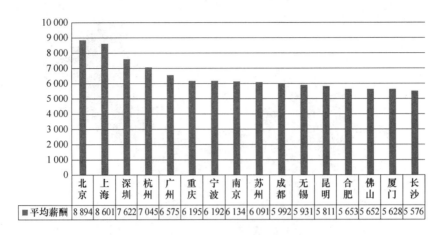

图 5.2.4 2015 年秋季求职期平均薪酬城市分布

	北京	上海	深圳	杭州	广州	重庆	宁波	南京	苏州	成都	无锡	昆明	合肥	佛山	厦门	长沙
■平均薪酬	8 894	8 601	7 622	7 045	6 575	6 195	6 192	6 134	6 091	5 992	5 931	5 811	5 653	5 652	5 628	5 576

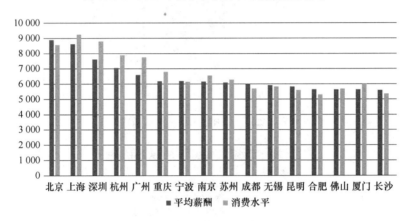

图 5.2.5 平均薪酬和消费水平对比图

5.2.2 2015 年国内外搜索分析

每年年底,谷歌和百度这两家公司会分别公布了该年度的热门搜索词排行榜,我们通过2015 年的数据来简单了解一下。

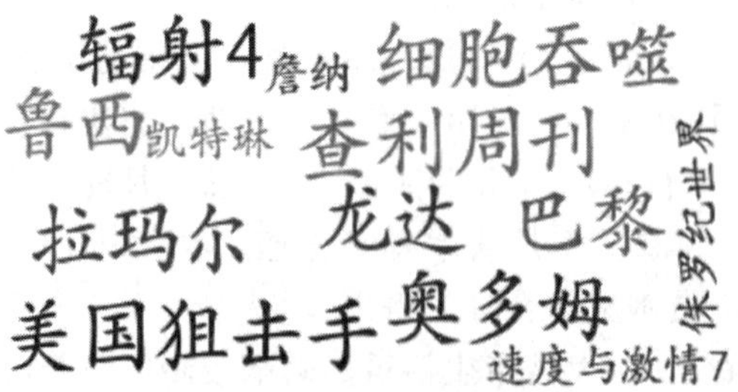

辐射4 詹纳 细胞吞噬
鲁西 凯特琳 查利周刊
拉玛尔 龙达 巴黎 侏罗纪世界
美国狙击手 奥多姆
速度与激情7

图 5.2.6 谷歌 2015 年度十大热门搜索关键词

图 5.2.6 中有三个人名、三部电影、两个游戏、一个地区、一本杂志。

《侏罗纪公园》和《速度与激情 7》是 2015 年票房很高的好莱坞电影。而《美国狙击手》虽然知名度稍逊，但在 2016 年的奥斯卡有不俗的表现。“凯特琳”与“巴黎”都与恐怖袭击有关。

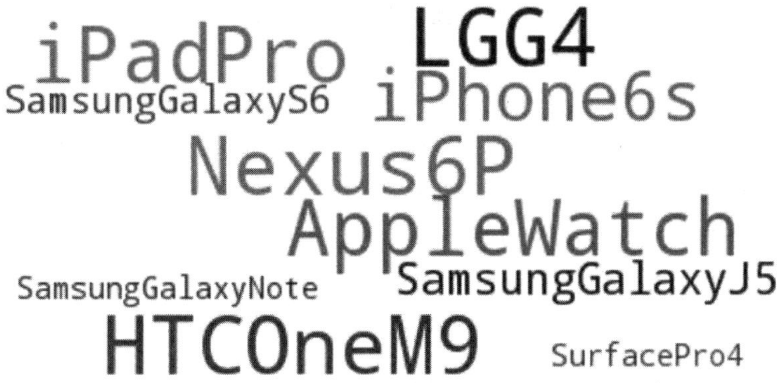

iPadPro
LGG4
SamsungGalaxyS6
iPhone6s
Nexus6P
AppleWatch
SamsungGalaxyNote
SamsungGalaxyJ5
HTCOneM9
SurfacePro4

图 5.2.7　谷歌 2015 年度十大科技类热词排行榜

图 5.2.7 中有七款智能手机入选，可以看出智能手机在科技类产品中的吸引力仍然很强劲，这一点从 iPhone 6s 就可以看出。苹果与三星各占三个席位。除智能手机外，另外三款产品是 Apple Watch、iPad Pro 以及 Surface Pro 4。

同时，谷歌还列出了“人物类十大热门搜索关键词排名”“电视类十大热门搜索关键词排名”“电影类十大热门搜索关键词排名”“新闻类十大热门搜索关键词排名”等榜单，读者若兴趣，可以去谷歌的页面看看。

我欲封天
双色球
双色球开奖结果
微信
花千骨
完美世界
qq
淘宝
百度

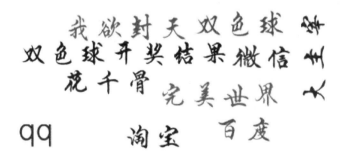

图 5.2.8　百度沸点 2015 年度热搜词

我们可以从图 5.2.8 所示百度发布的“百度沸点 2015 年度热搜词”上一览国内网民的网络生活。其中 BAT 三家公司的产品占了四席，还有两部网络小说，两个与双色球有关的热搜词，一部电视剧和一个游戏。与谷歌的热搜榜单相比，百度的热搜关键词从分类和结果上看更偏娱乐一些。

对百度和谷歌进行综合比较,这两家公司公布的数据透漏出如下三个信息。

(1) 谷歌媒体属性更强,百度服务属性更强

谷歌的关键词更偏向于某一事件或者现象涉及的人或事,其中虽然不乏游戏和电影,但也包含了一些引起社会反响的新闻事件。而亚马逊、Facebook 等服务性行业就没有入围。

再来看百度,十大热搜词语中出现了淘宝、百度、双色球等服务属性很强的关键词,与往年不一样的是百度今年推出了 9 个移动搜索榜单,其中无论是按时段分类的用户行为榜单(如"日出东方十大移搜热词""茶余饭后十大移搜热词"等),还是移动热搜 O2O 榜单,都将人们搜索服务的需求表现得淋漓尽致,这一点与谷歌榜单有所不同。

顶部搜索同样生动地反映出了人们"通用搜索诉求"的巨大差别。例如,美国人更喜欢利用搜索引擎搜寻资讯和知识,中国人则更喜欢利用搜索引擎来搜寻各种服务:应用下载、游戏获取、旅游资讯、生活服务、影视服务等。

(2) 谷歌加速信息流动,百度加强服务链接

分析完这个榜单的差异后,再看谷歌与百度在这几年动作上的差异就更加清晰了。谷歌过去的使命是加速信息的流动,它希望人们在其网页上停留的时间足够短以尽快到达结果页面;百度则一直不断地加强自己的内容:贴吧、知道和百科等都是基于框架计算的直达应用,还有中间页战略全是为了让人们以最短路径高效地获取服务。

在过去近十年的 PC 搜索时代,谷歌和百度所走的道路截然不同。而到了当今的移动时代,两者更是渐行渐远。

谷歌大力推动 Android 生态的发展,收购了 Moto 与 Nest 等硬件厂商,探索 Google Glass 和无人汽车等智能设备,而对于 Google Wallet 这种国内巨头十分重视的业务却并未投入很大的精力,同样,Google Now、Google 图像搜索等也没有很大动静。

百度与谷歌相反,它一方面着重发展移动搜索技术,特别是多媒体搜索和深度学习技术,另一方面通过手机百度打通服务、直达号、百度钱包等战略从而将第三方服务引入进来。

简单总结一下,谷歌过去的使命为"组织全球的信息,让所有人都能够获取并有效利用这些信息",现在"组织信息"的使命依然存在。但更多的是,谷歌对自己的未来规划——用机器来解决人们面临的所有问题甚至取代人类。如果说谷歌更着眼于未来,那么百度就比较着眼于当今时代人们的需求,正如李彦宏所讲,就是要把人与服务链接在一起,直白地讲这些服务就是人们"衣食住行"的方方面面,百度与 Uber 合作的目的就是达成这样的目标。

(3) 中美互联网的差别:中国的机会在服务,美国的机会在智能

如果有机会去硅谷走一圈就会发现,中美两方的互联网公司与创业圈的关注点存在着非常巨大的差异。

"O2O"这个由美国投资界策划的词,在中国发展得热火朝天,而许多硅谷业内人士却不知道这个词的意思,虽然 Airbnb、Uber 实际上在做着类似的事情,但其思维更多是分享经济而并非改造传统或是颠覆行业。反而是以智能硬件为核心的人工智能在硅谷备受关注,GoPro、Fitbit、Dropcam、Nest、Chromecast,这些产品也已经在 Best Buy 上大量出现并成为消费品,很多创业者也积极加入到这些行业当中——去看看 Kickstarter 与 Indiegogo 这两大众筹网站的火爆程度就知道了。硅谷精英关注的重点是人工智能、无人机、机器人、创客,而不是 O2O。

主要原因在于美国的传统行业基本上已经趋近于成熟高效,能被改造的点并不多。与之相比,中国的传统行业存在的不足还很多,这其中有很多可以结合互联网来解决。尽管传统行业非常强势,但互联网还是对传统行业造成了非常巨大冲击,滴滴、去哪儿等现象级公司大量出现就体现出了这一点。

中国互联网正在加速传统产业的淘汰,互联网与出版、医疗、旅游、教育、零售等领域的结合正在(或已经)超越美国。正是因为中国传统行业信息化水平较差而给互联网企业带来了巨大机遇。

总体来说,中国传统实体经济仍留给互联网一定的发展空间;而美国的实体经济相对完善,因此没有太多机会留给互联网。所以美国的科技巨头以及创业者更着眼于寻求全新的领域做新增市场而非改造存量市场,中国的科技巨头与创业者则双管齐下,一方面改造传统行业,渗透线下,开荒三四线,另一方面也走面向未来的智能化道路。

所以说数据是一方面,还需要能看懂数据背后隐藏趋势的人,而可视化技术则是帮助人们更好地理解和挖掘数据,找出其中的规律与知识,从而反作用于科技与经济。

5.3 可视化工具

中国有句成语:工欲善其事,必先利其器! 一款好的工具可以起到事半功倍的效果。特别是在大数据时代,更需要强大的工具通过让数据变得有意义的方式来实现数据可视化,以及数据的可交互性;我们也需要跨学科的团队,而不仅仅是单个数据科学家、设计师或数据分析员;我们更要重新思索我们所了解的数据可视化,图表与图形目前只能在一个或两个维度上传递信息,那么它们如何才可以与其他维度融合到一起深入挖掘大数据呢? 这时就要靠大数据可视化(BDV)工具了。接下来,我们将列举适合各平台各行业的多个图表和报表工具,这些工具中既有适用于 NET、Java、Flash、HTML5、Flex 等平台的,也有适用于常规图表报表、甘特图、流程图、金融图表、工控图表、数据透视表、OLAP 多维分析等开发的。表 5.3.1 整合了目前较为常用和先进的数据可视化工具,方便大家选择合适的数据可视化产品。

表 5.3.1 常用可视化工具

工具名	主要特点
Excel	快速分析数据的理想工具,可以创建数据图以供内部使用,但在颜色、线条与样式上提供的选择比较少
Google Chart API	提供了很多现成的图标类型,既有简单的线图表,也有复杂的分层树地图等,还对动画和用户交互控制进行了内置
D3	可以提供大量线性图与条形图之外的复杂图表样式,如 Voronoi 图、圆形集群、树形图以及单词云等
R	主要用于统计分析或开发统计相关的软件,但也可以用于矩阵计算,而且其分析速度能和 Matlab 媲美
Visual. ly	主要用于制作信息图
Processing	基于 Java 开发,优势是代码简单,可移植性强

工具名	主要特点
Leaflet	开源 JavaScript 库,主要用于开发交互地图
PolyMaps	地图库,在地图风格化方面,PolyMaps 有着独到之处,和 CSS 样式表的选择器很类似
Gephi	对社会图谱数据进行可视化分析的工具。Gephi 可以处理大规模数据集,是可视化的网络探索平台,可用作构建动态的、分层的数据图表
Crossfilter	互动图形用户界面的程序。当调整一个图表里输入的范围时,其他关联图表的数据也会随之改变
Fusion Charts Suit XT	一种跨平台、跨浏览器的 JavaScript 图表组件。能提供良好的 JavaScript 图表体验。它是图表解决方案中最全面的一个,囊括 90+图表类型与众多交互功能,包含 3D、各类仪表、工具提示、向下钻取、缩放和滚动等。它有着完整的文档和现成的演示,有助于你快速创建图表
iCharts	提供一个可用于创建并呈现醒目图表的托管解决方案。可供选择的图标种类有很多,每种类型都完全能够定制以适应网站的主题。iCharts 也有交互元素,数据可以从 Google Doc、Excel 表单以及其他来源中获取
Bonsai	利用 SVG 作为输出方式生成图形与动画效果,拥有较为完整的图形处理 API,能够使用户在处理图形效果的时候更加方便。同时,它也支持渐变与过滤器等效果
Cube	开源的系统,可用于可视化时间系列数据。它是基于 MongoDB、Node. JS 与 D3. js 开发的。用户可以把它当作内部仪表板构建实时可视化的仪表板指标
Smoothie Charts	小型动态流数据图工具。通过推送一个 WebSocket 来对实时数据流进行显示。在显示流媒体数据方面有着优秀的表现
Anychart	基于 Flash/JavaScript(HTML5)的图表解决方案。可以跨浏览器,跨平台。特点是比较灵活。除图表功能以外,它还有一款收费的交互式图表与仪表
Choosel	可扩展的模块化谷歌网络工具框架,可用于创建基于网络的整合了数据工作台与信息图表的可视化平台
Zoho Reports	支持的功能特别丰富,可以帮助不同的用户解决各种个性化需求。支持 SQL 查询、类似表格界面等
Circos	最先用于基因组序列相关数据的可视化,现在已经在多个领域得到了应用,适合可视化多数关系型数据
BirdEye	它属于一个群体专案,可以让使用者建立多元资料视觉化界面,以此来分析以及呈现资讯
Highchart. js	仅由 JavaScript 写的图表资料库,提供简洁的方法来增加互动性图表。当前它可以支持线图、样条函数图等
Visualize Free	建立在高阶商业后台的视觉分析工具。能从多元变量资料筛选并看其趋势,或者是根据简单地点及方法来切割资料或小范围的资料
GeoCommons	可以把社会化数据在地图上可视化,创造带交互的可视化分析图表,并把其嵌入网站、博客或社交网络上面
Paper. js	开源的向量图表叙述架构,能够在 HTML5 上运作,对初学者比较友好,也有面向中阶及高阶使用者的很多专业选项

传统的数据可视化工具只是把数据进行组合,通过不同的展现方式提供给用户,用来发掘数据间的关联信息。近些年来,伴随着云计算和大数据时代的到来,使用传统的数据可视化工具来对数据仓库中的数据抽取、归纳并简单的展现已经不再满足于数据可视化产品了。新兴的数据可视化产品一定要满足互联网爆发的大数据需求,需要有快速收集、筛选、分析、归纳、展现决策者所需要的信息的能力,并根据新增的数据做实时的更新。所以,在大数据时代,以下特征是数据可视化工具必备的:

(1) 实时性。数据可视化工具必须要适应大数据时代数据量的爆炸式增长需求,必须快速收集分析数据并对数据信息进行实时更新。

(2) 简单操作。数据可视化工具要有快速开发、易于操作等特性,可以适应互联网时代信息多变的特点。

(3) 更丰富的展现。数据可视化工具要具备较为丰富的展现方式,可以充分满足数据展现的多维度要求。

(4) 多种数据集成支持方式。数据的来源不再局限于数据库,团队协作数据、数据仓库、文本等多种方式的数据,可视化工具都将能够支持。并可以通过互联网展现出来。

数据可视化技术是当今的一个新兴领域,越来越多的发展、研究等数据可视化分析,在类似美国一样的国家不断被需求。企业获得数据可视化功能,通常是利用编程与非编程两类工具来实现。主流编程工具有三种:从艺术的角度出发而创作的数据可视化,代表的工具为 Processing.js,它是提供给艺术家的编程语言。从统计和与据处理的角度上来看,R 语言是一款具有代表性的工具,它既能够做数据分析,又能够做图形处理。如果要兼顾数据分析和图像处理这两者,D3.js 就一款介于两者之间的工具。像 D3.js 这类基于 Javascript 的数据可视化工具更适用于在互联网上互动地展示数据。

5.4   D3.js

本节当中,我们将对 D3.js 这一可视化工具做一下介绍,内容主要包括搭建简易的 D3 开发环境、下载示例代码和深入学习的途径。

5.4.1   简介

本小节的目的是帮助读者初步认识并能够运行 D3.js。首先说一下 D3 是什么?

根据官方定义:D3.js 是个 JavaScript 库,它能够通过数据来操作文档。D3 能够通过使用 HTML、SVG 和 CSS 将数据生动地展现出来。D3 严格遵循 Web 标准,因此程序可以轻松兼容现代主流浏览器,并且可以避免对特定框架产生依赖。同时,它提供了强有力的可视化组件,使得使用者能以数据驱动的方式操作 DOM。

总体上讲,D3 是一个特殊的 JavaScript 库,它通过现有的 Web 标准,以更简单的(数据驱动)方式制作出优美的可视化效果。D3.js 的创作者是 Mike Bostock。他之前还制作过一个名为 Protovis 的数据可视化 JavaScript 库,现已被 D3.js 取代。本节的重点是利用 D3.js 增强可视化。D3 利用 JavaScript 实现数据可视化的方式较为独特,因此刚开始会让人觉得有些难以理解。但本节提供很多实例,其中既有基础的,也有高级的话题,应该可以帮助大家更好地去使用 D3。一旦明白了原理,使用 D3 就能让数据可视化的效率以及丰富程度产生指数化的增长。

5.4.2 搭建一个简易的 D3 开发环境

在使用 D3 之前,我们先要搭建一个开发环境。此节将介绍怎样在几分钟内快速搭建一个简单的 D3 开发环境。

1. 准备阶段

在我们开始前,请确保已经安装好一个文本编辑器,sublime 或者 notepad++均可。

2. 搭建环境

我们先要下载 D3.js。

我们可以在 http://d3js.org/下载最新版本的 D3.js,也可以在 https://github.com/mbostock/d3/tags 下载之前的版本。此外,如果对开发中的最新 D3 版本感兴趣,可以在 github 网站 fork 代码库 https://github.com/mbostock/d3。

下载且解压后,我们会得到 3 个文件:d3.v3.js、d3.v3.min.js 和许可证文件。在开发的过程中,推荐使用 d3.v3.js,使用它可以深入 D3 库的跟踪调试 JavaScript 代码。把 d3.v3.js 与新建的 index.html 放到同一个文件夹里,index.html 添加如下代码。

＜script type＝"text/javascript" src＝"d3.v3.js"＞＜/script＞

这样我们的开发环境就搭建好了。之后可以用我们最习惯的文本编辑器对 index.html 文件进行编辑了,用浏览器打开它就可以检查可视化的效果了。

3. 工作原理

D3 这个程序库相当独立,它无须依赖特定浏览器提供的功能以及其他 JavaScript 库。事实上,甚至能够利用简单的配置,使得 D3 脱离浏览器而在诸如 Node.js 这样的环境中运行起来。

4. 更多内容

D3 为初学者提供了丰富的代码示例。所有源码在 GitHub 上都可以下载。获取也非常简单。只需在终端输入以下代码:

gitclonehttps://github.com.NickQiZhu/ d3－cookbook

至于如何安装 git,读者可以自行搜索百度,针对自己的计算机系统进行安装。示例可以直接使用浏览器查看效果,因为多为互动图表,所以本节不附截图。

5.4.3 如何深入学习 D3.js

现在我们大概明白了 D3.js 的概念,有一个可工作的 D3 开发环境,也准备好利用 D3 提供的丰富示例来一试身手。但在此之后怎样寻找、分享代码以及有困难时如何获得帮助呢?

D3 能够提供比其他可视化工具更加丰富的示例与教程,用户能够从中找到灵感。

D3 gallery(https://github.com/mbostock/d3/wiki/Gallery),这里有很多有趣的例子,有助于在线查找 D3 的使用方法,有各种图表、特定的技术,还有一些与其他工具一起实现的示例。

BioVisualize(http://biovisualize.github.io/d3visualization),算是一个分门别类的 D3 gallery,有助于用户快速地在线查找用户需要的例子。

D3 教程(https://github.com/mbostock/d3/wiki/Tutorials),有很多人会不断更新提供的教程、讨论和文档,为用户详细地演示了 D3 的使用方法。

D3 插件(https://github.com/d3/d3-plugins),也许 D3 缺少一些用户需要的功能。因此在实践之前,要先查查 D3 的插件库,里面有它提供的各种常用的、不常用的功能。

D3 API(https://github.com/mbostock/d3/wiki/API-Reference)是很优秀的文档,可以在这里找到 D3 所提供的所有功能以及属性的详细说明。

Mike Bostok's Blocks(http://bl.ocks.org/mbostock)是一个 D3 示例站点,作者是 Mike Bostock,这个站点里有许多有趣的例子。

JS Bin(http://jsbin.com/ugacud/1/edit)是个在线的 D3 测试、实验环境。用户能够轻松地利用该工具与其他人分享一些简单的代码。

JS Fiddle(http://jsfiddle.net/qAHC2/)与 JS Bin 类似,也是在线的 JavaScript 代码分享平台。

虽然有这些例子、教程以及参考书籍,但实践过程中仍然会遇到不少问题。不过 D3 有数目巨大且活跃度很高的社区。通常情况下,百度一下就可以找到满意的答案。若没有也无担忧,D3 还有强有力的社区支持。

StackOverflow 是最为著名的免费技术主题问答社区站点,D3 在 StackOverflow 上有专门的页面(http://stackoverflow.com/questions/ tagged/d3.js)帮助用户找到专家,快速解决用户的问题。

D3 Google 讨论组(https://groups.google.com/forum/? fromgroups#! forum/d3-js):这是个官方的用户组,不仅有 D3,还有一部分其他相关的库。

数据可视化是一项庞杂繁复的技术,既涉及系统的理论知识,也包含丰富的工具。市面上有许多专门介绍数据可视化的书籍,有兴趣的读者可以进行研读。虽然从事数据研究的人都非常重视数据可视化,但只有炫目的图表是带不来知识和财富的,只有结合之前介绍的算法和数据处理工具才有可能。

第6章 大数据与人工智能

经过不断发展,大数据挖掘技术如今已经非常成熟。人工智能结合大数据的生态模式已经开启。生物学家戴维·休斯和作物流行病学家马塞尔·萨拉斯,引入机器视觉技术与深度学习算法用于农业病虫害智能防治。关于植物叶子的5万多张照片被他们导入计算机中,并且运行对应的深度学习算法,对于在光照明亮及在符合标准的背景下拍摄出的植物照片,程序最终的识别正确率高达99.35%。而如果植物叶子照片是从网上随机选取的话,则识别准确率就降到30%~40%了,这反映了当前视觉识别技术在复杂环境下的瓶颈。为突破算法的限制并提高准确率,休斯与萨拉斯开发出手机应用 Plant Village,通过收集世界各地的农民利用 Plant Village 上传患病作物的照片,包括照片是怎样拍摄的、拍摄地点以及年份等大量数据,并包括农业相关专家据此做出的诊断的信息。通过这种众包方式使得获取所需的数据更加快速方便,训练集也不断扩大,模型的泛化能力也不断提高。

此例涉及的深度学习算法即为人工智能领域近些年研究方向的大热门,在学术会议和各大期刊都有着重要的地位。人工智能这个理论系统特别庞杂,本章难以详细介绍。因此我们主要通过深度学习来对人工智能进行了解。

6.1 什么是深度学习

大部分人谈到学习就会想到读书、上课、写作业。我们就以此作为切入点作介绍。上课的时候,会有老师传授知识,带领和督促我们学习,即"有监督"学习;而完成课后作业则要靠我们自己,所以是"无监督"学习。日常做的一些课后练习题是我们学习系统的"训练数据集",而考试时题目则相当于"测试数据集",可以检验的学习成果如何。结果显示"学霸"训练效果比其他人好,几乎了解测试数据集的所有情况;而"学渣"训练不充分或没有训练,对测试数据集的效果和随机猜测相差不大;还有"学痴"在训练上表现出"过拟合",平时训练题做得极其熟练,但一遇到考试就失败。

"学习"是更为抽象的理解,可以说是一个不断发现自身错误并改正的迭代过程。人和机器都是如此。带"学习"功能的机器可以仅利用"看"未知系统的输入-输出对(称为训练样本),自动实现此系统的内部算法,并可以举一反三(称为泛化),对不在训练样本中的未知输入同样可以产生正确的输出,无须程序员或算法专家去设计中间算法。

为让机器自主学习,需要准备三份数据给机器:

训练集,机器学习的样例。

验证集,机器学习阶段,用来评估得分和损失是否达到预期要求。

测试集,机器学习结束之后,实战阶段评估得分。

当今社会,在网页搜索、社交网络内容过滤、电子商务网站广告推荐系统、智能手机之类的消费产品等方面,机器学习技术的能力一直在不断提高。

深度学习为机器学习的一个分支,相比于传统的机器学习方法,它无须人工设计特征提取器,由机器自主学习获得,尤其适用于变化多端的自然数据,表现出特别良好的泛化能力与鲁棒性。

深度学习擅长在高维数据中找出复杂结构,在科学、商业和政务等众多领域都有应用,在图像识别、语音识别中表现惊人。在自然语言理解中也生成了大量很有价值的结果。

深度学习只需很少的人工介入,特别适合当前的大规模计算系统和海量的数据,在不远的未来,成功案例也会快速增加。这个进程会被目前正在开发的用于深度神经网络的新的学习算法与架构不断加快。

6.2　深度学习主流模型介绍

人工智能这个话题,在谷歌的 AlphaGo 击败李世乭后开始成为人们关注的热点,人工智能不断升温,科研成日新月异,深度学习模型也是不断推旧出新,网络层次不断变深,结构越发复杂。异构网络,分形网络等逐渐发展。但万变不离其宗,接下来我们会介绍三种基本网络,目前的网络结构基本都是对这三种网络进行优化组合获得的结果。

6.2.1　卷积神经网络

卷积神经网络(Convolutional Neural Networks,CNN)为人工神经网络的一种,在当前语音分析和图像识别领域成为研究的热点。它的权值共享网络结构让它与生物神经网络更类似,网络模型的复杂度也因此降低,权值的数量也减少了。在网络的输入是多维图像时该优点更为明显,可以直接使用该图像作为网络的输入,避开传统识别算法中复杂的特征提取与数据重建的过程。卷积网络是一个为识别二维形状而专门设计的多层感知器,这种网络结构对于平移、比例缩放、倾斜和其他形式的变形具有高度不变性。

CNN 是首个真正成功对多层网络结构进行训练的学习算法,结构如图 6.2.1 所示。它通过空间关系来降低需要学习的参数数目来提高前向 BP 算法的训练性能。作为一个深度学习架构,CNN 的提出是为了最小化数据的预处理要求。在 CNN 中,图像中的一小部分(局部感受区域)当作层级结构的最低层输入,信息再按次序传输到不同层中,每层利用一个数字滤波器来获取观测数据最明显的特征。通过此方法可以获得对平移、缩放和旋转不变等观测数据的显著特征,因为图像局部感受区域允许神经元或处理单元能够访问到的最基础的特征,比如定向边缘或角点。

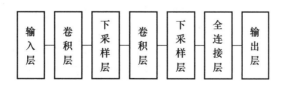

图 6.2.1　CNN 结构示意图

CNN 主要用于减少网络训练参数的手段有三个,它们分别是局部感受野、权值共享与池化。下面我们具体看看这三个方法是怎样执行的。

1. 局部感受野

假设我们有一张$1\,000\times1\,000$像素的图像,那么就有10^6个隐性神经元并且都是全连接的。可以得出仅仅一张图就包含了10^{12}参数,若想对一组图像进行分类,那么无疑是天文数字了,所以我们要想办法尽量去减少参数。

取消全连接是一种比较容易想到的方法,让每个隐性神经元仅感受局部的图像区域,然后再综合起来得到全图的信息。假设每个隐性神经元只连接10×10像素大小的局部图像,这样权值参数就变成只有10^8个了,相比来说降低了四个数量级。

2. 权值共享

利用局部感受野虽然在很大程度上减少了权值参数,但10^8个参数仍然很多。因此需要进一步减少参数。之前使用一个隐性神经元连接了10×10像素大小的图片,即每个神经元都有100个参数。若所有神经元的这100个参数都相同的话,我们就只用算100个参数了。直观地看,就是用10×10的卷积核来对图像进行卷积。但另一个问题就出来了,每个卷积核只能提取一种特征,根本不够用,因此我们需要多个卷积核,比如使用100个卷积核,总参数也仅有10^4个参数,相比局部感受野又降低了4个数量级。

3. 池化

我们希望参数减少得越多越好,因此在卷积后,我们可以运用池化(也称为亚采样)来进一步减少权值参数。最大池化方法是一种最常用的方法,输入的图像被它划分成若干个矩形区域,对每个子区域输出最大值。以图6.2.2为例,先每隔2个元素从图像中划分出2×2的区块,接着对每个区块的4个数取最大值,这样能够减少3/4的参数量。直觉上此机制有效的原因在于:一个特征被发现之后,它的精确位置远不及它与其他特征的相对位置的关系重要。数据的空间大小会被池化层不断减小,所以参数的数量与计算量也会下降,在一定程度上,这也起到了控制过拟合的作用。一般来说,CNN的卷积层之间都会周期性地插入池化层。

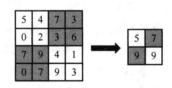

图 6.2.2 池化

那卷积神经网络怎样进行训练呢?之前说过,深度学习为一个发现自身错误并改正的迭代过程,发现错误很容易理解,只要让我们的输出与期望的输出作对比即可。但这个错误怎样改正呢?这里就用到反向传播算法(简称BP算法)了,它利用梯度下降与求导链式法则发展出的算法,能把实际输出与期望输出的残差进行反向传递,使每层的权值向梯度下降的方向变化,以此减少误差,得出有效的模型。

因为卷积神经网络的特性较为突出,在深度学习中被称为是应用最为广泛的网络模型,在 ImageNet 比赛中,自2012年之后所有的模型都为基于 CNN 框架的。香港理工大学开发的 DeepID 人脸识别算法已有高达99%的准确率了。还有之前比较流行的应用 Prisma,也是利用 CNN 学习世界名画的风格,最后合成到用户的照片当中的。CNN 有着广泛的应用前景,无论是计算机视觉还是自然语言处理有着它的应用,而今后它也会发挥出更大的作用。

6.2.2　循环神经网络

RNN 是用来处理序列数据的。传统的神经网络模型当中,数据是先从输入层到隐含层然后到输出层,层与层之间是全连接的,每层之间的节点是无连接的。这种常规的神经网络无法解决的问题有很多。例如,如果预测句子的下一个单词是什么,通常要用到前面的单词,因为在一个句子中前后单词不是独立的。

之所以称 RNN 为循环神经网路,是因为一个序列当前的输出和它前面的输出也有关联。具体的表现形式为:网络能对前一时刻的信息进行记忆并应用到当前输出的计算中,即隐藏层之间的节点不再是无连接而变成是有连接的,并且隐藏层的输入既包括输入层的输出又包括上一时刻隐藏层的输出。理论上任何长度的序列数据 RNN 都能够进行处理。但实践当中为降低复杂性,常常假设当前的状态仅和前面的几个状态相关,图 6.2.3 便是一个典型的 RNN。

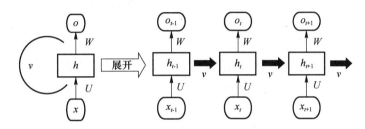

图 6.2.3　基本 RNN 示意图

从图 6.2.3 能够看到 RNN 的时序属性,这里展开成一个全网络的结构,假设这里我们要对古诗里的绝句进行训练,则网络就是一个 5 层网络,每词对应一层。x_t 代表 t 时刻的输入。s_t 代表对应 t 时刻的隐藏单元的输出,有记忆属性,s_t 是利用前一时刻的输出与当前的激活函数得到的。o_t 代表 t 时刻的模型输出,它表示预测词的概率分布。

如同之前介绍的 CNN 一样,RNN 也利用参数共享去处理权值过多的问题,图 6.2.3 中每次循环所需的计算权值相同,都为 U,V,W,只是输入不同而已,通过这样的时序模型,我们能提取到一段文字的信息,对它做特征提取并进行训练。

从应用层面上来看,模型处理复杂数据的能力取决于时序的记忆能力,而传统的 RNN 无法对太多的时序进行记忆,因此诞生了很多基于 RNN 的模型,其中较为著名的是 Long Short Term Memory(简称 LSTM)网络。在 2009 年 ICDAR 手写识别比赛上,用它构建的人工神经网络模型获得了冠军。LSTM 特别适用于处理和预测时间序列中,间隔与延迟特别长的重要事件。

RNN 与 CNN 除了网络结构不太相同外,在训练阶段也有所区别,在 RNN 中之前介绍的 BP 算法需要改进,加入时序概念,变为时序反向传播算法(简称 BPTT)。它在 BP 的基础上,每次计算梯度时不但在当前时刻传递残差,还把残差传递给之前时刻的权值参数,权重的调整量是之后时刻梯度与残差相乘的总和。尽管这样做会加大需要计算的参数数量,但能够高效地处理梯度消失与爆炸的问题,从而使获得的模型既可靠又有效。

6.3 深度学习实例

本节将介绍主流的深度学习框架并利用这些框架实现一个实例,希望通过这节可以让大家对深度学习有一个更加深入和直观的认识。

6.3.1 深度学习主流工具介绍

1. Caffe

Caffe 的全称是 Convolutional Architecture for Fast Feature Embedding,它是一个清晰、高效的深度学习框架并且是开源的。Caffe 是目前最流行的深度学习框架之一。

Caffe 的特征:

(1) 表达方便。模型与优化办法用纯文本表示,不用代码表示。

(2) 速度快。对于科研而言,提供与工业化接近的速度,对于大规模数据和当前最厉害的算法模型来说特别重要。

(3) 模块化。具有新任务和设置需要的扩展性与灵活性。

(4) 开放性。科学研究与应用程序可调用相同的代码和参考模型,并且结果可以重现。

(5) 社区性。学术研究,启动原型和工业应用领域的伙伴以一个 BSD-2 项目的形式共同讨论和开发。

Caffe 的优势:网络开发和构建过程简单,运行速度快,实现了多种接口,实现了跨平台,可能是第一个主流的工业级深度学习工具。

Caffe 的不足:Caffe 对 RNN 网络和语言建模的支持很差,支持 pycaffe 接口,但这仅仅是用来辅助命令行接口的,而即便是使用 pycaffe 也必须使用 protobuf 定义模型。

2. TensorFlow

TensorFlow 是 Google 发布的第二代机器学习系统。具体来讲,TensorFlow 是运用数据流图(Data Flow Graphs)实现数值计算的开源软件库:图中的节点(Nodes)表示的是数学运算操作,图中的边(Edges)表示的是节点间的相互流通的多维数组,即张量(Tensors)。使用这种灵巧的架构,可以多样化地把计算部署在台式机、服务器或移动设备的一个或多个 CPU 上并且无须重写代码。

TensorFlow 的优势:TensorFlow 是比较理想的循环神经网络 API 和实现,它的架构非常清晰,采取模块化的设计,支持多种前端与执行平台。

TensorFlow 的不足:TensorFlow 不支持双向 RNN 与 3D 卷积,并且公共版本的图定义对循环与条件控制并不支持,这造成了 RNN 的实现并不理想,因为必须要运用 Python 循环并且无法进行图编译优化。

3. MXNet

MXNet 是既高效又灵活的深度学习框架。它允许使用者把符号编程与命令式编程结合起来,以此最大化效率和生产力。动态依赖调度程序是其核心,该程序能动态地自动进行并行化符号与命令的操作。其中部署的图形优化层使得符号操作更快、内存利用率更高。该库轻量并且携带方便,可以扩展到多个 GPU 与多台主机上。

优势:MXNet 致力于提高内存使用的效率,诸如图像识别等任务甚至可以在智能手机上运行。MXNet 将各种编程方法的优势进行了整合,对灵活性与效率做了最大限度的提高。此外,MXNet 对"云计算"友好,对于 S3、HDFS 和 Azure 可以直接兼容。

4. Keras

Keras 是非常精简并且高度模块化的神经网络库,可以在 TensorFlow 或 Theano 上运行,支持 GPU 与 CPU 运算。Keras 对于快速构建 CNN 模型来说特别方便,同时包括一些最新文献的算法,如 Batch Noramlize,文档教程比较全,作者在官网上直接提供的例子都是浅显易懂的。Keras 也可以支持保存训练好的参数,然后加载已经训练好的参数,进行继续训练。

6.3.2 利用 CNN 模型识别 MNIST 手写数字数据集

MNIST 是由谷歌实验室的 Corinna Cortes 与纽约大学柯朗研究所的 Yann LeCun 合作建立的手写数字数据库,训练库拥有 60 000 张手写数字图像,测试库拥有 10 000 张。

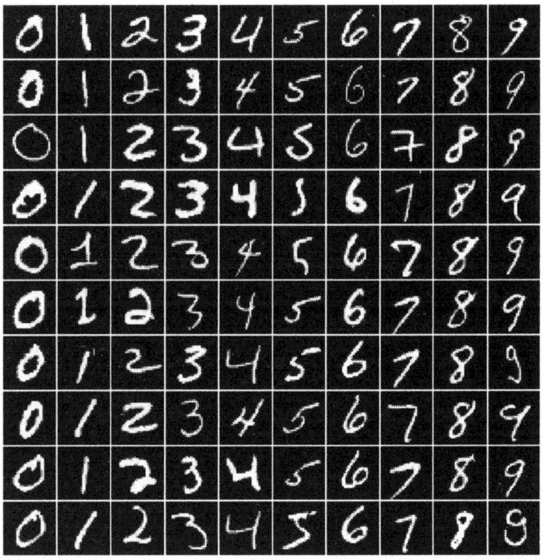

图 6.3.1 MNIST 数据集样本示意图

如何通过构建 CNN 模型来训练数据集呢? 下面我们结合代码进行讲解。源码可在 https://github.com/fchollet/keras/blob/master/examples/mnist_cnn.py 上下载。

1. 数据预处理

Keras 自身有 MNIST 数据包,可以分成训练集和测试集。X 代表某一张图片,y 是每张图片的标签。

X 的维度是 60 000 * 784,之后再进行标准化,将每个像素的值限定在 0 和 1 之间。y 采用 one-hot 模式。代码如下:

```
(X_train, y_train), (X_test, y_test) = mnist.load_data()
X_train = X_train.reshape(-1, 1,28, 28)/255.
X_test = X_test.reshape(-1, 1,28, 28)/255.
y_train = np_utils.to_categorical(y_train, num_classes = 10)
```

```
y_test = np_utils.to_categorical(y_test, num_classes = 10)
```

2. 建立网络

首先设置第一个卷积层，滤波器的数量为 32，大小为 5 * 5。

```
model.add(Convolution2D(
    batch_input_shape = (64, 1, 28, 28),
    filters = 32,
    kernel_size = 5,
    strides = 1,
    padding = 'same',
    data_format = 'channels_first',
))
```

之后加入池化层，分辨率长和宽各降一半。

```
model.add(MaxPooling2D(
    pool_size = 2,
    strides = 2,
    padding = 'same',          # Padding method
    data_format = 'channels_first',
))
```

之后再加入第二层卷积和池化，代码相似，感兴趣的读者可以下载源码进行研究。之后再加上两个全连接层，并通过分类器。

```
model.add(Flatten())
model.add(Dense(1024))
model.add(Activation('relu'))
model.add(Dense(10))
model.add(Activation('softmax'))
```

3. 训练模型

使用 adam 优化方法，交叉熵函数训练模型。

```
model.compile(optimizer = adam,
              loss = 'categorical_crossentropy',
              metrics = ['accuracy'])
model.fit(X_train, y_train, epochs = 1, batch_size = 64,)
```

4. 测试模型

得到验证集通过模型分类的准确度和损失值。

```
loss, accuracy = model.evaluate(X_test, y_test)
```

从前面的程序能够看出，深度学习模型的框架的搭建并不难，并且 Keras 的中文帮助文档非常全面，有兴趣的读者可以多做一些深入的了解，该模型对 MNIST 数据集的训练准确率能够达到 98.25%。

6.3.3　利用 RNN 模型识别 MNIST 手写字数据集

我们试着用循环神经网络对 MNIST 进行分类,为了使用 RNN,我们需要调整输入数据的大小,每次输入一行,大小为 28。每 28 行为一个周期。下面,结合代码看一下实现,源码可以从 https://github.com/MorvanZhou/tutorials/blob/master/kerasTUT/7－RNN_Classifier_example.py 上下载。

1. 数据预处理

数据预处理与 CNN 模型相似,这里不做赘述,具体可以看源代码。

2. 建立网络

首先添加 RNN 层。

```
model.add(SimpleRNN(
    batch_input_shape = (None, TIME_STEPS, INPUT_SIZE),
    output_dim = CELL_SIZE,
    unroll = True,
))
```

之后添加输出层,分类器依然选择 softmax 函数。

```
model.add(Dense(OUTPUT_SIZE))
model.add(Activation('softmax'))
```

3. 训练模型

优化方法和损失函数仍然和 CNN 模型一样。

```
model.compile(optimizer = adam,
              loss = 'categorical_crossentropy',
              metrics = ['accuracy'])
```

4. 测试模型

```
cost, accuracy = model.evaluate(X_test, y_test, batch_size = y_test.shape[0],
verbose = False)
```

经过 4 000 次迭代,该模型验证集的准确率为 93.16%。可见 CNN 在图像处理方面还是较 RNN 有一定的优势,不过 RNN 的优势在于自然语言处理,对这方面研究感兴趣的读者可以之后再进行深入学习。

6.3.4　分布式深度学习

从之前的两例当中,很难看出深度学习与大数据技术之间存在什么关联,原因是上面的例子并没有采用分布式架构,如果把深度学习应用到工业领域,此时就要依靠大数据技术来支撑了。

大数据分布式深度学习的训练方式主要有两种:一种是数据并行化方法,即将海量数据通过类似 Hadoop 或 Spark 这样的大数据平台进行分布式存储与运用,把大数据分批次放入深度学习网络中进行训练,最后按照某种方法合并训练所得的参数;第二种是模型并行化方法,即每个 GPU 负责模型的不同网络层。这两种方法并不矛盾,如图 6.3.2 所示,在一个多 GPU 集群系统中,我们能够在每台机器上进行模型并行化,在机器间采用数据并行化。

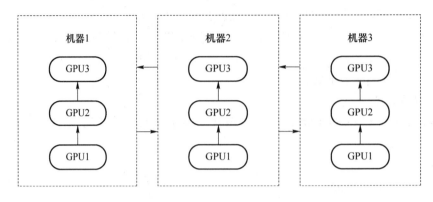

图 6.3.2　数据与模型并行化结合示意图

虽然模型并行化的效果在实际应用中还不错,多数分布式系统的首选却是数据并行化。数据并行化在实现难度、容错率以及集群利用率方面比模型并行化要好。在分布式系统的背景下,模型并行化的优势也不少(如扩展性),但本节我们主要对数据并行化进行讨论。

数据并行化的研究重点在节点间同步模型参数的方法。目前主要采取参数平均、异步随机梯度下降和去中心化异步随机梯度下降这三种方法。三种方法各有所长,下面简单介绍一下它们各自的特点。

参数平均是最简单的一种参数同步方式,它的训练过程如下:

① 基于模型的配置随机初始化网络模型参数;

② 把当前这组参数分发到各个工作节点;

③ 在每个工作节点,用数据集的一部分数据进行训练;

④ 把各个工作节点参数的均值作为全局参数值;

⑤ 假如还有训练数据未参与训练,则继续从第二步开始。

参数平均基本可以说是强化版的单机训练,它的模型如图 6.3.3 所示。

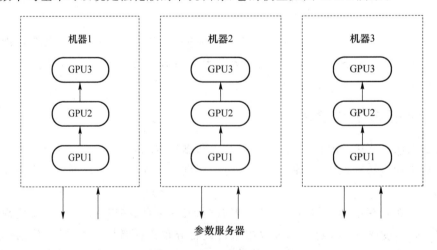

图 6.3.3　参数平均模型图

异步随机梯度下降与参数平均不同的地方是,机器之间传递信息无须同步且传递的不是参数而是更新信息,结构如图 6.3.4 所示。

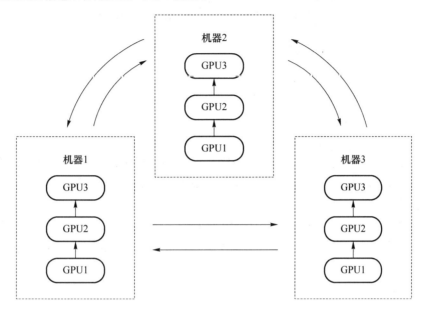

图 6.3.4 去中心化异步随机梯度下降模型图

它的两个优势较为显著,首先是可以增加分布式系统的数据吞吐量:工作节点可以将更多的时间用在数据计算上,而非等待参数平均步骤的完成。其次是和同步更新的方式相比,每个节点可以更快地从其他节点获得信息。

去中心化异步随机梯度有两个特点:一是系统中不存在核心参数服务器,所有的机器都是平等的;二是更新量被高度压缩,网络通信的数据量大约降低 3 个数量级,节约了网络开销。在一定程度上缓解了异步随机梯度的更新时延问题。

前面介绍的三种方法各有利弊,而实际应用当中采取哪一种需要具体问题具体分析。在 6.3.5 小节中,我们将介绍分布式深度学习的实例来方便大家理解。

6.3.5 分布式深度学习实例

TensorOnSpark 是一个可扩展的分布式深度学习框架。它能够在 Spark 上通过一个新的 Spark 概念——SparkSession(分布式机器学习上下文)无缝地运行 TensorFlow 程序。用户能够运用常规的 TensorFlow 接口编写深度学习程序,之后分布式运行它们,其底层机制对用户透明。相比于 Tensorflow 节点的分布式模式,TensorOnSpark 运用可靠并且可扩展的分布式系统(如 Hadoop 与 Spark)以及更少的网络流量来对计算机资源进行更好地管理,对大容量数据进行更快速地处理。

它有如下几个特点:一是大容量数据准备较为容易;二是计算资源分配较为高效;三是参数更新较为灵活;四是对 Tensorflow 高度兼容;五是网络流量较低以及学习准确性较高。

本例仍然使用 MNIST 数据集,框架使用的是 Tensorflow,源码地址为 https://github.com/liangfengsid/tensoronspark/blob/master/tensorspark/example/spark_mnist.py,下面将结合代码实例进行讲解。

虽然代码结构与之前的 keras 有所不同,但流程大体相同,这里只介绍体现分布式运算的代码,方便读者通过比较进行了解。

```
spark_sess = sps.SparkSession(sc, sess, user = user, name = name,
server_host = server_host,
server_port = server_port,
sync_interval = sync_interval,
batch_size = batch_size)
partitioner = par.RandomPartitioner(num_partition)
combiner = comb.DeltaWeightCombiner()
```

第一段语句,是用于登录运行 spark 的服务器,并设置训练样本的批量大小。第二段是在源代码中定义的随机分割函数,将图片随机分配给不同的机器。第三段是将每个机器训练的参数进行合并。

通过查看源代码可以发现,在任务不变的情况下,分布式模型的代码量增加了,但同时也带来了不少好处,模型的运行时间以及效率提高都比较显著,这也充分证明了分布式深度学习的有效性。

第7章 实践案例

在进入实践案例之前,有必要介绍近年来一直与大数据同时出现的"云计算"的概念。

云计算和大数据就像是硬币的正反面,两种技术相互依存,云计算平台的强大算力可以保证大数据的实时处理与更新。云计算平台是分布式计算、并行计算、网络存储、虚拟化、负载均衡等计算机技术与网络发展融合的产物。

下面具体介绍云计算的一些特点和动能。

7.1 云计算技术

云计算中的"云"有两层含义:一个是无处不在,就像云一样,一抬头就能看见;另一个是非透明性,用户是看不到为他提供服务的硬件和网络元素的,仿佛被云层遮盖了一样。

7.1.1 服务模式

现在公认的云计算有三种服务模式。

1. 软件即服务(SaaS)

用户使用应用程序,但并不掌控操作系统、硬件或运作的网络基础架构。SaaS 是基于服务观念的软件服务供应商以租赁的概念提供客户服务,而非购买,比较常见的模式有网盘、计算服务、文件云同步等。网上很多服务是云计算平台提供的,例如,淘宝、京东等购物网站都会给用户推送商品;一些企业的办公自动化软件也是私有云提供的服务。

2. 平台即服务(PaaS)

用户使用主机操作应用程序。用户掌控运作应用程序的环境(也拥有主机部分掌控权),但并不掌控操作系统、硬件或运作的网络基础架构。平台通常是应用程序基础架构。这一服务普通消费者一般用不上,主要是一些需要开发特定服务的公司或企业对云平台进行有目的的改进。

3. 基础设施即服务(IaaS)

用户能使用"基础计算资源",如处理能力、存储空间、网络组件或中间件。用户能掌控操作系统、存储空间、已部署的应用程序及网络组件(如防火墙、负载平衡器等),但并不掌控云基础架构。这一服务主要是针对互联网产业的创业者,以前需要购买服务器,搭建网络环境,运维成本较高,采用 IaaS 可以租用服务提供商的网络基础平台,提高了效率,降低了创业成本。

随着技术的发展,最近有公司提出了数据即服务(DaaS),主要用于构建大数据的新生态,打破数据壁垒,消除信息孤岛,形成跨平台,跨领域的采集、开放、共享、融合的大数据支撑环境。DaaS 主要用于政府和公共业务部门。

7.1.2　部署模型

1. 公用云

公用云服务可通过网络及第三方服务供应者,开放给用户使用,核心是共享服务资源。"公用"一词并不代表"免费",公用云也并不表示用户数据可供任何人查看,公用云供应者通常会对用户实施使用访问控制机制,公用云作为解决方案,既有弹性,又具备成本效益。我们日常常接触的有移动、联通这类电信设施运营商,还有政府主导下的地方云计算平台等。

2. 私有云

私有云具备许多公用云环境的优点,如弹性、适合提供服务,两者差别在于私有云服务中,数据与程序皆在组织内管理,且与公用云服务不同,不会受到网络带宽、安全疑虑、法规限制影响。可以部署在公司或企业的数据中心的防火墙内,核心属性是专有资源;此外,私有云服务让供应者及用户更能掌控云基础架构、改善安全与弹性,因为用户与网络都受到特殊限制。

私有云的安全性要优于公用云,但维护成本也相对较高,所以一般采用私有云的都是一些规模较大的公司或企业。

3. 混合云

混合云结合公用云及私有云,这个模式中,用户通常将非企业关键信息外包,并在公用云上处理,但同时掌控企业关键服务及数据。它兼顾了数据安全性和资源共享性,通过定制化方案达到了节省成本提高效率的目的。

但它也不是一个完美的解决方案,存在容灾备份能力弱、服务质量较差和额外风险大等问题。

无论采用何种服务模式或者部署方式,都要从实际的需求出发,脱离既有条件探讨优劣都是不靠谱的。关于云计算的知识和概念就介绍到这里,在下面的章节中,我们将介绍两套已经投入使用的产品——公安智能大数据平台和交警智能大数据平台,这些平台都已运行了一段时间,效果也很明显,通过大数据和云计算技术,解决了很多以前积累的问题,也提高了警务人员的工作效率。

7.2　公安智能大数据平台

信息技术描述和记录了我们身边发生的一切。海量的数据通过不同的存在形态,飞速记录和描述着整个世界的变化过程。

办案过程就是对相关人员、时间、地点、原因、过程、动机、工具等要素发现、分析、保全的过程;也是对海量的信息进行数据挖掘和分析确定的过程。信息化装备的应用极大地丰富了案件分析的技术手段,提高了信息收集、分析的效率。

7.2.1　背景

　　经过多年的建设积累,公安部门现已初步形成了信息化管理能力。具有公安信息化系统多样化,数据来源途径多样化和数据种类多样化等优点。但烟囱式的系统建设方式,导致大量的信息化系统独立建设,数据无法有效联通,使用流程复杂。同时还存在数据的关联和追溯困难,案件查办需要在多个系统中进行查找,数据的同步能力差,数据差异需要大量的人力进行人工甄别等问题。

　　公安大数据智能平台是以打击犯罪,"多""快""准""稳"辅助案件侦破工作为目标,基于大数据处理、数据仓库等技术实现公安系统内的数据整合优化,为各警种提供集中便利的数据支撑,为一线民警提供信息化实战工具,为领导决策提供数据分析支持。

7.2.2　智能大数据平台架构

　　如图 7.2.1 所示,在应用层主要分为:查询类,包括警情查询、常住人口查询、车辆信息、卡口信息等;地图类,包括车辆轨迹、通话轨迹和人员定位等;智能类,包括通话碰撞分析、话单分析、智能串并案等。数据层由云数据平台和数据仓库构成。

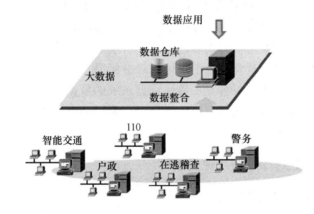

图 7.2.1　公安智能大数据平台结构图

　　如图 7.2.2 和图 7.2.3 所示,在云数据平台架构中,我们可以看到 Hadoop,MapReduce和 HDFS 等大数据存储和处理平台。它们在整个系统中起着举足轻重的作用。

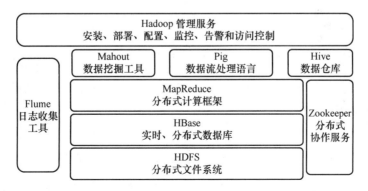

图 7.2.2　云数据平台架构图

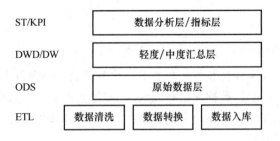

图 7.2.3   数据仓库架构图

Hadoop 是一个开源的框架,可编写和运行分布式应用处理大规模数据,是专为离线和大规模数据分析而设计的,并不适合那种对几个记录随机读写的在线事务处理模式。Hadoop＝HDFS(文件系统,数据存储技术相关)＋ MapReduce(数据处理),Hadoop 的数据来源可以是任何形式,在处理半结构化和非结构化数据上与关系型数据库相比有更好的性能,具有更灵活的处理能力,不管任何数据形式最终会转化为 key/value,key/value 是基本数据单元。用函数式变成 MapReduce 代替 SQL,SQL 是查询语句,而 MapReduce 则是使用脚本和代码,而对于适用于关系型数据库,习惯 SQL 的 Hadoop 有开源工具 hive 代替。

平台采用三层架构设计,包括数据处理层、数据分析层、GIS 展现层三个层次。基于 Hadoop DFS 实现对海量数据的分布式并行处理能力。GIS 展现层通过将分析数据与 GIS 地图整合,实现位置清晰的警情信息展现。数据分析层通过对数据仓库内的各类整合数据进行关联、定位、筛除分析,实现跨平台的警用信息分析呈现。数据处理层通过分布式数据处理机制和数据仓库技术,实现对各专项警用信息系统的数据采集、属性说明、实现数据的抽取、转换、加载;根据警用需求进行专题数据分析。采用分布式处理机制实现对多个数据源的并行数据提取。

7.2.3   智能大数据平台功能介绍

如图 7.2.4 所示,平台主要包括智能搜索、常住/暂住人口查询、车辆轨迹分析、全网资源搜索、地图查询、QQ 号码查询、身份证号段查询、银行账户分析以及人员关系分析等功能,方便公安干警快速定位嫌疑人。图 7.2.5 是通过智能搜索得到的结果。

图 7.2.4   平台功能图

1. 智能搜索

如图 7.2.5 所示,利用智能搜索工具,输入人员姓名、手机、身份证、车牌号、QQ 号、微信号等信息,就能自动关联数据仓库中的所有相关信息,并与省厅警务实现同步搜索,所有信息一览无余,形成"一人一档"。

图 7.2.5 智能搜索实例

2. 综合查询

综合查询是按"人、事、物、地、组织"五要素的分类原则组织的查询,办案人员通过对公安业务信息或外部资源的要素抽象对这些信息进行串联分析,从而发现隐蔽的线索和警情,为案件的侦破提供线索。根据人员、轨迹、案件、物品、车辆、机构等几个分类进行分类查询,方便刑警寻找线索,快速追踪。

3. 警情展现

通过警情展示,公安指挥员可以动态、直观地掌握各地区分时段警情发生情况,便于根据警情采取相应的措施。将前一天的警情按地区统计后,分不同颜色显示在地图上,公安指挥员可以直观地了解每个地区的警情,以及警情集中地。列表展示警情数据,能够更多更详细地展示目标单位警情汇总统计信息。单击分局,会显示该分局下级单位(如派出所)的警情列表。能够以滚动的方式,实时展示已经确认过的警情,能够让领导及时掌握正在发生的警情状况。如图 7.2.6 所示,以关键字和警情时间模糊查询,查询结果以列表展示。

4. 案件展现

通过警件展示,公安指挥员可以动态、直观地掌握各地区分时段警件发生情况,便于根据案件采取相应的措施。将最近一周的案件按地区统计后,分不同颜色显示在地图上,公安指挥员可以很直观地了解每个地区的案件以及案件集中地。列表展示案件数据,能够更多更详细地展示目标单位案件汇总统计信息。单击目标单位名称,如单击分局,会显示该分局下级单位如派出所的案件列表,能够以滚动的方式,实时展示已经确认过的案件,能够让领导及时掌握正在发生的案件状况。如图 7.2.7 所示,以关键字和案件时间模糊查询,查询结果以列表展示。

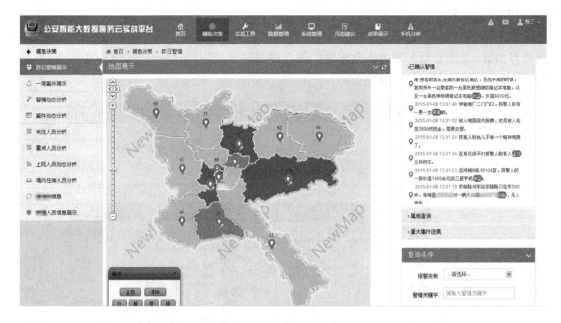

图 7.2.6　警情效果图

图 7.2.7　案件展示图

5. GIS 展现

通过车辆轨迹分析可得出嫌疑车辆作案前后行驶方向和嫌疑车辆的颜色、品牌、型号、所有人等基本信息。展示车辆经过的卡口名称、行驶方向、行驶车道、行驶速度、经过时间等信息。如图 7.2.8 所示,单击"查看照片"功能可查看车辆经过卡口时前端摄像头拍摄的车辆照片,在地图上展示某车辆在某个时间段内经过的卡口位置、行驶方向,单击卡口名称可查看车辆经过该卡口的时间、行驶方向、行驶车道,查看车辆照片,还可播放车辆运行轨迹。

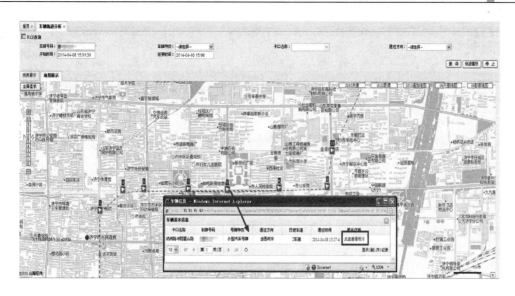

图 7.2.8　车辆轨迹图

如图 7.2.9 所示,平台还可以通过话单轨迹分析来掌握嫌疑人在案发前后的活动轨迹、主要通话对象等信息,为确定嫌疑人关系及嫌疑人住址提供帮助。根据查询条件展示机主在某个时间段与某个号码或所有号码的通话记录,单击"对方号码"可关联智能搜索,查询对方号码、姓名。在地图上展示机主号码在某个时间段内通话活动轨迹,可播放机主在特定时间段内从第一个电话到最后一个电话的活动轨迹,单击基站位置可查看在本基站的通话记录,单击"对方号码"可关联智能搜索,查询对方号码、姓名。

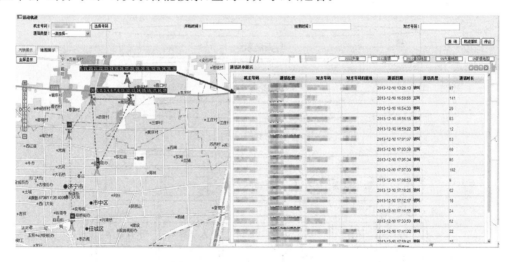

图 7.2.9　通话轨迹图

如图 7.2.10 所示,平台将话单轨迹分析、车辆轨迹分析、网吧上网轨迹、旅馆住宿轨迹四合一,可判断人员的去向、活动范围。人员轨迹分析将话单轨迹、车辆轨迹、上网轨迹、住宿轨迹四合一,在一张地图上展示人员活动信息,按照活动的先后顺序用直线连接起来,同时,单击每一个点,都可以查看点周围的学校、银行、医疗卫生、娱乐场所、旅馆、网吧、电子警察、加油站、汽车维修点等重要场所。

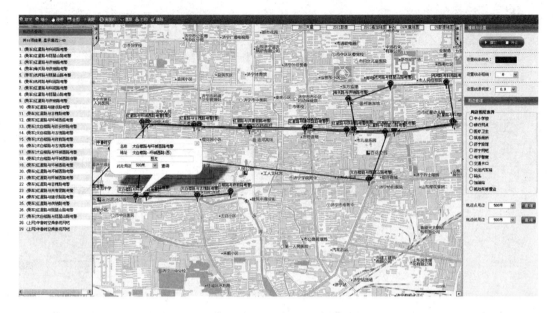

图 7.2.10　人员轨迹图

6. 智能数据分析

平台提供业界领先的 OLAP 引擎和海量并行关系型数据库引擎,结构如图 7.2.11 所示,实现了高效多维分析功能

使分析人员能够从多角度对信息进行快速、一致、交互地存取,从而获得对数据的深入了解。

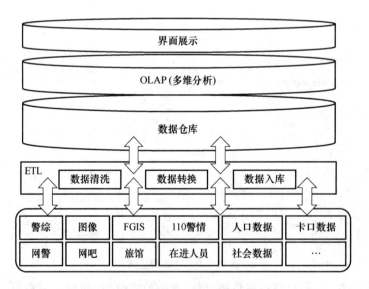

图 7.2.11　智能分析结构图

7. 警情案件分析

分析最近一周发生的各类警情与年均值的比值,判断各类型的警情最近一周变化情况,对警情进行多维分析,可动态钻取,为领导提供决策服务。

如图 7.2.12 通过对 110 接警处系统的警情信息抽取、清洗、OLAP 多维分析工具处理,利用柱状图、饼状图及列表方式进行展示。

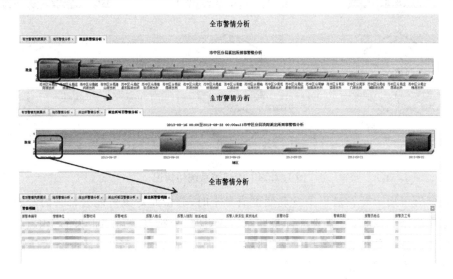

图 7.2.12 全市警情分析图

8. 数据仓库管理

如图 7.2.13 所示,通过数据的抽取、转换与装载,将业务系统中分布的、异构数据源中的数据进行清洗、转换、集成,最后加载到数据仓库中,展示界面调用 PGIS 的地图服务,实现数据在地图上的展现。

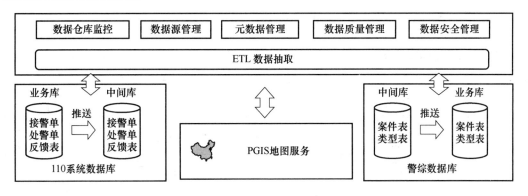

图 7.2.13 数据仓库结构图

9. 数据资源管理子系统

如图 7.2.14 所示,数据管理系统对中心数据资源仓库中的各类数据资源进行综合治理,总体目标是实现各类资源数据有效合理的组织,提升数据资源质量,做好中心数据资源管理,切实为各级警种部门提供高质高效的数据资源与数据服务。

10. 元数据管理子系统

元数据主要描述哪些数据在数据仓库中,定义进入数据仓库中的数据和从数据仓库中产生的数据,记录并检测系统数据一致性的要求和执行情况;衡量数据质量。

血缘分析是指从某一实体作为起点,往回追溯其数据处理过程,直到仓库系统的数据源接口。要求能够识别文件或者库表中不同字段、记录的输入输出关系,给民警提供参考依据。

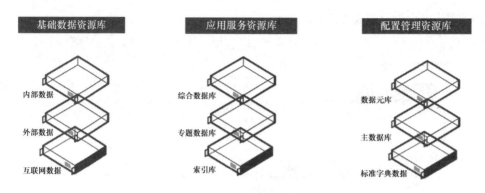

图 7.2.14　管理子系统结构图

影响分析可用于开发过程中发现变更或异常时,分析此对象可能会带来的影响。

根据元数据的内容,当需要进行某方面的变更时,分析变更可能带来的影响。

数据活力分析是指各种数据的使用频率,从而发现数据的活力(是否经常使用,是否已经不再使用),为管理人员提供处理依据。

7.3　交警智能大数据平台

通过大数据平台,交警可以快速准确地发现违章或肇事车辆,提高工作效率和破案速度。

7.3.1　交警智能大数据平台框架

如图 7.3.1 所示,平台主要包括视频、图像、车辆、驾驶员信息等查询功能和车辆轨迹、实时路况、卡口信息、地图轨迹等分析功能。方便交警对重点路段和可疑车辆进行观察和分析。

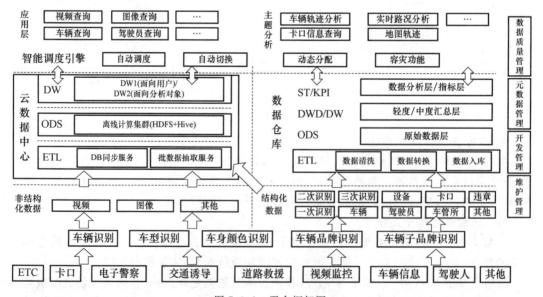

图 7.3.1　平台框架图

7.3.2　交警智能大数据平台技术框架

智能大数据平台技术框架如图 7.3.2 所示。

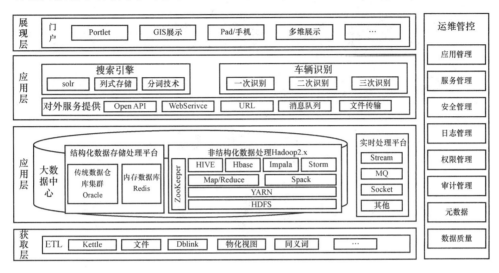

图 7.3.2　技术框架图

7.3.3　功能展示

1. 云平台

如图 7.3.3 所示，交警可以在任意地方通过浏览器登录智能大数据平台。

图 7.3.3　平台登录界面

2. 主界面

如图 7.3.4 所示,主界面主要包括搜车、出入城分析、违法行为规律分析等。

图 7.3.4　平台主界面

3. 智能搜车

如图 7.3.5 和图 7.3.6 所示,平台可以通过颜色、品牌、车牌来筛选目标车辆。

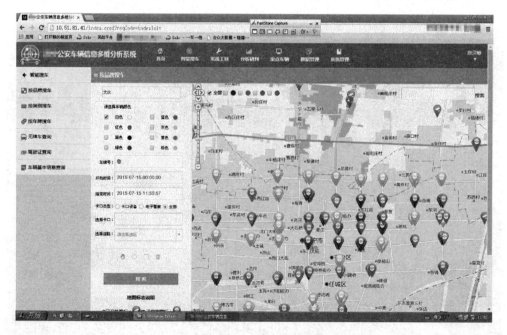

图 7.3.5　搜车界面

图 7.3.6 搜车结果

4. 违法行为规律分析

如图 7.3.7 和图 7.3.8 所示,通过对一段时间的案件分析,判断原因,找出规律,提前预防。

图 7.3.7 一周违法规律图

图 7.3.8 车辆违法规律图

5. 重点车辆监控

如图 7.3.9 所示,平台能够对可疑的重点车辆集中布控,查看轨迹、寻找突破点。

图 7.3.9 重点车辆监控图

平台整合公安及社会数据 52 亿条,直接、间接破获案件 1 666 件,抓获犯罪嫌疑人 1 140 人。

提供九大类四十八项实战工具,提升数据应用效能,提高工作效率,已在一线实战中取得丰硕成果,真正实现了"打击犯罪,多破案件"的目标。

参 考 文 献

[1] Chang F, Dean J, Ghemawat S, et al. Bigtable: A distributed storage system for structured data[J]. ACM Transactions on Computer Systems (TOCS), 2008, 26(2): 4.

[2] Ghemawat S, Gobioff H, Leung S T. The Google file system[C]. ACM SIGOPS operating systems review. ACM, 2003, 37(5): 29-43.

[3] DeCandia G, Hastorun D, Jampani M, et al. Dynamo: amazon's highly available key-value store[J]. ACM SIGOPS operating systems review, 2007, 41(6): 205-220.

[4] Bloch D A, Olshen R A, Walker M G. Risk estimation for classification trees[J]. Journal of Computational and Graphical Statistics, 2002, 11(2): 263-288.

[5] Breiman L. Current research in the mathematics of generalization[C]. Proceedings of the Santa Fe Institute CNLS Workshop on Formal Approaches to Supervised Learning. Addison-Wesley, 1995: 361-368.

[6] Breiman L. Pasting small votes for classification in large databases and on-line[J]. Machine Learning, 1999, 36(1): 85-103.

[7] Breiman L, Friedman J H. Estimating optimal transformations for multiple regression and correlation[J]. Journal of the American statistical Association, 1985, 80(391): 580-598.

[8] White T. Hadoop: The definitive guide[M]. "O'Reilly Media, Inc.", 2012.

[9] Cosman P C, Tseng C, Gray R M, et al. Tree-structured vector quantization of CT chest scans: image quality and diagnostic accuracy[J]. IEEE Transactions on Medical Imaging, 1993, 12(4): 727-739.

[10] Cover T, Hart P. Nearest neighbor pattern classification[J]. IEEE transactions on information theory, 1967, 13(1): 21-27.

[11] Domingos P. Metacost: A general method for making classifiers cost-sensitive[C]. Proceedings of the fifth ACM SIGKDD international conference on Knowledge discovery and data mining. ACM, 1999: 155-164.

[12] Doyle P. The use of automatic interaction detector and similar search procedures[J]. Operational Research Quarterly, 1973: 465-467.

[13] Friedman J H. A recursive partitioning decision rule for nonparametric classification [J]. IEEE Trans. Comput., 1976, 26(SLAC-PUB-1573-REV): 404.

[14] Friedman J H. Stochastic gradient boosting[J]. Computational Statistics & Data

Analysis，2002，38(4)：367-378.

[15] Friedman J H, Bentley J L, Finkel R A. An algorithm for finding best matches in logarithmic time[M]. Department of Computer Science, Stanford University, 1975.

[16] Friedman J H, Kohavi R, Yun Y. Lazy decision trees[C]. AAAI/IAAI, Vol. 1. 1996：717-724.

[17] Gordon L, Olshen R A. Tree-structured survival analysis[J]. Cancer treatment reports, 1985, 69(10)：1065-1069.

[18] Gordon L, Olshen R A. Almost surely consistent nonparametric regression from recursive partitioning schemes[J]. Journal of Multivariate Analysis, 1984, 15(2)：147-163.

[19] Hastie T, Tibshirani R. Generalized additive models[M]. John Wiley & Sons, Inc. , 1990.

[20] Huang J, Lin A, Narasimhan B, et al. Tree-structured supervised learning and the genetics of hypertension[J]. Proceedings of the National Academy of Sciences of the United States of America, 2004, 101(29)：10529-10534.

[21] Dean J, Ghemawat S. MapReduce：simplified data processing on large clusters[J]. Communications of the ACM, 2008, 51(1)：107-113.

[22] Gupta S, Zhang W, Wang F. Model accuracy and runtime tradeoff in distributed deep learning：A systematic study[C]. Data Mining (ICDM), 2016 IEEE 16th International Conference on. IEEE, 2016：171-180.

[23] Strom N. Scalable distributed dnn training using commodity gpu cloud computing [C]. -Sixteenth Annual Conference of the International Speech Communication Association. 2015.

[24] Vapnik V. The nature of statistical learning theory[M]. Springer science & business media，2013.

[25] Advances in kernel methods：support vector learning[M]. MIT press, 1999.

[26] Chapelle O, Haffner P, Vapnik V N. Support vector machines for histogram-based image classification[J]. IEEE transactions on Neural Networks, 1999, 10(5)：1055-1064.

[27] Freund Y, Schapire R E. A decision-theoretic generalization of on-line learning and an application to boosting[J]. Journal of computer and system sciences, 1997, 55 (1)：119-139.

[28] Schapire R E. The boosting approach to machine learning：An overview[M]. Nonlinear estimation and classification. Springer New York, 2003：149-171.

[29] Schapire R E, Singer Y. Improved boosting algorithms using confidence-rated predictions[C]. Proceedings of the eleventh annual conference on Computational learning theory. ACM, 1998：80-91.

[30] Drummond C, Holte R C. C4.5, class imbalance, and cost sensitivity: why under-sampling beats over-sampling[C]. Workshop on learning from imbalanced datasets II. Washington DC: Citeseer, 2003, 11.

[31] Anil K. Jain. Data clustering: 50 years beyond k-means [J]. Pattern Recognition Letters, 2010, 31(8):651-666.

[32] Hartigan J A, Wong M A. A K-means clustering algorithm[J]. Applied Statistics, 1979, 28(1):100-108.

[33] Kanungo T, Mount D M, Netanyahu N S, et al. An efficient k-means clustering algorithm: Analysis and Implementation[J]. IEEE Transactions on Pattern Analysis & Machine Intelligence, 2002, 24(7):881-892.

[34] Toivonen H. Apriori Algorithm[J]. Encyclopedia of machine learning, 2017:39-40.

[35] Ye Y, Chiang C C. A parallel apriori algorithm for frequent itemsets mining[C]. International Conference on Software Engineering Research, Management and Applications. IEEE Computer Society, 2006:87-94.

[36] Perego R, Orlando S, Palmerini P. Enhancing the apriori algorithm for frequent set counting[C]. Data Warehousing and Knowledge Discovery, Third International Conference, DaWaK 2001, Munich, Germany, September 5-7, 2001, Proceedings. DBLP, 2001:71-82.

[37] Huang J. Improvement of apriori algorithm for mining association rules[J]. Journal of University of Electronic Science & Technology of China, 2003.

[38] McLachlan G, Krishnan T. The EM algorithm and extensions[M]. John Wiley & Sons, 2007.

[39] Buntine W. Variational extensions to EM and multinomial PCA[C]. European Conference on Machine Learning. Springer, Berlin, Heidelberg, 2002: 23-34.

[40] Page L, Brin S, Motwani R, et al. The PageRank citation ranking: Bringing order to the web[R]. Stanford InfoLab, 1999.

[41] Langville A N, Meyer C D. Google's PageRank and beyond: The science of search engine rankings[M]. Princeton University Press, 2011.

[42] Collins M, Schapire R E, Singer Y. Logistic regression, AdaBoost and Bregman distances[J]. Machine Learning, 2002, 48(1): 253-285.

[43] Guo G, Wang H, Bell D, et al. KNN model-based approach in classification[C]. CoopIS/DOA/ODBASE. 2003, 2003: 986-996.

[44] McCallum A, Nigam K. A comparison of event models for naive bayes text classification[C]. -AAAI-98 workshop on learning for text categorization. 1998, 752: 41-48.

[45] Rish I. An empirical study of the naive Bayes classifier[C]. IJCAI 2001 workshop on empirical methods in artificial intelligence. IBM, 2001, 3(22): 41-46.

[46] Fearn T. Classification and regression trees（CART）[J]. NIR news，2006，17（6）：13-14.

[47] Steinberg D，Colla P. CART：classification and regression trees[J]. The top ten algorithms in data mining，2009，9：179.

[48] http://www.cbdio.com/BigData/2016-07/28/content_5133939.htm

[49] http://blog.csdn.net/zouxy09/article/details/8781543

[50] http://blog.csdn.net/heyongluoyao8/article/details/48636251

[51] http://zkread.com/article/1036396.html

[52] http://imgtec.eetrend.com/blog/8724

[53] https://github.com/liangfengsid/tensoronspark/wiki/TensorOnSpark-for-Distributed-Deep-Learning

[54] 陶雪娇，胡晓峰，刘洋. 大数据研究综述[J]. 系统仿真学报，2013，8.

[55] 吴信东. 数据挖掘十大算法[M]. 清华大学出版社，2013.

[56] 黄爱辉. 决策树C4.5算法的改进及应用[J]. 科学技术与工程，2009（1）：34-36.

[57] 丁世飞，齐丙娟，谭红艳，等. 支持向量机理论与算法研究综述[J]. 电子科技大学学报，2011，40（1）：2-10.

[58] 胡伟. 改进的层次K均值聚类算法[J]. 计算机工程与应用，2013，49（2）：157-159.

[58] 杨成，杜秀春，康文杰. 基于关联规则挖掘的关键基础设施安全事件分析[J]. 计算机技术与发展，2015，25（10）：154-159.

[59] 徐章艳，刘美玲，张师超，等. Apriori算法的三种优化方法[J]. 计算机工程与应用，2004，40（36）：190-192.

[60] 李晓虹，尚晋. 一种改进的新Apriori算法[J]. 计算机科学，2007，34（4）：196-198.

[61] 戴家佳，杨爱军，杨振海. 极大似然估计算法研究[J]. 高校应用数学学报，2009，24（3）：275-280.

[62] 黄德才，戚华春. PageRank算法研究[J]. 计算机工程，2006，32（4）：145-146.

[63] 李稚楹，杨武，谢治军. PageRank算法研究综述[J]. 计算机科学，2011（s1）：185-188.

[64] 王德广，周志刚，梁旭. PageRank算法的分析及其改进[J]. 计算机工程，2010，36（22）：291-292.

[65] 曹莹，苗启广，刘家辰，等. AdaBoost算法研究进展与展望[J]. 自动化学报，2013，39（6）：745-758.

[66] 李斌，王紫石，汪卫，等. AdaBoost算法的一种改进方法[J]. 小型微型计算机系统，2004，25（5）：869-871.

[67] 乔玉龙，潘正祥，孙圣和. 一种改进的快速k-近邻分类算法[J]. 电子学报，2005，33（6）：1146-1149.

[68] 郑炜，沈文，张英鹏. 基于改进朴素贝叶斯算法的垃圾邮件过滤器的研究[J]. 西北工业大学学报，2010，28（4）：622-627.

［69］王世兵. 基于机器学习的图像协同分类系统的设计与实现［D］. 西安电子科技大学，2014.

［70］陈复兴. 分布式数据库查询算法的改进与应用［D］. 江西师范大学，2014.

［71］郭敏杰. 大数据和云计算平台应用研究［J］. 现代电信科技，2014，44(8)：7-11.

［72］赵永科. 深度学习:21 天实战 Caffe［M］. 电子工业出版社，2016.

［73］涂新莉，刘波，林伟伟. 大数据研究综述［J］. 计算机应用研究，2014，31(6)：1612-1616.

［74］任磊，杜一，马帅，等. 大数据可视分析综述［J］. 软件学报，2014(09):1909-1936.

［75］陈康，郑纬民. 云计算：系统实例与研究现状幸［J］. Journal of Software，2009，1(20):15-19.

附录 促进大数据发展行动纲要

　　大数据是以容量大、类型多、存取速度快、应用价值高为主要特征的数据集合,正快速发展为对数量巨大、来源分散、格式多样的数据进行采集、存储和关联分析,从中发现新知识、创造新价值、提升新能力的新一代信息技术和服务业态。

　　信息技术与经济社会的交汇融合引发了数据迅猛增长,数据已成为国家基础性战略资源,大数据正日益对全球生产、流通、分配、消费活动以及经济运行机制、社会生活方式和国家治理能力产生重要影响。目前,我国在大数据发展和应用方面已具备一定基础,拥有市场优势和发展潜力,但也存在政府数据开放共享不足,产业基础薄弱,缺乏顶层设计和统筹规划,法律法规建设滞后,创新应用领域不广等问题,亟待解决。为贯彻落实党中央、国务院决策部署,全面推进我国大数据发展和应用,加快建设数据强国,特制定本行动纲要。

一、发展形势和重要意义

　　全球范围内,运用大数据推动经济发展、完善社会治理、提升政府服务和监管能力正成为趋势,有关发达国家相继制定实施大数据战略性文件,大力推动大数据发展和应用。目前,我国互联网、移动互联网用户规模居全球第一,拥有丰富的数据资源和应用市场优势,大数据部分关键技术研发取得突破,涌现出一批互联网创新企业和创新应用,一些地方政府已启动大数据相关工作。坚持创新驱动发展,加快大数据部署,深化大数据应用,已成为稳增长、促改革、调结构、惠民生和推动政府治理能力现代化的内在需要和必然选择。

　　(一)大数据成为推动经济转型发展的新动力。以数据流引领技术流、物质流、资金流、人才流,将深刻影响社会分工协作的组织模式,促进生产组织方式的集约和创新。大数据推动社会生产要素的网络化共享、集约化整合、协作化开发和高效化利用,改变了传统的生产方式和经济运行机制,可显著提升经济运行水平和效率。大数据持续激发商业模式创新,不断催生新业态,已成为互联网等新兴领域促进业务创新增值、提升企业核心价值的重要驱动力。大数据产业正在成为新的经济增长点,将对未来信息产业格局产生重要影响。

　　(二)大数据成为重塑国家竞争优势的新机遇。在全球信息化快速发展的大背景下,大数据已成为国家重要的基础性战略资源,正引领新一轮科技创新。充分利用我国的数据规模优势,实现数据规模、质量和应用水平同步提升,发掘和释放数据资源的潜在价值,有利于更好发挥数据资源的战略作用,增强网络空间数据主权保护能力,维护国家安全,有效提升国家竞争力。

　　(三)大数据成为提升政府治理能力的新途径。大数据应用能够揭示传统技术方式难以展现的关联关系,推动政府数据开放共享,促进社会事业数据融合和资源整合,将极大提升政府整体数据分析能力,为有效处理复杂社会问题提供新的手段。建立"用数据说话、用数据决策、用数据管理、用数据创新"的管理机制,实现基于数据的科学决策,将推动政府管理理念和社会治理模式进步,加快建设与社会主义市场经济体制和中国特色社会主义事业发展相适应的法治政府、创新政府、廉洁政府和服务型政府,逐步实现政府治理能力现代化。

二、指导思想和总体目标

(一)指导思想。深入贯彻党的十八大和十八届二中、三中、四中全会精神,按照党中央、国务院决策部署,发挥市场在资源配置中的决定性作用,加强顶层设计和统筹协调,大力推动政府信息系统和公共数据互联开放共享,加快政府信息平台整合,消除信息孤岛,推进数据资源向社会开放,增强政府公信力,引导社会发展,服务公众企业;以企业为主体,营造宽松公平环境,加大大数据关键技术研发、产业发展和人才培养力度,着力推进数据汇集和发掘,深化大数据在各行业创新应用,促进大数据产业健康发展;完善法规制度和标准体系,科学规范利用大数据,切实保障数据安全。通过促进大数据发展,加快建设数据强国,释放技术红利、制度红利和创新红利,提升政府治理能力,推动经济转型升级。

(二)总体目标。立足我国国情和现实需要,推动大数据发展和应用在未来 5~10 年逐步实现以下目标:

打造精准治理、多方协作的社会治理新模式。将大数据作为提升政府治理能力的重要手段,通过高效采集、有效整合、深化应用政府数据和社会数据,提升政府决策和风险防范水平,提高社会治理的精准性和有效性,增强乡村社会治理能力;助力简政放权,支持从事前审批向事中事后监管转变,推动商事制度改革;促进政府监管和社会监督有机结合,有效调动社会力量参与社会治理的积极性。2017 年年底前形成跨部门数据资源共享共用格局。

建立运行平稳、安全高效的经济运行新机制。充分运用大数据,不断提升信用、财政、金融、税收、农业、统计、进出口、资源环境、产品质量、企业登记监管等领域数据资源的获取和利用能力,丰富经济统计数据来源,实现对经济运行更为准确的监测、分析、预测、预警,提高决策的针对性、科学性和时效性,提升宏观调控以及产业发展、信用体系、市场监管等方面管理效能,保障供需平衡,促进经济平稳运行。

构建以人为本、惠及全民的民生服务新体系。围绕服务型政府建设,在公用事业、市政管理、城乡环境、农村生活、健康医疗、减灾救灾、社会救助、养老服务、劳动就业、社会保障、文化教育、交通旅游、质量安全、消费维权、社区服务等领域全面推广大数据应用,利用大数据洞察民生需求,优化资源配置,丰富服务内容,拓展服务渠道,扩大服务范围,提高服务质量,提升城市辐射能力,推动公共服务向基层延伸,缩小城乡、区域差距,促进形成公平普惠、便捷高效的民生服务体系,不断满足人民群众日益增长的个性化、多样化需求。

开启大众创业、万众创新的创新驱动新格局。形成公共数据资源合理适度开放共享的法规制度和政策体系,2018 年年底前建成国家政府数据统一开放平台,率先在信用、交通、医疗、卫生、就业、社保、地理、文化、教育、科技、资源、农业、环境、安监、金融、质量、统计、气象、海洋、企业登记监管等重要领域实现公共数据资源合理适度向社会开放,带动社会公众开展大数据增值性、公益性开发和创新应用,充分释放数据红利,激发大众创业、万众创新活力。

培育高端智能、新兴繁荣的产业发展新生态。推动大数据与云计算、物联网、移动互联网等新一代信息技术融合发展,探索大数据与传统产业协同发展的新业态、新模式,促进传统产业转型升级和新兴产业发展,培育新的经济增长点。形成一批满足大数据重大应用需求的产品、系统和解决方案,建立安全可信的大数据技术体系,大数据产品和服务达到国际先进水平,国内市场占有率显著提高。培育一批面向全球的骨干企业和特色鲜明的创新型中小企业。构建形成"政产学研用"多方联动、协调发展的大数据产业生态体系。

三、主要任务

(一)加快政府数据开放共享,推动资源整合,提升治理能力。

1. 大力推动政府部门数据共享。加强顶层设计和统筹规划,明确各部门数据共享的范围边界和使用方式,厘清各部门数据管理及共享的义务和权利,依托政府数据统一共享交换平台,大力推进国家人口基础信息库、法人单位信息资源库、自然资源和空间地理基础信息库等国家基础数据资源,以及金税、金关、金财、金审、金盾、金宏、金保、金土、金农、金水、金质等信息系统跨部门、跨区域共享。加快各地区、各部门、各有关企事业单位及社会组织信用信息系统的互联互通和信息共享,丰富面向公众的信用信息服务,提高政府服务和监管水平。结合信息惠民工程实施和智慧城市建设,推动中央部门与地方政府条块结合、联合试点,实现公共服务的多方数据共享、制度对接和协同配合。

2. 稳步推动公共数据资源开放。在依法加强安全保障和隐私保护的前提下,稳步推动公共数据资源开放。推动建立政府部门和事业单位等公共机构数据资源清单,按照"增量先行"的方式,加强对政府部门数据的国家统筹管理,加快建设国家政府数据统一开放平台。制定公共机构数据开放计划,落实数据开放和维护责任,推进公共机构数据资源统一汇聚和集中向社会开放,提升政府数据开放共享标准化程度,优先推动信用、交通、医疗、卫生、就业、社保、地理、文化、教育、科技、资源、农业、环境、安监、金融、质量、统计、气象、海洋、企业登记监管等民生保障服务相关领域的政府数据集向社会开放。建立政府和社会互动的大数据采集形成机制,制定政府数据共享开放目录。通过政务数据公开共享,引导企业、行业协会、科研机构、社会组织等主动采集并开放数据。

专栏 1 政府数据资源共享开放工程

推动政府数据资源共享。制定政府数据资源共享管理办法,整合政府部门公共数据资源,促进互联互通,提高共享能力,提升政府数据的一致性和准确性。2017 年年底前,明确各部门数据共享的范围边界和使用方式,跨部门数据资源共享共用格局基本形成。

形成政府数据统一共享交换平台。充分利用统一的国家电子政务网络,构建跨部门的政府数据统一共享交换平台,到 2018 年,中央政府层面实现数据统一共享交换平台的全覆盖,实现金税、金关、金财、金审、金盾、金宏、金保、金土、金农、金水、金质等信息系统通过统一平台进行数据共享和交换。

形成国家政府数据统一开放平台。建立政府部门和事业单位等公共机构数据资源清单,制定实施政府数据开放共享标准,制定数据开放计划。2018 年年底前,建成国家政府数据统一开放平台。2020 年年底前,逐步实现信用、交通、医疗、卫生、就业、社保、地理、文化、教育、科技、资源、农业、环境、安监、金融、质量、统计、气象、海洋、企业登记监管等民生保障服务相关领域的政府数据集向社会开放。

3. 统筹规划大数据基础设施建设。结合国家政务信息化工程建设规划,统筹政务数据资源和社会数据资源,布局国家大数据平台、数据中心等基础设施。加快完善国家人口基础信息库、法人单位信息资源库、自然资源和空间地理基础信息库等基础信息资源和健康、就业、社保、能源、信用、统计、质量、国土、农业、城乡建设、企业登记监管等重要领域信息资源，加强与社会大数据的汇聚整合和关联分析。推动国民经济动员大数据应用。加强军民信息资源共享。充分利用现有企业、政府等数据资源和平台设施，注重对现有数据中心及服务器资源的改造和利用，建设绿色环保、低成本、高效率、基于云计算的大数据基础设施和区域性、行业性数据汇聚平台，避免盲目建设和重复投资。加强对互联网重要数据资源的备份及保护。

专栏 2   国家大数据资源统筹发展工程

整合各类政府信息平台和信息系统。严格控制新建平台，依托现有平台资源，在地市级以上(含地市级)政府集中构建统一的互联网政务数据服务平台和信息惠民服务平台，在基层街道、社区统一应用，并逐步向农村特别是农村社区延伸。除国务院另有规定外，原则上不再审批有关部门、地市级以下(不含地市级)政府新建孤立的信息平台和信息系统。到2018年，中央层面构建形成统一的互联网政务数据服务平台；国家信息惠民试点城市实现基础信息集中采集、多方利用，实现公共服务和社会信息服务的全人群覆盖、全天候受理和"一站式"办理。

整合分散的数据中心资源。充分利用现有政府和社会数据中心资源，运用云计算技术，整合规模小、效率低、能耗高的分散数据中心，构建形成布局合理、规模适度、保障有力、绿色集约的政务数据中心体系。统筹发挥各部门已建数据中心的作用，严格控制部门新建数据中心。开展区域试点，推进贵州等大数据综合试验区建设，促进区域性大数据基础设施的整合和数据资源的汇聚应用。

加快完善国家基础信息资源体系。加快建设完善国家人口基础信息库、法人单位信息资源库、自然资源和空间地理基础信息库等基础信息资源。依托现有相关信息系统，逐步完善健康、社保、就业、能源、信用、统计、质量、国土、农业、城乡建设、企业登记监管等重要领域信息资源。到2018年，跨部门共享校核的国家人口基础信息库、法人单位信息资源库、自然资源和空间地理基础信息库等国家基础信息资源体系基本建成，实现与各领域信息资源的汇聚整合和关联应用。

加强互联网信息采集利用。加强顶层设计，树立国际视野，充分利用已有资源，加强互联网信息采集、保存和分析能力建设，制定完善互联网信息保存相关法律法规，构建互联网信息保存和信息服务体系。

4.支持宏观调控科学化。建立国家宏观调控数据体系，及时发布有关统计指标和数据，强化互联网数据资源利用和信息服务，加强与政务数据资源的关联分析和融合利用，为政府开展金融、税收、审计、统计、农业、规划、消费、投资、进出口、城乡建设、劳动就业、收入分配、电力及产业运行、质量安全、节能减排等领域运行动态监测、产业安全预测预警以及转变发展方式分析决策提供信息支持，提高宏观调控的科学性、预见性和有效性。

5.推动政府治理精准化。在企业监管、质量安全、节能降耗、环境保护、食品安全、安全生产、信用体系建设、旅游服务等领域，推动有关政府部门和企事业单位将市场监管、检验检测、违法失信、企业生产经营、销售物流、投诉举报、消费维权等数据进行汇聚整合和关联分析，统一公示企业信用信息，预警企业不正当行为，提升政府决策和风险防范能力，支持加强事中事后监管和服务，提高监管和服务的针对性、有效性。推动改进政府管理和公共治理方式，借助大数据实现政府负面清单、权力清单和责任清单的透明化管理，完善大数据监督和技术反腐体系,促进政府简政放权、依法行政。

6.推进商事服务便捷化。加快建立公民、法人和其他组织统一社会信用代码制度,依托全国统一的信用信息共享交换平台,建设企业信用信息公示系统和"信用中国"网站,共享整合各地区、各领域信用信息,为社会公众提供查询注册登记、行政许可、行政处罚等各类信用信息的一站式服务。在全面实行工商营业执照、组织机构代码证和税务登记证"三证合一""一照一码"登记制度改革中,积极运用大数据手段,简化办理程序。建立项目并联审批平台,形成网上审批大数据资源库,实现跨部门、跨层级项目审批、核准、备案的统一受理、同步审查、信息共享、透明公开。鼓励政府部门高效采集、有效整合并充分运用政府数据和社会数据,掌握企业需求,推动行政管理流程优化再造,在注册登记、市场准入等商事服务中提供更加便捷有效、更有针对性的服务。利用大数据等手段,密切跟踪中小微企业特别是新设小微企业运行情况,为完善相关政策提供支持。

7.促进安全保障高效化。加强有关执法部门间的数据流通,在法律许可和确保安全的前提下,加强对社会治理相关领域数据的归集、发掘及关联分析,强化对妥善应对和处理重大突发公共事件的数据支持,提高公共安全保障能力,推动构建智能防控、综合治理的公共安全体系,维护国家安全和社会安定。

专栏3 政府治理大数据工程

推动宏观调控决策支持、风险预警和执行监督大数据应用。统筹利用政府和社会数据资源,探索建立国家宏观调控决策支持、风险预警和执行监督大数据应用体系。到2018年,开展政府和社会合作开发利用大数据试点,完善金融、税收、审计、统计、农业、规划、消费、投资、进出口、城乡建设、劳动就业、收入分配、电力及产业运行、质量安全、节能减排等领域国民经济相关数据的采集和利用机制,推进各级政府按照统一体系开展数据采集和综合利用,加强对宏观调控决策的支撑。

推动信用信息共享机制和信用信息系统建设。加快建立统一社会信用代码制度,建立信用信息共享交换机制。充分利用社会各方面信息资源,推动公共信用数据与互联网、移动互联网、电子商务等数据的汇聚整合,鼓励互联网企业运用大数据技术建立市场化的第三方信用信息共享平台,使政府主导征信体系的权威性和互联网大数据征信平台的规模效应得到充分发挥,依托全国统一的信用信息共享交换平台,建设企业信用信息公示系统,实现覆盖各级政府、各类别信用主体的基础信用信息共享,初步建成社会信用体系,为经济高效运行提供全面准确的基础信用信息服务。

建设社会治理大数据应用体系。到2018年,围绕实施区域协调发展、新型城镇化等重大战略和主体功能区规划,在企业监管、质量安全、质量诚信、节能降耗、环境保护、食品安全、安全生产、信用体系建设、旅游服务等领域探索开展一批应用试点,打通政府部门、企事业单位之间的数据壁垒,实现合作开发和综合利用。实时采集并汇总分析政府部门和企事业单位的市场监管、检验检测、违法失信、企业生产经营、销售物流、投诉举报、消费维权等数据,有效促进各级政府社会治理能力提升。

8.加快民生服务普惠化。结合新型城镇化发展、信息惠民工程实施和智慧城市建设,以优化提升民生服务、激发社会活力、促进大数据应用市场化服务为重点,引导鼓励企业和社会机构开展创新应用研究,深入发掘公共服务数据,在城乡建设、人居环境、健康医疗、社会救助、养老服务、劳动就业、社会保障、质量安全、文化教育、交通旅游、消费维权、城乡服务等领域开展大数据应用示范,推动传统公共服务数据与互联网、移动互联网、可穿戴设备等数据的汇聚整合,开发各类便民应用,优化公共资源配置,提升公共服务水平。

专栏4　公共服务大数据工程

医疗健康服务大数据。构建电子健康档案、电子病历数据库,建设覆盖公共卫生、医疗服务、医疗保障、药品供应、计划生育和综合管理业务的医疗健康管理和服务大数据应用体系。探索预约挂号、分级诊疗、远程医疗、检查检验结果共享、防治结合、医养结合、健康咨询等服务,优化形成规范、共享、互信的诊疗流程。鼓励和规范有关企事业单位开展医疗健康大数据创新应用研究,构建综合健康服务应用。

社会保障服务大数据。建设由城市延伸到农村的统一社会救助、社会福利、社会保障大数据平台,加强与相关部门的数据对接和信息共享,支撑大数据在劳动用工和社保基金监管、医疗保险对医疗服务行为监控、劳动保障监察、内控稽核以及人力资源社会保障相关政策制定和执行效果跟踪评价等方面的应用。利用大数据创新服务模式,为社会公众提供更为个性化、更具针对性的服务。

教育文化大数据。完善教育管理公共服务平台,推动教育基础数据的伴随式收集和全国互通共享。建立各阶段适龄入学人口基础数据库、学生基础数据库和终身电子学籍档案,实现学生学籍档案在不同教育阶段的纵向贯通。推动形成覆盖全国、协同服务、全网互通的教育资源云服务体系。探索发挥大数据对变革教育方式、促进教育公平、提升教育质量的支撑作用。加强数字图书馆、档案馆、博物馆、美术馆和文化馆等公益设施建设,构建文化传播大数据综合服务平台,传播中国文化,为社会提供文化服务。

交通旅游服务大数据。探索开展交通、公安、气象、安监、地震、测绘等跨部门、跨地域数据融合和协同创新。建立综合交通服务大数据平台,共同利用大数据提升协同管理和公共服务能力,积极吸引社会优质资源,利用交通大数据开展出行信息服务、交通诱导等增值服务。建立旅游投诉及评价全媒体交互中心,实现对旅游城市、重点景区游客流量的监控、预警和及时分流疏导,为规范市场秩序、方便游客出行、提升旅游服务水平、促进旅游消费和旅游产业转型升级提供有力支撑。

(二)推动产业创新发展,培育新兴业态,助力经济转型。

1.发展工业大数据。推动大数据在工业研发设计、生产制造、经营管理、市场营销、售后服务等产品全生命周期、产业链全流程各环节的应用,分析感知用户需求,提升产品附加价值,打造智能工厂。建立面向不同行业、不同环节的工业大数据资源聚合和分析应用平台。抓住互联网跨界融合机遇,促进大数据、物联网、云计算和三维(3D)打印技术、个性化定制等在制造业全产业链集成运用,推动制造模式变革和工业转型升级。

2.发展新兴产业大数据。大力培育互联网金融、数据服务、数据探矿、数据化学、数据材料、数据制药等新业态,提升相关产业大数据资源的采集获取和分析利用能力,充分发掘数据资源支撑创新的潜力,带动技术研发体系创新、管理方式变革、商业模式创新和产业价值链体系重构,推动跨领域、跨行业的数据融合和协同创新,促进战略性新兴产业发展、服务业创新发展和信息消费扩大,探索形成协同发展的新业态、新模式,培育新的经济增长点。

专栏5　工业和新兴产业大数据工程

工业大数据应用。利用大数据推动信息化和工业化深度融合,研究推动大数据在研发设计、生产制造、经营管理、市场营销、售后服务等产业链各环节的应用,研发面向不同行业、不同环节的大数据分析应用平台,选择典型企业、重点行业、重点地区开展工业企业大数据应用项目试点,积极推动制造业网络化和智能化。

服务业大数据应用。利用大数据支持品牌建立、产品定位、精准营销、认证认可、质量诚信提升和定制服务等,研发面向服务业的大数据解决方案,扩大服务范围,增强服务能力,提升服务质量,鼓励创新商业模式、服务内容和服务形式。

培育数据应用新业态。积极推动不同行业大数据的聚合、大数据与其他行业的融合,大力培育互联网金融、数据服务、数据处理分析、数据影视、数据探矿、数据化学、数据材料、数据制药等新业态。

电子商务大数据应用。推动大数据在电子商务中的应用,充分利用电子商务中形成的大数据资源为政府实施市场监管和调控服务,电子商务企业应依法向政府部门报送数据。

3. 发展农业农村大数据。构建面向农业农村的综合信息服务体系,为农民生产生活提供综合、高效、便捷的信息服务,缩小城乡数字鸿沟,促进城乡发展一体化。加强农业农村经济大数据建设,完善村、县相关数据采集、传输、共享基础设施,建立农业农村数据采集、运算、应用、服务体系,强化农村生态环境治理,增强乡村社会治理能力。统筹国内国际农业数据资源,强化农业资源要素数据的集聚利用,提升预测预警能力。整合构建国家涉农大数据中心,推进各地区、各行业、各领域涉农数据资源的共享开放,加强数据资源发掘运用。加快农业大数据关键技术研发,加大示范力度,提升生产智能化、经营网络化、管理高效化、服务便捷化能力和水平。

专栏6　现代农业大数据工程

农业农村信息综合服务。充分利用现有数据资源,完善相关数据采集共享功能,完善信息进村入户村级站的数据采集和信息发布功能,建设农产品全球生产、消费、库存、进出口、价格、成本等数据调查分析系统工程,构建面向农业农村的综合信息服务平台,涵盖农业生产、经营、管理、服务和农村环境整治等环节,集合公益服务、便民服务、电子商务和网络服务,为农业农村农民生产生活提供综合、高效、便捷的信息服务,加强全球农业调查分析,引导国内农产品生产和消费,完善农产品价格形成机制,缩小城乡数字鸿沟,促进城乡发展一体化。

农业资源要素数据共享。利用物联网、云计算、卫星遥感等技术,建立我国农业耕地、草原、林地、水利设施、水资源、农业设施设备、新型经营主体、农业劳动力、金融资本等资源要素数据监测体系,促进农业环境、气象、生态等信息共享,构建农业资源要素数据共享平台,为各级政府、企业、农户提供农业资源数据查询服务,鼓励各类市场主体充分发掘平台数据,开发测土配方施肥、统防统治、农业保险等服务。

农产品质量安全信息服务。建立农产品生产的生态环境、生产资料、生产过程、市场流通、加工储藏、检验检测等数据共享机制,推进数据实现自动化采集、网络化传输、标准化处理和可视化运用,提高数据的真实性、准确性、及时性和关联性,与农产品电子商务等交易平台互联共享,实现各环节信息可查询、来源可追溯、去向可跟踪、责任可追究,推进实现种子、农药、化肥等重要生产资料信息可追溯,为生产者、消费者、监管者提供农产品质量安全信息服务,促进农产品消费安全。

4. 发展万众创新大数据。适应国家创新驱动发展战略,实施大数据创新行动计划,鼓励企业和公众发掘利用开放数据资源,激发创新创业活力,促进创新链和产业链深度融合,推动大数据发展与科研创新有机结合,形成大数据驱动型的科研创新模式,打通科技创新和经济社会发展之间的通道,推动万众创新、开放创新和联动创新。

专栏 7　万众创新大数据工程

大数据创新应用。通过应用创新开发竞赛、服务外包、社会众包、助推计划、补助奖励、应用培训等方式,鼓励企业和公众发掘利用开放数据资源,激发创新创业活力。

大数据创新服务。面向经济社会发展需求,研发一批大数据公共服务产品,实现不同行业、领域大数据的融合,扩大服务范围、提高服务能力。

发展科学大数据。积极推动由国家公共财政支持的公益性科研活动获取和产生的科学数据逐步开放共享,构建科学大数据国家重大基础设施,实现对国家重要科技数据的权威汇集、长期保存、集成管理和全面共享。面向经济社会发展需求,发展科学大数据应用服务中心,支持解决经济社会发展和国家安全重大问题。

知识服务大数据应用。利用大数据、云计算等技术,对各领域知识进行大规模整合,搭建层次清晰、覆盖全面、内容准确的知识资源库群,建立国家知识服务平台与知识资源服务中心,形成以国家平台为枢纽、行业平台为支撑,覆盖国民经济主要领域,分布合理、互联互通的国家知识服务体系,为生产生活提供精准、高水平的知识服务。提高我国知识资源的生产与供给能力。

5. 推进基础研究和核心技术攻关。围绕数据科学理论体系、大数据计算系统与分析理论、大数据驱动的颠覆性应用模型探索等重大基础研究进行前瞻布局,开展数据科学研究,引导和鼓励在大数据理论、方法及关键应用技术等方面展开探索。采取政产学研用相结合的协同创新模式和基于开源社区的开放创新模式,加强海量数据存储、数据清洗、数据分析发掘、数据可视化、信息安全与隐私保护等领域关键技术攻关,形成安全可靠的大数据技术体系。支持自然语言理解、机器学习、深度学习等人工智能技术创新,提升数据分析处理能力、知识发现能力和辅助决策能力。

6. 形成大数据产品体系。围绕数据采集、整理、分析、发掘、展现、应用等环节,支持大型通用海量数据存储与管理软件、大数据分析发掘软件、数据可视化软件等软件产品和海量数据存储设备、大数据一体机等硬件产品发展,带动芯片、操作系统等信息技术核心基础产品发展,打造较为健全的大数据产品体系。大力发展与重点行业领域业务流程及数据应用需求深度融合的大数据解决方案。

专栏 8　大数据关键技术及产品研发与产业化工程

通过优化整合后的国家科技计划(专项、基金等),支持符合条件的大数据关键技术研发。

加强大数据基础研究。融合数理科学、计算机科学、社会科学及其他应用学科,以研究相关性和复杂网络为主,探讨建立数据科学的学科体系;研究面向大数据计算的新体系和大数据分析理论,突破大数据认知与处理的技术瓶颈;面向网络、安全、金融、生物组学、健康医疗等重点需求,探索建立数据科学驱动行业应用的模型。

大数据技术产品研发。加大投入力度,加强数据存储、整理、分析处理、可视化、信息安全与隐私保护等领域技术产品的研发,突破关键环节技术瓶颈。到 2020 年,形成一批具有国际竞争力的大数据处理、分析、可视化软件和硬件支撑平台等产品。

提升大数据技术服务能力。促进大数据与各行业应用的深度融合,形成一批代表性应用案例,以应用带动大数据技术和产品研发,形成面向各行业的成熟的大数据解决方案。

7.完善大数据产业链。支持企业开展基于大数据的第三方数据分析发掘服务、技术外包服务和知识流程外包服务。鼓励企业根据数据资源基础和业务特色,积极发展互联网金融和移动金融等新业态。推动大数据与移动互联网、物联网、云计算的深度融合,深化大数据在各行业的创新应用,积极探索创新协作共赢的应用模式和商业模式。加强大数据应用创新能力建设,建立政产学研用联动、大中小企业协调发展的大数据产业体系。建立和完善大数据产业公共服务支撑体系,组建大数据开源社区和产业联盟,促进协同创新,加快计量、标准化、检验检测和认证认可等大数据产业质量技术基础建设,加速大数据应用普及。

专栏 9　大数据产业支撑能力提升工程

培育骨干企业。完善政策体系,着力营造服务环境优、要素成本低的良好氛围,加速培育大数据龙头骨干企业。充分发挥骨干企业的带动作用,形成大中小企业相互支撑、协同合作的大数据产业生态体系。到 2020 年,培育 10 家国际领先的大数据核心龙头企业,500 家大数据应用、服务和产品制造企业。

大数据产业公共服务。整合优质公共服务资源,汇聚海量数据资源,形成面向大数据相关领域的公共服务平台,为企业和用户提供研发设计、技术产业化、人力资源、市场推广、评估评价、认证认可、检验检测、宣传展示、应用推广、行业咨询、投融资、教育培训等公共服务。

中小微企业公共服务大数据。整合现有中小微企业公共服务系统与数据资源,链接各省(区、市)建成的中小微企业公共服务线上管理系统,形成全国统一的中小微企业公共服务大数据平台,为中小微企业提供科技服务、综合服务、商贸服务等各类公共服务。

(三)强化安全保障,提高管理水平,促进健康发展。

1.健全大数据安全保障体系。加强大数据环境下的网络安全问题研究和基于大数据的网络安全技术研究,落实信息安全等级保护、风险评估等网络安全制度,建立健全大数据安全保障体系。建立大数据安全评估体系。切实加强关键信息基础设施安全防护,做好大数据平台及服务商的可靠性及安全性评测、应用安全评测、监测预警和风险评估。明确数据采集、传输、存储、使用、开放等各环节保障网络安全的范围边界、责任主体和具体要求,切实加强对涉及国家利益、公共安全、商业秘密、个人隐私、军工科研生产等信息的保护。妥善处理发展创新与保障安全的关系,审慎监管,保护创新,探索完善安全保密管理规范措施,切实保障数据安全。

2.强化安全支撑。采用安全可信产品和服务,提升基础设施关键设备安全可靠水平。建设国家网络安全信息汇聚共享和关联分析平台,促进网络安全相关数据融合和资源合理分配,提升重大网络安全事件应急处理能力;深化网络安全防护体系和态势感知能力建设,增强网络空间安全防护和安全事件识别能力。开展安全监测和预警通报工作,加强大数据环境下防攻击、防泄露、防窃取的监测、预警、控制和应急处置能力建设。

专栏 10　网络和大数据安全保障工程

网络和大数据安全支撑体系建设。在涉及国家安全稳定的领域采用安全可靠的产品和服务,到 2020 年,实现关键部门的关键设备安全可靠。完善网络安全保密防护体系。

大数据安全保障体系建设。明确数据采集、传输、存储、使用、开放等各环节保障网络安全的范围边界、责任主体和具体要求,建设完善金融、能源、交通、电信、统计、广电、公共安全、公共事业等重要数据资源和信息系统的安全保密防护体系。

网络安全信息共享和重大风险识别大数据支撑体系建设。通过对网络安全威胁特征、方法、模式的追踪、分析，实现对网络安全威胁新技术、新方法的及时识别与有效防护。强化资源整合与信息共享，建立网络安全信息共享机制，推动政府、行业、企业间的网络风险信息共享，通过大数据分析，对网络安全重大事件进行预警、研判和应对指挥。

四、政策机制

（一）完善组织实施机制。建立国家大数据发展和应用统筹协调机制，推动形成职责明晰、协同推进的工作格局。加强大数据重大问题研究，加快制定出台配套政策，强化国家数据资源统筹管理。加强大数据与物联网、智慧城市、云计算等相关政策、规划的协同。加强中央与地方协调，引导地方各级政府结合自身条件合理定位、科学谋划，将大数据发展纳入本地区经济社会和城镇化发展规划，制定出台促进大数据产业发展的政策措施，突出区域特色和分工，抓好措施落实，实现科学有序发展。设立大数据专家咨询委员会，为大数据发展应用及相关工程实施提供决策咨询。各有关部门要进一步统一思想，认真落实本行动纲要提出的各项任务，共同推动形成公共信息资源共享共用和大数据产业健康安全发展的良好格局。

（二）加快法规制度建设。修订政府信息公开条例。积极研究数据开放、保护等方面制度，实现对数据资源采集、传输、存储、利用、开放的规范管理，促进政府数据在风险可控原则下最大程度开放，明确政府统筹利用市场主体大数据的权限及范围。制定政府信息资源管理办法，建立政府部门数据资源统筹管理和共享复用制度。研究推动网上个人信息保护立法工作，界定个人信息采集应用的范围和方式，明确相关主体的权利、责任和义务，加强对数据滥用、侵犯个人隐私等行为的管理和惩戒。推动出台相关法律法规，加强对基础信息网络和关键行业领域重要信息系统的安全保护，保障网络数据安全。研究推动数据资源权益相关立法工作。

（三）健全市场发展机制。建立市场化的数据应用机制，在保障公平竞争的前提下，支持社会资本参与公共服务建设。鼓励政府与企业、社会机构开展合作，通过政府采购、服务外包、社会众包等多种方式，依托专业企业开展政府大数据应用，降低社会管理成本。引导培育大数据交易市场，开展面向应用的数据交易市场试点，探索开展大数据衍生产品交易，鼓励产业链各环节市场主体进行数据交换和交易，促进数据资源流通，建立健全数据资源交易机制和定价机制，规范交易行为。

（四）建立标准规范体系。推进大数据产业标准体系建设，加快建立政府部门、事业单位等公共机构的数据标准和统计标准体系，推进数据采集、政府数据开放、指标口径、分类目录、交换接口、访问接口、数据质量、数据交易、技术产品、安全保密等关键共性标准的制定和实施。加快建立大数据市场交易标准体系。开展标准验证和应用试点示范，建立标准符合性评估体系，充分发挥标准在培育服务市场、提升服务能力、支撑行业管理等方面的作用。积极参与相关国际标准制定工作。

（五）加大财政金融支持。强化中央财政资金引导，集中力量支持大数据核心关键技术攻关、产业链构建、重大应用示范和公共服务平台建设等。利用现有资金渠道，推动建设一批国际领先的重大示范工程。完善政府采购大数据服务的配套政策，加大对政府部门和企业合作开发大数据的支持力度。鼓励金融机构加强和改进金融服务，加大对大数据企业的支持力度。鼓励大数据企业进入资本市场融资,努力为企业重组并购创造更加宽松的金融政策环境。引导创业投资基金投向大数据产业,鼓励设立一批投资于大数据产业领域的创业投资基金。

(六)加强专业人才培养。创新人才培养模式,建立健全多层次、多类型的大数据人才培养体系。鼓励高校设立数据科学和数据工程相关专业,重点培养专业化数据工程师等大数据专业人才。鼓励采取跨校联合培养等方式开展跨学科大数据综合型人才培养,大力培养具有统计分析、计算机技术、经济管理等多学科知识的跨界复合型人才。鼓励高等院校、职业院校和企业合作,加强职业技能人才实践培养,积极培育大数据技术和应用创新型人才。依托社会化教育资源,开展大数据知识普及和教育培训,提高社会整体认知和应用水平。

(七)促进国际交流合作。坚持平等合作、互利共赢的原则,建立完善国际合作机制,积极推进大数据技术交流与合作,充分利用国际创新资源,促进大数据相关技术发展。结合大数据应用创新需要,积极引进大数据高层次人才和领军人才,完善配套措施,鼓励海外高端人才回国就业创业。引导国内企业与国际优势企业加强大数据关键技术、产品的研发合作,支持国内企业参与全球市场竞争,积极开拓国际市场,形成若干具有国际竞争力的大数据企业和产品。

以下为工业和信息化部信息化和软件服务业司司长陈伟对《促进大数据发展行动纲要》的解读全文:

党中央国务院高瞻远瞩、高度重视我国大数据发展。2015年8月31日国务院发布了《促进大数据发展行动纲要》(以下简称《行动纲要》),这是指导我国大数据发展的国家顶层设计和总体部署。按照国务院分工,工业和信息化部主要负责大数据产业发展以及应用示范相关工作。借此机会,我向各位媒体朋友从大数据产业发展的视角,介绍下《行动纲要》的背景和意义、大数据产业发展的重点,以及工业和信息化部下一步落实工作考虑。

一、《行动纲要》出台的背景和意义

新一代信息技术与经济社会各领域的深度融合,引发了数据量的爆发式增长,使得数据资源成为国家重要的战略资源和核心创新要素。据统计,全球所掌握的数据,每两年就会翻倍。到2020年,全球的数据量将达到40ZB,其中我国所掌握的数据将占20%。大数据的广泛深入应用,使人类社会逐渐走向数据经济时代。据国际知名咨询公司Gartner预测,2016年全球大数据相关产业规模将达到2 320亿美元。

利用大数据分析,能够总结经验,发现规律,预测趋势,辅助决策,充分释放和利用海量数据资源中蕴含的巨大价值,推动新一代信息技术与各行业的深度耦合、交叉创新。大数据的发展将对经济社会发展乃至人们的思维观念带来革命性的影响,同时也能够为国家发展提供战略性的机遇。因此,从出现伊始,大数据就受到各方的热切关注。有关发达国家相继制定出台大数据发展的战略性指导文件,大力推动大数据的发展和应用。

我国发展大数据拥有丰富的数据资源和巨大的应用市场优势。近年来,经过各方的共同努力,我国大数据得到了快速发展。产业规模不断扩大,在部分关键技术上实现突破,涌现出一批骨干企业,在各行业中的应用也得到了深入推广,形成了一大批典型的示范案例。大数据日益已成为推动经济增长、加速产业转型的重要力量。例如,阿里巴巴公司根据中小企业的交易情况对银行的财务和诚信情况进行筛选,并提供无担保的贷款。目前,已累计发放贷款 2 000 多亿元,服务 80 余万家企业,有力地缓解了中小企业融资难的问题。百度公司利用大数据技术,可以实时展示流感等流行病的动态,预测发病趋势,为应对疫情变化,优化医疗卫生资源配置提供了有力帮助。

未来,随着我国经济发展进入新常态,大数据将在稳增长、促改革、调结构、惠民生中承担越来越重要的角色,在经济社会发展中的基础性、战略性、先导性地位也将越来越突出。同时,大数据也将重构信息技术体系和产业格局,为我国信息技术产业的发展提供巨大机遇。《行动纲要》的出台,赋予了大数据作为建设数据强国、提升政府治理能力推动经济转型升级的战略地位。工业和信息化部将按照国务院部署要求,深入贯彻落实《行动纲要》,推动大数据产业健康快速发展,为建设数据强国提供有力支撑。

二、《行动纲要》对大数据产业发展的部署

(一)《行动纲要》的起草过程

中央和国务院高度重视信息技术产业的发展和其对经济转型升级的促进作用,今年已相继出台《中国制造 2025》《国务院关于促进云计算创新发展培育信息产业新业态的意见》《国务院关于积极推进"互联网+"行动的指导意见》《国务院办公厅关于运用大数据加强对市场主体服务和监管的若干意见》等文件,都将大数据作为支撑、引领各行业领域发展水平提升的重要抓手。

为促进大数据发展,加快建设数据强国,按照国务院的部署,2014 年 10 月,国家发改委、工业和信息化部建立了联合工作机制,成立了起草组,启动了《行动纲要》的研究制定工作。起草组在贵州、广东、上海、湖北等地进行了大量的调查研究,委托中科院、工程院、国家信息中心、中国信息通信研究院、赛迪研究院等研究机构开展了专题研究,分类召开了 10 余次的部门、研究机构、专家和企业座谈会,专题听取了阿里巴巴、百度、腾讯等数十家企业的建议。2014 年 12 月《国家大数据发展纲要》初稿成稿后,起草组又征求了 47 个有关部门的意见,经多次修改完善,形成了《国家大数据发展纲要》送审稿。2015 年 8 月 19 日,李克强总理主持召开国务院常务会议,审议通过了《关于促进大数据发展的行动纲要》;2015 年 8 月 31 日,国务院正式印发了《关于促进大数据发展的行动纲要》,成为我国发展大数据产业的战略性指导文件。

(二)主要内容及对产业的部署

《行动纲要》的内容可以概括为"三位一体",即围绕全面推动我国大数据发展和应用,加快建设数据强国这一总体目标,确定三大重点任务:一是加快政府数据开放共享,推动资源整合,提升治理能力;二是推动产业创新发展,培育新业态,助力经济转型;三是健全大数据安全保障体系,强化安全支撑,提高管理水平,促进健康发展。围绕这"三位一体",具体明确了五大目标、七项措施、十大工程。并且据此细化分解出 76 项具体任务,确定了每项任务的具体责任部门和进度安排,确保《行动纲要》的落地和实施。

五个目标:一是打造精准治理、多方协作的社会治理新模式;二是建立运行平稳、安全高效的经济运行新机制;三是构建以人为本、惠及全民的民生服务新体系;四是开启大众创业、万众创新的创新驱动新格局;五是培育高端智能、新兴繁荣的产业发展新生态。

七项措施:完善组织实施机制、加快法规制度建设、健全市场发展机制、建立标准规范体

系、加大财政金融支持、加快专业人才培养、促进国际交流合作。

十项工程：政府数据资源共享开放工程、国家大数据资源统筹发展工程、政府治理大数据工程、公共服务大数据工程、工业和新兴产业大数据工程、现代农业大数据工程、万众创新大数据工程、大数据关键技术及产品研发与产业化工程、大数据产业支撑能力提升工程、网络和大数据安全保障工程。

按照国务院的部署，工业和信息化部主要负责推动大数据产业发展，培育新兴业态，助力经济转型，包括推进大数据核心技术攻关、健全产品体系、完善产业链和发展环境、推进工业及新兴产业大数据应用，同时做好信息安全和规范管理等的相关工作。重点组织实施十大工程中的"大数据关键技术及产品研发与产业化工程""大数据产业支撑能力提升工程""工业和新兴产业大数据工程"三项工程。

三、工业和信息化部落实《行动纲要》支持大数据产业发展的主要考虑

《行动纲要》为我国大数据的发展进行了顶层设计和统筹部署，工业和信息化部将按照国务院的部署，与发展改革委一起牵头，组织各部门、各地方全力做好《行动纲要》的实施工作，重点抓好我国大数据技术和产业的创新和发展，提升大产业支撑能力，培育新业态新模式。主要从以下五个方面开展工作。

（一）支持大数据技术和产业创新发展

我们正在制定《大数据产业"十三五"发展规划》，还将出台促进大数据产业发展的推进计划，统筹布局大数据技术和产业发展。促进规划、标准、技术、产业、安全、应用的协同发展，为《行动纲要》实施提供技术和产业支撑和保障。

组织实施"大数据关键技术及产品研发与产业化工程"，加强自主创新，通过相关项目和资金引导和支持关键技术产品研发及产业化；开发面向工业、电信、金融、交通、医疗等数据密集型行业的大数据应用解决方案；力争形成先进的技术体系、完善的产品体系和高效的应用服务体系。

（二）促进大数据与其他产业的融合发展，着力发展工业大数据，加强产业生态体系建设

组织实施"工业和新兴产业大数据工程"，围绕落实《中国制造2025》，支持开发工业大数据解决方案，利用大数据培育发展制造业新业态，开展工业大数据创新应用试点。促进大数据、云计算、工业互联网、3D打印、个性化定制等的融合集成，推动制造模式变革和工业转型升级。围绕落实《国务院关于积极推进"互联网＋"行动的指导意见》，以加快新一代信息技术与工业深度融合为主线，以实施"互联网＋"制造业和"互联网＋"中小微企业为重点，以高速宽带网络基础设施和大数据等信息技术产业为支撑，积极培育新技术、新产品、新业态、新模式。集中资源重点培育和扶持一批龙头骨干企业，鼓励中小企业特色发展。组织实施"大数据产业支撑能力提升工程"，建立和完善大数据产业公共服务支撑体系，加快培育自主产业生态体系。

（三）推动大数据标准体系建设

目前，工业和信息化部已经指导全国信息技术标准化委员会组建由130余家单位构成的大数据标准工作组，组织起草了《大数据标准化白皮书》，制定大数据标准体系，已经开展数据质量、数据安全、数据开放共享和交易等方面的多项国家标准的立项和研制工作，同时还要积极参与ISO/IEC、ITU等国际标准制定工作，与国际同步发展。

（四）支持地方开展大数据产业发展和应用试点

目前，我们已支持和指导北京、上海、贵州、广东、陕西等地大数据产业和应用发展。这些地方先行先试，主动探索，已初见成效。例如，我们支持和批复贵州者贵安大数据产业集聚区创建工作，在出台产业扶持政策、开展数据共享交易、法律法规等方面成效显著。授予陕西省西咸区创建软件和信息服务（大数据）示范基地，鼓励当地大数据产业创新发展。北京、上海、广东等地方政府在支持大数据产业和应用发展等方面均各具特色，走在全国前列。下一步，我们将进一步动员和支持各地方、各行业、各部门开展大数据技术、产业、应用、政策等各方面的探索和实践，利用相关项目资金，引导和支持在重点地区和工业等重点行业开展应用示范，总结经验，加快推广。

（五）加强大数据基础设施建设，探索和加强行业管理

结合工业和信息化部正在开展的"宽带中国""建设互联网强国"等战略，落实《关于数据中心建设布局的指导意见》，指导数据中心科学布局，加快推动宽带普及提速，提升互联网数据中心业务市场管理水平。

我们还需从法规制度入手，加强行业管理和安全保障。研究制定网络数据采集、传输、存储、使用管理的标准规范。加大对隐私信息保护、网络安全保障、跨境数据流动的管理，组织开展相关的专项检查和治理。推动和配合相关部门组织开展数据共享、开放、交易、安全等方面的立法研究工作。解决制约大数据产业发展体制机制因素和不确定性的市场因素，为产业和应用发展营造良好法规和市场环境。

大数据产业的发展需要政府、各行各业、IT 企业以及社会的共同关注和支持。希望各地按照国务院《行动纲要》的统筹部署，充分认识大数据对提升政府治理能力、促进经济社会发展、保障改善民生福祉的重要意义和作用，认真做好《行动纲要》中各项任务的分解落实工作。各地一是要结合自身产业基础和资源条件合理定位，科学谋划，突出区域特色和优势，避免重复投资和建设。二是制定出台促进大数据产业发展的政策措施，引导科技、人才、资金等各项资源向产业倾斜，加快培育骨干企业，形成产业支撑能力。三是选择基础条件好、示范效应强、影响范围广的行业和领域积极开展应用示范，充分发挥应用对产业的引导和促进作用。四是加强数据资源建设和整合，避免信息孤岛和烟囱，促进数据资源合理有序流动，积极培育产业的新业态和新模式。通过中央和各地的协同推进，共同营造良好的产业发展环境，实现我国大数据产业的科学有序发展。